高等学校人工智能教育丛书

人工智能算法实例集锦

（Python 语言）

强 彦 编著

西安电子科技大学出版社

内 容 简 介

本书是针对有一定Python基础的读者而编写的一本人工智能算法入门书籍。书中将算法原理讲解与实际案例相结合，通过让读者动手编程的方式加深读者对所学算法的理解。全书共7章，包括人工智能概述、人工智能算法框架、启发式算法、监督学习与无监督学习、深度学习、强化学习、人工智能未来展望等内容，其中所有案例代码均可通过扫描书中二维码获得。

本书既可作为高等院校计算机、软件工程、大数据等相关专业的本科生或研究生教材，也可作为各种人工智能实践班的培训教材，同时还可供广大对人工智能算法感兴趣的研究人员和工程技术人员阅读参考。

图书在版编目(CIP)数据

人工智能算法实例集锦：Python语言 / 强彦编著. —西安：西安电子科技大学出版社，2022.3
(2024.1 重印)
ISBN 978-7-5606-6276-3

Ⅰ. ①人…　Ⅱ. ①强…　Ⅲ. ①人工智能—算法 ②软件工具—程序设计　Ⅳ. ①TP18
②TP311.561

中国版本图书馆CIP数据核字(2022)第002060号

责　　任　雷鸿俊　张紫薇
出版发行　西安电子科技大学出版社(西安市太白南路2号)
电　　话　(029)88202421　88201467　　邮　　编　710071
网　　址　www.xduph.com　　电子邮箱　xdupfxb001@163.com
经　　销　新华书店
印刷单位　咸阳华盛印务有限责任公司
版　　次　2022年3月第1版　2024年1月第3次印刷
开　　本　787毫米×960毫米　1/16　印　张　18.75
字　　数　376千字
定　　价　48.00元
ISBN 978-7-5606-6276-3 / TP

XDUP 6578001-3

前　　言

近年来，随着计算力的不断增长、海量数据的积累和算法的不断优化，人工智能及相关产业发展迅速。人工智能引领的新一轮科技革命和产业变革正在深刻地改变着人类的生产生活。

本书非常适合有一定 Python 基础的读者学习。读者可以在短时间内了解人工智能的相关概念以及一系列经典算法。书中每一个算法均从以下几个方面进行讲解：首先，介绍算法的原理，从数学层面对算法进行原理推导；其次，通过一个经典的案例来应用算法，加深读者对算法原理的印象；最后，详细讲解算法的实现步骤。书中算法均使用 Python 语言和 TensorFlow 框架实现。

作为一本人工智能算法的入门级书籍，本书主要对启发式算法、监督学习与无监督学习、深度学习、强化学习等算法进行了详细的讲解，适合作为高等院校相关专业教材，也可供高等院校、科研院所以及企事业单位的科技工作者学习、参考。

本书在编写过程中得到了赵涓涓、罗士朝、宋恺、李润睿、赵林、候佳欣、蔡美龄、宋平、王河喜、朱钧怡、索遥、徐佳正、黄天甲、王子剑、侯国杰、柴佳丽、高强、原镭明等相关项目组成员及专家的大力支持和协助，在此表示衷心感谢！

书中所有案例代码可扫描以下二维码获得：

由于作者水平有限，书中难免有疏漏之处，敬请读者不吝指正。

编著者

2021 年 11 月

目录 CONTENTS

第1章 人工智能概述

1.1 人工智能的定义

人工智能的定义可以分为两部分，即“人工”和“智能”。“人工”比较容易理解，争议性不大。关于什么是“智能”，这就涉及其他诸如意识(Consciousness)、自我(Self)、思维(Mind)(包括无意识的思维(Unconscious Mind))等问题。人类唯一了解的智能是人类本身的智能，这是普遍认同的观点。但是我们对自身智能的理解都非常有限，对构成人类智能的必要元素也了解有限，所以就很难定义什么是“人工”制造的“智能”了。因此，人工智能的研究往往涉及对人类智能本身的研究，其他关于动物或人造系统的智能也普遍被认为是与人工智能相关的研究课题。

人工智能在计算机领域内得到了广泛关注，并在机器人、经济政治决策、控制系统、仿真系统等领域中得到了应用。

尼尔逊教授对人工智能做了这样的定义：“人工智能是关于知识的学科——怎样表示知识以及怎样获得知识并使用知识的科学。”而美国麻省理工学院(MIT)的温斯顿教授认为：“人工智能就是研究如何使计算机去做过去只有人类才能做的智能工作。”这些说法反映了人工智能学科的基本思想和基本内容，即人工智能通过研究人类智能活动的规律，构造具有一定智能的人工系统，研究如何让计算机去完成以往需要人类智力才能胜任的工作，也就是研究如何应用计算机的软硬件来模拟人类某些智能行为的基本理论、方法和技术。

人工智能是计算机学科的一个分支，20 世纪 70 年代以来被称为世界三大尖端技术(空间技术、能源技术和人工智能)之一，同时也被认为是 21 世纪三大尖端技术(基因工程、纳米科学和人工智能)之一。这是因为近三十年来它发展迅速，在很多学科领域都获得了广泛应用，并取得了丰硕的成果。现在人工智能已逐步成为一个独立的分支，无论在理论还是实践上都已自成系统。

人工智能是研究使计算机来模拟人的某些思维过程和智能行为(如学习、推理、思考、规划等)的学科，主要包括计算机实现智能的原理、制造类似于人脑智能的计算机，使计算机能实现更高层次的应用。人工智能几乎涉及了自然科学和社会科学的所有学科，其范围已远远超出了计算机科学的范畴。人工智能与思维科学的关系是实践和理论的关系，人工智能处于思维科学的技术应用层次，是思维科学的一个应用分支。从思维观点来看，人工智能不仅限于逻辑思维，还要考虑形象思维、灵感思维才能促进它的突破性发展。数学常被认为是多种学科的基础科学，它不仅在标准逻辑、模糊数学等学科中发挥了作用，同时也会在人工智能学科中发挥作用，数学与人工智能将互相促进而更快地发展。

1.2 人工智能的发展

1946 年，全球第一台通用计算机 ENIAC 诞生。它最初是为美军作战研制的，每秒能完成 5000 次加法、400 次乘法等运算。ENIAC 为人工智能的研究提供了物质基础。

1950 年，艾伦·图灵提出了“图灵测试”：如果电脑能在 5 分钟内回答由人类测试者提出的一系列问题，且其超过 30%的回答让测试者误认为是人类所答，则通过测试。这预言了创造出具有真正智能的机器的可能性。

人工智能在 20 世纪 60 年代被正式提出，1950 年，一位名叫马文·明斯基(后被人称为“人工智能之父”)的大四学生与他的同学邓恩·埃德蒙一起，建造了世界上第一台神经网络计算机，这被看作人工智能的一个起点。1956 年，在由达特茅斯学院举办的一次会议上，计算机专家约翰·麦卡锡提出了“人工智能”一词。就在这次会议后不久，麦卡锡从达特茅斯搬到了 MIT。同年，明斯基也搬到了这里，之后两人共同创建了世界上第一座人工智能实验室——MIT AI LAB。达特茅斯会议被广泛认为是人工智能诞生的标志，从此人工智能走上了快速发展的道路。

在 1956 年的这次会议之后，人工智能迎来了第一次高峰。在长达十余年的时间里，计算机被广泛应用于数学和自然语言领域，用来解决代数、几何和英语问题。这让很多研究学者认为“20 年内，机器将能完成人类能做到的一切”。

1959 年，美国发明家乔治·德沃尔与约瑟夫·英格伯格发明了首台工业机器人，该机器人可借助计算机读取示教存储程序和信息，能发出指令控制一台多自由度的机械。

1964 年，美国麻省理工学院 AI 实验室的约瑟夫·魏岑鲍姆教授开发了名为 ELIZA 的首台聊天机器人，实现了计算机与人通过文本进行交流。这是人工智能研究的一个重要方面，不过它只是用符合语法的方式将问题复述一遍。

1965 年，美国科学家爱德华·费根鲍姆等研制出化学分析专家系统程序 DENDRAL，它能够通过分析实验数据来判断未知化合物的分子结构。

1968 年，美国斯坦福研究所(SRI)研发了机器人 Shakey，它能够自主感知、分析环境、规划行为并执行任务，可以根据人的指令发现并抓取积木。这种机器人拥有类似人的感觉，如触觉、听觉等，是第一台人工智能机器人。

20 世纪 70 年代，人工智能进入低谷。由于科研人员在人工智能的研究中对项目难度预估不足，不仅导致与美国国防高级研究计划署的合作计划失败，还让人们对人工智能的前景蒙上了一层阴影。当时，人工智能面临的问题主要包括三个方面：第一，计算机性能不足，导致早期很多程序无法在人工智能领域得到应用；第二，问题复杂度难以控制，早期人工智能程序主要用于解决特定的问题，特定的问题对象少、复杂度低，可一旦问题上升维度，就无法继续执行；第三，数据量严重缺失，在当时不可能找到足够大的数据库来支撑程序进行深度学习，这很容易导致机器无法读取足量的数据进行智能化。

1970 年，美国斯坦福大学计算机教授维诺格拉德开发了人机对话系统 SHRDLU，它能分析指令，比如理解语义、解释不明确的句子，并通过虚拟方块操作来完成任务。由于它能够正确理解语言，所以被视为人工智能研究的一次巨大成功。

1976 年，美国斯坦福大学肖特里夫等人发布了医疗咨询系统 MYCIN，它可用于对传染性血液病患的诊断。这一时期还陆续研制出了用于生产制造、财务会计、金融等各领域的专家系统。

1980 年，美国卡耐基·梅隆大学为 DEC 公司制造出 XCON 专家系统，可帮助 DEC 公司每年节约 4000 万美元左右的费用，特别是在决策方面能提供有价值的内容。

1981 年，日本率先拨款支持人工智能研究，目标是制造出能够与人对话、翻译语言、解释图像并能像人一样推理的机器。随后，英美等国家也开始为 AI 和信息技术领域的研究提供大量资金。

1984 年，大百科全书(Cyc)项目试图将人类拥有的所有一般性知识都输入计算机，建立一个巨型数据库，并在此基础上实现知识推理，它的目标是让人工智能的应用能够以类似人类推理的方式工作，成为人工智能领域的一个全新研发方向。

从 20 世纪 90 年代中期开始，随着 AI 技术尤其是神经网络技术的逐步发展，以及人们对 AI 开始抱有客观理性的认知，人工智能技术进入平稳发展时期。1997 年 5 月 11 日，IBM 的计算机系统“深蓝”战胜了国际象棋世界冠军卡斯帕罗夫，又一次在公众领域引发了现象级的 AI 话题讨论。这是人工智能发展的一个重要里程碑。

2006 年，Hinton 在神经网络的深度学习领域取得突破，人类又一次看到机器赶超人类的希望，这也是标志性的技术进步。

2016 至 2017 年，由 Google DeepMind 开发的人工智能围棋程序 AlphaGo 战胜围棋冠军，其具有自我学习的能力。2017 年，随着深度学习的进一步发展，AlphaGo Zero(第四个版本的 AlphaGo)在无任何数据输入的情况下，自学围棋 3 天后便以 100:0 横扫了第二个版本的“AlphaGo Lee”，学习 40 天后又战胜了在人类高手看来不可企及的第三个版本“AlphaGo Master”。

最近几年，一场商业革命席卷而来。谷歌、微软、百度等互联网巨头以及众多初创科技公司纷纷加入人工智能产品的战场，掀起又一轮的智能化狂潮。随着人工技术的日趋成熟和大众的广泛接受，这一次狂潮也许会架起一座现代文明与未来文明的桥梁。

2019 年 6 月 17 日，国家新一代人工智能治理专业委员会发布《新一代人工智能治理原则——发展负责任的人工智能》，提出了人工智能治理的框架和行动指南。这是中国促进新一代人工智能健康发展，加强人工智能法律、伦理、社会问题研究，积极推动人工智能全球治理的一项重要成果。

2021 年 7 月 13 日，中国互联网协会发布了《中国互联网发展报告(2021)》(以下简称《报告》)。《报告》显示，2020 年人工智能产业规模保持平稳增长，产业规模达到了 3031 亿元，在人工智能领域，同比增长 15%，增速略高于全球的平均增速。产业主要集中在北京、上海、广东、浙江等省份。我国在人工智能芯片领域、深度学习软件架构领域、中文自然语言处理领域进展显著。

人工智能的发展历程如图 1.1 所示。

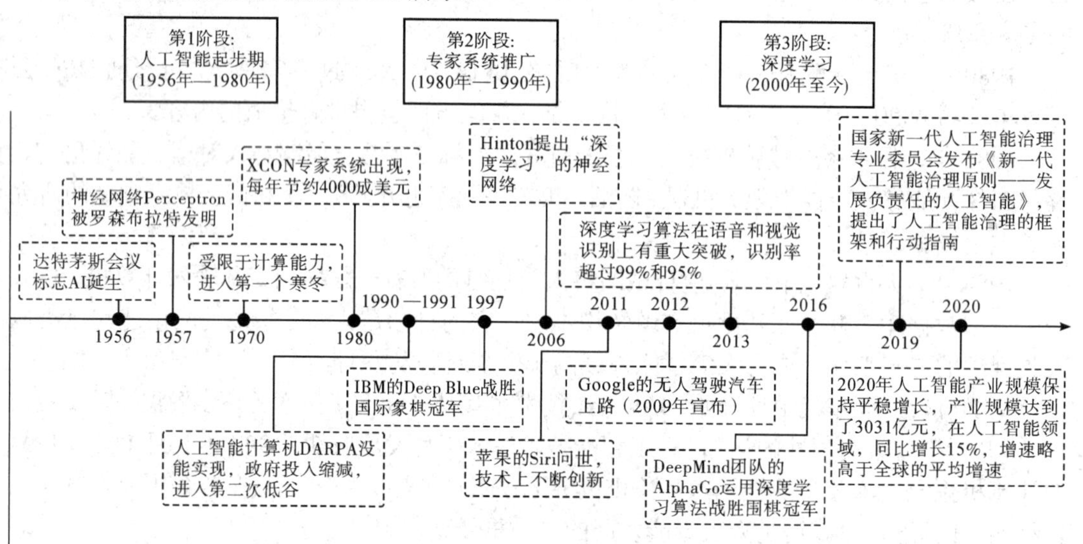

图 1.1　人工智能发展历程

1.3　人工智能算法简介

随着人工智能的研究领域不断扩大，人工智能延伸出来的分支也越来越多，包括专家系统、机器学习、进化计算、模糊逻辑、计算机视觉、自然语言处理、推荐系统等。本书主要介绍机器学习领域的相关算法。

机器学习算法按照学习方法的不同可以分为监督学习(Supervised Learning)、无监督学习(Unsupervised Learning)、深度学习(Deep Learning)和强化学习(Reinforcement Learning)等。

监督学习是指有目标变量或预测目标的机器学习算法。有目标变量的算法称为分类算法，而预测目标的算法称为回归算法。常见的分类算法包括决策树(Decision Tree)算法、最邻近(K-Nearest Neighbor) 规则算法、朴素贝叶斯(Naive Bayes)算法、逻辑回归(Logistic Regression)算法、支持向量机(Support Vector Machine)算法、随机森林(Random Forest)算法、AdaBoost 算法、反向传播(Back Propagation)算法等。常见的回归算法包括线性回归(Linear Regression)、CART 回归(Classification and Regression Tree)、岭回归(Ridge Regression)、套索回归(Lasso Regression)等。

无监督学习是指从无标记的训练数据中推断结论。对无标记的训练数据进行分组的算法称为聚类算法，而保留数据结构和有用性的同时对数据进行压缩的算法称为降维算法。常见的降维算法包括主成分分析(Principal Component Analysis，PCA)、线性判断分析(Linear Discriminant Analysis，LDA)、局部线性嵌入(Locally Linear Embedding，LLE)等。常见的聚类算法包括 K-means、DBSCAN(Density-Based Spatial Clustering of Applications with Noise)等。

深度学习本来并不是一种独立的学习方法，其本身也会用到有监督和无监督的学习方法来训练深度神经网络，但由于近几年该领域发展迅猛，一些特有的学习手段相继被提出(如残差网络)，因此越来越多的人将其单独看作一种学习方法。常见的深度学习算法包括深度信念网络(Deep Belief Machines)、深度卷积神经网络(Deep Convolutional Neural Networks)、深度递归神经网络(Deep Recurrent Neural Network)、分层时间记忆(Hierarchical Temporal Memory，HTM)、深度玻尔兹曼机(Deep Boltzmann Machine，DBM)、栈式自动编码器(Stacked Autoencoder)、生成对抗网络(Generative Adversarial Networks)等。

强化学习是机器学习中的一个领域，强调如何基于环境而行动，以取得最大化的预期利益。其灵感来源于心理学中的行为主义理论，即有机体如何在环境给予的奖励或惩罚的刺激下，逐步形成对刺激的预期，产生能获得最大利益的习惯性行为。常见的强化学习算法包括 Q 学习(Q-learning)、状态-行动-奖励-状态-行动(State-Action-Reward-State-Action，SARSA)、深度 Q 网络(Deep Q Network，DQN)、策略梯度算法(Policy Gradients)、基于模型强化学习(Model Based RL)等。

本 章 小 结

本章介绍了人工智能的定义及其发展，同时还对后续章节涉及的算法知识进行了简单梳理。下一章将首先从实现人工智能算法所需的基础框架进行讲解。

第2章 人工智能算法框架

2.1 Python与人工智能的关系

Python是一种通用的脚本开发语言，比其他编程语言更加简单、易学，其面向对象的特性甚至比Java、C#、.NET更加彻底，非常适合快速开发，Python在软件质量控制、开发效率、可移植性、组件集成、库支持等方面均处于先进地位。

Python语言是在ABC教学语言的基础上发展而来的。ABC语言虽然非常强大，但却没有普及应用，Python开发者Guido认为是因为它的不开放所导致的。基于这个考虑，Guido在开发Python时，不仅为其添加了很多ABC没有的功能，还为其设计了各种丰富而强大的库。利用这些Python库，程序员可以把其他语言(尤其是C语言和C++语言)编写的各种模块很轻松地联结在一起，因此Python又常被称为“胶水”语言。

从整体上看，Python语言最大的特点就是简单。Python语言的语法简洁明了，即使是非计算机专业的初学者，也很容易上手。和其他编程语言相比，实现同一个功能，Python语言的实现代码往往是最短的。

Python除了极少的事情不能做之外，基本上可以算得上全能，如系统运维、图形处理、数学处理、文本处理、数据库编程、网络编程、web编程、多媒体应用、pymo引擎、黑客编程、爬虫编写、机器学习、人工智能等等都可以做。Python是解释语言，程序写起来非常方便，这对做机器学习的人很重要。Python的开发生态成熟，有很多有用的库可以用。Python效率超高，解释语言的发展已经大大超过许多人的想象。

人工智能的核心算法主要还是依赖于C/C++的。因为人工智能是计算密集型，需要非常精细的优化，还需要GPU、专用硬件之类的接口，这些都只有C/C++能做到，所以某种意义上来说，其实C/C++才是人工智能领域最重要的语言。Python是API binding，使用Python是因为CPython的胶水语言特性，所以说要开发一个其他语言到C/C++的跨语言接口，Python是最容易的。

Python一直都是科学计算和数据分析的重要工具，其包含的numpy基础库，被计算机科学家、数据科学家、生物学家、商业分析师、物理学家和社会学家以及Dropbox和Youtube等流行的应用程序所使用。因为行业近似，所以选择API binding语言的时候会首选Python，同时复用 numpy 这样的基础库既减少了开发工作量，也方便从业人员上手。

除此以外，Python 易于人类阅读，对初学者非常友好。Python 比其他语言更像英语，这意味着更容易掌握语法，通过短时间的学习便能快速掌握。

中国人工智能行业正处于一个创新发展时期，对人才的需求也在同步急剧增长，如今 Python 语言的学习已经上升到了国家战略的层面上。国家相关教育部门对于"人工智能普及"格外重视，不仅将 Python 列入小学、中学和高中等传统教育体系中，并借此为未来国家和社会发展奠定了人工智能的人才培养基础，逐步由底层向高层推动"全民学 Python"，从而进一步实现人工智能技术的发展和社会人才结构的更迭。

2.2 常用的 Python 深度学习库

Python 中涵盖了从数据源到数据可视化的完整流程中所涉及的常用库、函数和外部工具，其中既有 Python 内置函数和标准库，又有第三方库和工具。这些库可用于文件读写、网络抓取和解析、数据连接、数据清洗转换、数据计算和统计分析、图像和视频处理、音频处理、数据挖掘/机器学习/深度学习、数据可视化、交互学习和集成开发等，而用于深度学习的第三方库主要有 Theano、Keras、Lasagne、Caffe、Torch、TensorFlow 等。

Theano 是最老牌和最稳定的库之一，它适合数值计算优化。它支持自动的函数梯度计算，带有 Python 接口并集成了 numpy，这使得它从一开始就成为了通用深度学习领域最常使用的库之一。但由于它不支持多 GPU 和水平扩展，不再成为用户的首选。

Keras 的句法明晰，它的开发文档较为完整，而且支持 Python 语言。它的使用简单轻松，用户能够很直观地了解它的指令、函数和每个模块之间的连接方式。Keras 是一个非常高层的库，可以工作在 Theano 和 TensorFlow 之上。

Lasagne 是一个工作在 Theano 之上的库。它的使命是简化深度学习算法的复杂计算，同时也提供了一个更加友好的 Python 语言接口。很长时间以来它都是一个扩展能力很强的工具，但它的发展速度赶不上 Keras，在适用领域相似的情况下，Keras 有更完整的开发文档。

Caffe 具有非常好的通用性，在计算机视觉系统领域，Caffe 是无可争议的领导者。它非常稳健且快速，但是不够灵活，想要一点新改变就需要使用 C++和 CUDA 编程。同时，Caffe 的文档非常贫乏，且安装步骤繁琐，需要大量额外的依赖包。

Torch 是一个很著名的框架，Facebook 的人工智能研究所使用的框架就是 Torch。但是 Torch 的编程语言是 Lua，在目前深度学习编程语言绝大部分以 Python 为主的大趋势下，以 Lua 为编程语言的框架则有很大劣势。

总之，比起上述这些框架，TensorFlow 有着自身强大的功能和优势，本书主要以 TensorFlow 为例展开讲解。

2.3　TensorFlow 简介及安装

Python 最大的优点之一就在于其丰富的库，pip(package installer for Python)就是库管理工具，通过 pip 就可以安装、卸载、更新众多的库，其中 TensorFlow 在人工智能领域较为常用。

TensorFlow 是一个基于数据流编程(Dataflow Programming)的符号数字系统。TensorFlow 拥有多层级结构，可部署于各类服务器、PC 终端和网页，并支持 GPU 和 TPU 高性能数值计算。

TensorFlow 的安装可以通过 Anaconda 中提供的命令行工具，在命令行终端内输入指令 pip install tensorflow，即可在 Python 环境中安装 TensorFlow 库；或者输入指令 pip install tensorflow-gpu，安装 GPU 版本的 TensorFlow 库。如图 2.1 所示。

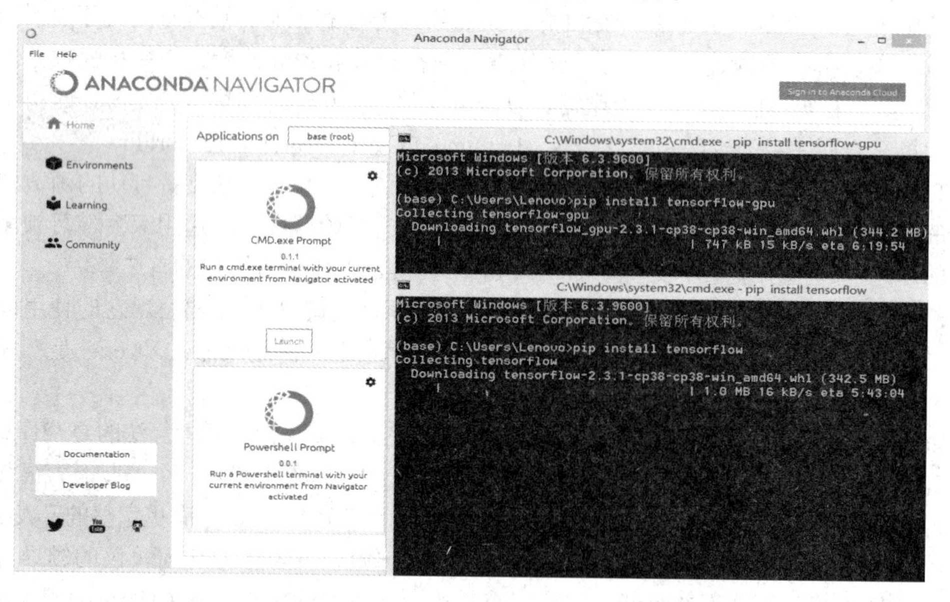

图 2.1　安装 TensorFlow

安装成功后，在 Python 编辑器 PyCharm 中输入 import tensorflow，运行脚本检查是否正确安装。

如果要在项目中使用 TensorFlow，这就需要学习如何使用 TensorFlow API 进行编程。TensorFlow 有多个 API，可用于与库进行交互。这些 API 或库分为两个级别：

(1) 低级库：也称为 TensorFlow 核心，提供非常细粒度的低级功能，从而提供对如何在模型中使用和实现库的完全控制。这将在 2.4 节中进行介绍。

(2) 高级库：这些库提供高级功能，并且在模型中相对容易学习和实现。这些库包括 TF Estimator、TF Learn、TF Slim、Sonnet 和 Keras。这将在 2.5 节中进行介绍。

2.4 TensorFlow 的低级库

2.4.1 TensorFlow 核心

TensorFlow 核心是较低级别的库，其上构建了更高级别的 TensorFlow 模块。在深入学习高级 TensorFlow 之前，学习低级库的概念非常重要。

1. Hello TensorFlow

作为学习任何新编程语言、库或平台的传统习惯，在深入学习之前，编写简单的 Hello TensorFlow 代码是非常有必要的。

在 Jupyter Notebook 中新建一个文件，文件命名为 TensorFlow.ipynb。

(1) 使用以下代码导入 TensorFlow 库：

```
import tensorflow as tf
```

(2) 获取 TensorFlow 会话。TensorFlow 提供两种会话：Session()和 InteractiveSession()。我们将使用以下代码创建交互式会话：

```
tfs = tf.InteractiveSession()
```

Session()和 InteractiveSession()之间的唯一区别是用 InteractiveSession()创建的会话成为默认会话。因此，我们不需要指定会话上下文以便稍后执行与会话相关的命令。例如，假设我们有一个会话对象 tfs 和一个常量对象 hello。如果 tfs 是一个 InteractiveSession()对象，那么我们可以使用代码 hello.eval()来评估 hello。如果 tfs 是 Session()对象，那么我们必须使用 tfs.hello.eval()或 with 块来评估 hello。最常见的做法是使用 with 块，这将在后面介绍。

(1) 定义 TensorFlow 常量 hello：

```
hello = tf.constant("Hello TensorFlow !!")
```

(2) 在 TensorFlow 会话中执行常量并打印输出：

```
print(tfs.run(hello))
```

(3) 将获得以下输出：

```
'Hello TensorFlow !!'
```

现在已经可以使用 TensorFlow 编写并执行了两行代码，接下来将介绍 TensorFlow 的基本组成部分。

2. 张量

张量是 TensorFlow 中计算的基本元素和基本数据结构，是需要学习使用 TensorFlow 的唯一数据结构。张量是维度、形状和类型标识的 *n* 维数据集合。

Rank 是张量的维数，形状是表示每个维度的大小的列表。张量可以具有任意数量的尺寸。例如：零维集合(标量)、一维集合(向量)、二维集合(矩阵)以及多维集合。

标量值是等级为 0 的张量，具有[1]的形状。向量或一维数组是秩为 1 的张量，具有[列]或[行]的形状。矩阵或二维数组是秩为 2 的张量，具有[行，列]的形状。三维数组是秩为 3 的张量，*n* 维数组是秩为 *n* 的张量。

张量可以在其所有维度中存储一种类型的数据，并且其元素的数据类型被称为张量的数据类型。

建议不要使用 Python 本地数据类型来定义张量，而是使用 TensorFlow 数据类型来定义张量。

创建张量有如下方式：

(1) 通过定义常量、操作和变量，并将值传递给它们的构造函数。

(2) 通过定义占位符并将值传递给 session.run()。

(3) 通过 tf.convert_to_tensor()函数转换 Python 对象，如标量值、列表和 NumPy 数组。

TensorFlow 定义了以下数据类型，如表 2.1 所示。

表 2.1 TensorFlow 数据类型

TensorFlow Python API 数据类型	描　述
tf.float16	16 位半精度浮点数
tf.float32	32 位单精度浮点数
tf.float64	64 位双精度浮点数
tf.bfloat16	16 位截断浮点数
tf.complex64	64 位单精度复合体
tf.complex128	128 位双精度复合体
tf.int8	8 位有符号整数
tf.uint8	8 位无符号整数
tf.uint16	16 位无符号整数
tf.int16	16 位有符号整数
tf.int32	32 位有符号整数
tf.int64	64 位有符号整数

续表

TensorFlow Python API 数据类型	描　述
tf.bool	布尔型
tf.string	字符串
tf.qint8	量化的 8 位有符号整数
tf.quint8	量化的 8 位无符号整数
tf.qint16	量化的 16 位有符号整数
tf.quint16	量化的 16 位无符号整数
tf.qint32	量化的 32 位有符号整数
tf.resource	处理可变资源

3. 常量

使用 tf.constant()函数创建常量值张量的代码格式如下：

```
tf.constant(value,dtype=None,shape=None,name='Const',verify_shape=False)
```

在 Jupyter 中输入以下示例代码：

```
c1=tf.constant(5,name='x')
c2=tf.constant(6.0,name='y')
c3=tf.constant(7.0,tf.float32,name='z')
```

这里对代码进行详细解释：

(1) 第一行定义一个常数张量 c1，给它赋值为 5，并将其命名为 x。

(2) 第二行定义一个常数张量 c2，给它赋值为 6.0，并将其命名为 y。

这里 c1、c2 未定义数据类型，它们的数据类型将由 TensorFlow 自动推导出来。

(3) 第三行定义一个常量 c3，给它赋值 7.0，使用 dtype 参数定义数据类型为 tf.float32，并将其命各为 z。

打印常量 c1、c2 和 c3：

```
print('c1 (x): ',c1)
print('c2 (y): ',c2)
print('c3 (z): ',c3)
```

当打印这些常量时，我们得到以下输出：

```
c1 (x):Tensor("x:0", shape=(), dtype=int32)
c2 (y):Tensor("y:0", shape=(), dtype=float32)
c3 (z):Tensor("z:0", shape=(), dtype=float32)
```

为了打印这些常量的值，必须使用 tfs.run()命令，在 TensorFlow 会话中执行以下代码：

```
print('run([c1,c2,c3]) : ',tfs.run([c1,c2,c3]))
```

我们将看到以下输出：

```
run([c1,c2,c3]) : [5, 6.0, 7.0]
```

4. 操作

TensorFlow 为我们提供了许多可以应用于 Tensors 的操作。通过传递值并将输出分配给另一个张量来定义操作。

在 Jupyter Notebook 文件中，定义两个操作，即 op1 和 op2：

```
op1 = tf.add(c2,c3)
op2 = tf.multiply(c2,c3)
```

当我们打印 op1 和 op2 时，会发现它们被定义为张量：

```
print('op1 : ', op1)
print('op2 : ', op2)
```

输出如下：

```
op1 :   Tensor("Add:0", shape=(), dtype=float32)
op2 :   Tensor("Mul:0", shape=(), dtype=float32)
```

要打印这些操作的值，必须在 TensorFlow 会话中运行以下代码：

```
print('run(op1) : ', tfs.run(op1))
print('run(op2) : ', tfs.run(op2))
```

输出如下：

```
run(op1) :   13.0
run(op2) :   42.0
```

表 2.2 列出了一些内置操作。

表 2.2　TensorFlow 的内置操作

操作类型	操　作
算术运算	tf.add，tf.subtract，tf.multiply，tf.scalar_mul，tf.div，tf.divide，tf.truediv，tf.floordiv，tf.realdiv，tf.truncatediv，tf.floor_div，tf.truncatemod，tf.floormod，tf.mod，tf.cross
基本的数学运算	tf.add_n，tf.abs，tf.negative，tf.sign，tf.reciprocal，tf.square，tf.round，tf.sqrt，tf.rsqrt，tf.pow，tf.exp，tf.expm1，tf.log，tf.log1p，tf.ceil，tf.floor，tf.maximum，tf.minimum，tf.cos，tf.sin，tf.lbeta，tf.tan，tf.acos，tf.asin，tf.atan，tf.lgamma，tf.digamma，tf.erf，tf.erfc，tf.igamma，tf.squared_difference，tf.igammac，tf.zeta，tf.polygamma，tf.betainc，tf.rint

续表

操作类型	操　作
矩阵数学运算	tf.diag，tf.diag_part，tf.trace，tf.transpose，tf.eye，tf.matrix_diag，tf.matrix_diag_part，tf.matrix_band_part，tf.matrix_set_diag，tf.matrix_transpose，tf.matmul，tf.norm，tf.matrix_determinant]，tf.matrix_inverse，tf.cholesky，tf.cholesky_solve，tf.matrix_solve，tf.matrix_triangular_solve，tf.matrix_solve_ls，tf.qr,tf.self_adjoint_eig，tf.self_adjoint_eigvals，tf.svd
张量数学运算	tf.tensordot
复数运算	tf.complex，tf.conj，tf.imag，tf.real
字符串操作	tf.string_to_hash_bucket_fast，tf.string_to_hash_bucket_strong，tf.as_string，tf.encode_base64，tf.decode_base64，tf.reduce_join，tf.string_join，tf.string_split，tf.substr，tf.string_to_hash_bucket

5. 占位符

虽然常量允许在定义张量时提供值，但占位符允许创建可在运行时提供其值的张量。TensorFlow 使用 tf.placeholder()函数创建占位符，代码格式如下：

```
tf.placeholder(dtype,shape=None,name=None)
```

例如，创建两个占位符并打印它们的代码如下：

```
p1 = tf.placeholder(tf.float32)
p2 = tf.placeholder(tf.float32)
print('p1 : ', p1)
print('p2 : ', p2)
```

将看到以下输出：

```
p1 :  Tensor("Placeholder:0", dtype=float32)
p2 :  Tensor("Placeholder_1:0", dtype=float32)
```

现在使用这些占位符定义一个操作：

```
op4 = p1 * p2
```

TensorFlow 允许使用速记符号进行各种操作，如 p1*p2 是 tf.multiply(p1,p2)的简写。

执行下列代码：

```
print('run(op4,{p1:2.0, p2:3.0}) : ',tfs.run(op4,{p1:2.0, p2:3.0}))
```

上面的命令是在 TensorFlow 会话中运行 op4，为 p1 和 p2 的值提供 Python 字典(run()操作的第二个参数)。

输出如下：

```
run(op4,{p1:2.0, p2:3.0}) :  6.0
```

还可以使用 run()操作中的 feed_dict 参数指定字典，代码如下：

```
print('run(op4,feed_dict = {p1:3.0, p2:4.0}) : ', tfs.run(op4, feed_dict={p1: 3.0, p2: 4.0}))
```

输出如下：

```
run(op4,feed_dict = {p1:3.0, p2:4.0}) :  12.0
```

最后，向量被送到同一个操作，代码如下：

```
print('run(op4,feed_dict = {p1:[2.0,3.0,4.0], p2:[3.0,4.0,5.0]}) : ',
tfs.run(op4,feed_dict = {p1:[2.0,3.0,4.0], p2:[3.0,4.0,5.0]}))
```

输出如下：

```
run(op4,feed_dict={p1:[2.0,3.0,4.0],p2:[3.0,4.0,5.0]}):[  6\.  12\.  20.]
```

两个输入向量的元素以元素方式相乘。

6. 从 Python 对象创建张量

可以使用函数 tf.convert_to_tensor()操作从 Python 对象(如列表和 NumPy 数组)创建张量，函数格式如下：

```
tf.convert_to_tensor(value,dtype=None,name=None,preferred_dtype=None)
```

下面创建一些张量并打印。

(1) 创建并打印 0-D 张量：

```
tf_t=tf.convert_to_tensor(5.0,dtype=tf.float64)
print('tf_t : ',tf_t)
print('run(tf_t) : ',tfs.run(tf_t))
```

输出如下：

```
tf_t :  Tensor("Const_1:0", shape=(), dtype=float64)
run(tf_t) : 5.0
```

(2) 创建并打印 1-D 张量：

```
import numpy as np
a1dim = np.array([1,2,3,4,5.99])
print("a1dim Shape : ",a1dim.shape)
tf_t=tf.convert_to_tensor(a1dim,dtype=tf.float64)
print('tf_t : ',tf_t)
print('tf_t[0] : ',tf_t[0])
print('tf_t[0] : ',tf_t[2])
print('run(tf_t) : \n',tfs.run(tf_t))
```

输出如下：

```
a1dim Shape :  (5,)
tf_t :  Tensor("Const_2:0", shape=(5,), dtype=float64)
tf_t[0] :  Tensor("strided_slice:0", shape=(), dtype=float64)
tf_t[0] :  Tensor("strided_slice_1:0", shape=(), dtype=float64)
run(tf_t) :
 [ 1.    2.    3.    4.    5.99]
```

(3) 创建并打印 2-D 张量：

```
a2dim = np.array([(1,2,3,4,5.99),
                  (2,3,4,5,6.99),
                  (3,4,5,6,7.99)
                 ])
print("a2dim Shape : ",a2dim.shape)
tf_t=tf.convert_to_tensor(a2dim,dtype=tf.float64)
print('tf_t : ',tf_t)
print('tf_t[0][0] : ',tf_t[0][0])
print('tf_t[1][2] : ',tf_t[1][2])
print('run(tf_t) : \n',tfs.run(tf_t))
```

输出如下：

```
a2dim Shape :  (3, 5)
tf_t :  Tensor("Const_3:0", shape=(3, 5), dtype=float64)
tf_t[0][0] :  Tensor("strided_slice_3:0", shape=(), dtype=float64)
tf_t[1][2] :  Tensor("strided_slice_5:0", shape=(), dtype=float64)
run(tf_t) :
 [[ 1.    2.    3.    4.    5.99]
  [ 2.    3.    4.    5.    6.99]
  [ 3.    4.    5.    6.    7.99]]
```

(4) 创建并打印 3-D 张量：

```
a3dim = np.array([[[1,2],[3,4]],
                  [[5,6],[7,8]]
                 ])
print("a3dim Shape : ",a3dim.shape)
tf_t=tf.convert_to_tensor(a3dim,dtype=tf.float64)
```

```
print('tf_t : ',tf_t)
print('tf_t[0][0][0] : ',tf_t[0][0][0])
print('tf_t[1][1][1] : ',tf_t[1][1][1])
print('run(tf_t) : \n',tfs.run(tf_t))
```

输出如下：

```
a3dim Shape :   (2, 2, 2)
tf_t :   Tensor("Const_4:0", shape=(2, 2, 2), dtype=float64)
tf_t[0][0][0] :   Tensor("strided_slice_8:0", shape=(), dtype=float64)
tf_t[1][1][1] :   Tensor("strided_slice_11:0", shape=(), dtype=float64)
run(tf_t) :
 [[[ 1.   2.][ 3.   4.]]
  [[ 5.   6.][ 7.   8.]]]
```

TensorFlow 可以将 NumPy ndarray 无缝转换为 TensorFlow 张量，反之亦然。

7. 变量

前面已经学习了如何创建各种张量对象，包括常量、操作和占位符。在使用 TensorFlow 构建和训练模型时，通常需要将参数值保存在可在运行时更新的内存位置，该内存位置由 TensorFlow 中的变量标识。

在 TensorFlow 中，变量是张量对象，它们包含可在程序执行期间修改的值。

虽然 tf.Variable 看起来与 tf.placeholder 类似，但两者之间有细微差别，如表 2.3 所示。

表 2.3　tf.Variable 与 tf.placeholder 差别

tf.placeholder	tf.Variable
tf.placeholder 定义了不随时间变化的输入数据	tf.Variable 定义随时间修改的变量值
tf.placeholder 在定义时不需要初始值	tf.Variable 在定义时需要初始值

在 TensorFlow 中，可以使用 tf.Variable()创建变量。下面给出一个带有线性模型的占位符和变量的示例：

```
y = w * x + b
```

(1) 将模型参数 w 和 b 分别定义为具有[.3]和[-0.3]初始值的变量：

```
w = tf.Variable([.3], tf.float32)
b = tf.Variable([-.3], tf.float32)
```

(2) 输入 x 定义为占位符，输出 y 定义为操作：

```
x = tf.placeholder(tf.float32)
y = w * x + b
```

(3) 打印 w、b、x 和 y：

```
print("w:",w)
print("x:",x)
print("b:",b)
print("y:",y)
```

得到以下输出：

```
w: <tf.Variable 'Variable:0' shape=(1,) dtype=float32_ref>
x: Tensor("Placeholder_2:0", dtype=float32)
b: <tf.Variable 'Variable_1:0' shape=(1,) dtype=float32_ref>
y: Tensor("add:0", dtype=float32)
```

输出显示 x 是占位符张量，y 是操作张量，而 w 和 b 是形状(1，)和数据类型 float32 的变量。

使用变量之前，在 TensorFlow 会话中必须先初始化它们，可以通过运行其初始化程序操作来初始化单个变量。

例如，初始化变量 w 的操作如下：

```
tfs.run(w.initializer)
```

但是，在实践中可以使用 TensorFlow 提供的便利函数来初始化所有变量：

```
tfs.run(tf.global_variables_initializer())
```

还可以使用 tf.variables_initializer()函数来初始化一组变量。

除此以外，还可以通过以下方式调用全局初始化程序遍历函数，而不是在会话对象的 run()函数内调用：

```
tf.global_variables_initializer().run()
```

在初始化变量之后，运行得到的模型输出 x=[1,2,3,4]的值：

```
print('run(y,{x:[1,2,3,4]}) : ',tfs.run(y,{x:[1,2,3,4]}))
```

得到以下输出：

```
run(y,{x:[1,2,3,4]}) :   [ 0.0.30000001   0.60000002   0.90000004]
```

8. 从库函数生成的张量

张量也可以从各种 TensorFlow 库函数中生成。这些生成的张量可以分配给常量或变量，也可以在初始化时提供给它们的构造函数。

例如，可用以下代码生成 100 个零的向量并将其打印出来：

```
a=tf.zeros((100,))
print(tfs.run(a))
```

TensorFlow 提供了不同类型的函数以在定义时填充张量，常用的有以下几种：

(1) 使用相同的值填充张量元素。

下面列出了一些张量生成库函数，用于使用相同的值填充张量的所有元素：

```
zeros(shape,dtype=tf.float32,name=None)
```

该函数用于创建所提供形状的张量，所有元素都设置为 0。

```
zeros_like(tensor,dtype=None,name=None,optimize=True)
```

该函数用于创建与参数形状相同的张量，所有元素都设置为 0。

```
ones(shape,dtype=tf.float32,name=None)
```

该函数用于创建所提供形状的张量，所有元素都设置为 1。

```
ones_like(tensor,dtype=None,name=None,optimize=True)
```

该函数用于创建与参数形状相同的张量，所有元素都设置为 1。

```
fill(dims,value,name=None)
```

该函数用于创建一个形状的张量作为 dims 参数，所有元素都设置为 value，例如，a=tf.fill([100],0)。

(2) 用序列填充张量元素。

下面列出了一些张量生成函数，用于使用序列填充张量元素：

```
lin_space(start,stop,num,name=None)
```

代码含义是：从[start，stop]范围内的 num 序列生成 1-D 张量。张量与 start 参数具有相同的数据类型。例如，a=tf.lin_space(1,100,10)生成值为[1,12,23,34,45,56,67,78,89,100]的张量。

```
range(limit,delta=1,dtype=None,name='range')
range(start, limit, delta=1,dtype=None,name='range')
```

代码含义是：从[start，limit]范围内的数字序列生成 1-D 张量，增量为 delta。如果未指定 dtype 参数，则张量具有与 start 参数相同的数据类型。此函数有两个版本。在第二个版本中，如果省略 start 参数，则 start 变为数字 0。例如，a=tf.range(1,91,10)生成具有值[1,11,21,31,41,51,61,71,81]的张量。请注意，limit 参数的值(即 91)不包含在最终生成的序列中。

(3) 使用随机分布填充张量元素。

TensorFlow 还提供了生成填充随机值分布的张量的函数。生成的分布受图级别或操作级别种子的影响。使用 tf.set_random_seed 设置图级种子，而在所有随机分布函数中给出操作级种子作为参数 seed。如果未指定种子，则使用随机种子。

下面列出了一些张量生成函数，用于使用随机值分布填充张量元素：

```
random_normal(shape,mean=0.0,stddev=1.0,dtype=tf.float32,seed=None,name=None)
```

该函数用于生成指定形状的张量，填充正态分布的值：normal(mean,stddev)。

```
truncated_normal(shape,mean=0.0,stddev=1.0,dtype=tf.float32,seed=None,name=None)
```

该函数用于生成指定形状的张量，填充来自截断的正态分布的值：normal(mean,stddev)。

截断意味着返回的值始终与平均值的距离小于两个标准偏差。

```
random_uniform(shape,minval=0,maxval=None,dtype=tf.float32,seed=None,name=None)
```

该函数用于生成指定形状的张量，填充均匀分布的值：uniform([minval,maxval))。

```
random_gamma(shape,alpha,beta=None,dtype=tf.float32,seed=None,name=None)
```

该函数用于生成指定形状的张量，填充来自伽马分布的值：gamma(alpha,beta)。

(4) 使用 tf.get_variable()获取变量。

如果使用之前定义的名称定义变量，则 TensorFlow 会抛出异常，因此使用 tf.get_ variable()函数来代替 tf.Variable()。函数 tf.get_variable()返回具有相同名称的现有变量(如果存在)，并创建具有指定形状的变量和初始化器(如果它不存在)。例如：

```
w = tf.get_variable(name='w',shape=[1],dtype=tf.float32,initializer=[.3])
b = tf.get_variable(name='b',shape=[1],dtype=tf.float32,initializer=[-.3])
```

可以使用上面示例中显示的初始化程序初始化张量或值列表，也可以根据需要选择下列任一内置初始化程序：

```
tf.constant_initializer
tf.random_normal_initializer
tf.truncated_normal_initializer
tf.random_uniform_initializer
tf.uniform_unit_scaling_initializer
tf.zeros_initializer
tf.ones_initializer
tf.orthogonal_initializer
```

在分布式 TensorFlow 中，我们可以跨机器运行代码，tf.get_variable()提供了全局变量。要获取局部变量，TensorFlow 则提供类似的函数：tf.get_local_variable()。

共享或重用变量用于获取已定义的变量同时可促进重用，但是如果未使用 tf.variable_scope.reuse_variable()或 tf.variable.scope(reuse=True)设置重用标志，则会抛出异常。

以上就是有关张量、常量、运算、占位符和变量的知识，下面将介绍 TensorFlow 中的下一级抽象，它将这些基本元素组合在一起形成一个基本的计算单元，即数据流图或计算图。

2.4.2 数据流图或计算图

数据流图或计算图是 TensorFlow 中的基本计算单元。以后如没有特殊说明，都将其称为计算图。计算图由节点和边组成，每个节点代表一个操作(tf.Operation)，每个边代表一个在节点之间传递的张量(tf.Tensor)。

TensorFlow 中的程序基本上是计算图。可以使用表示变量、常量、占位符和操作的节点创建图，并将其提供给 TensorFlow。TensorFlow 找到它可以触发或执行的第一个节点，触发这些节点会导致其他节点触发，依此类推。

因此，TensorFlow 程序由计算图上的两种操作组成：构建计算图和运行计算图。

TensorFlow 附带一个默认图，除非明确指定了另一个图，否则会将新节点隐式添加到默认图中。可以使用以下命令显式访问默认图：

```
graph = tf.get_default_graph()
```

例如，如果想要定义三个输入并添加它们以产生输出 $y = x_1 + x_2$，可以使用图 2.2 来表示。

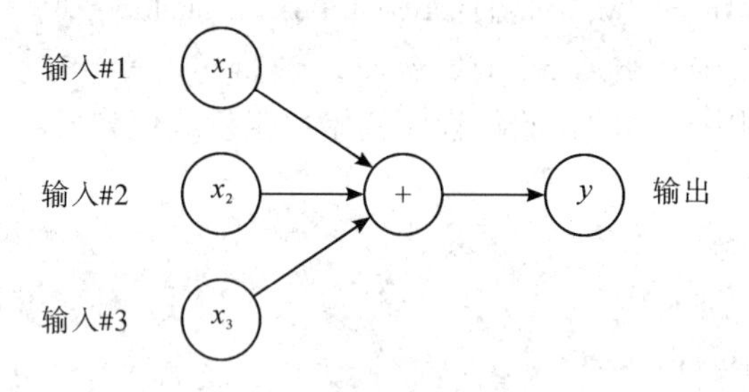

图 2.2 计算图

在 TensorFlow 中，图 2.2 中的添加操作将对应于代码“y=tf.add(x1+x2+x3)”。

在创建变量、常量和占位符时，它们会添加到图中，然后再创建一个会话对象，以执行操作对象，评估张量对象。

下面构建并执行一个计算图来计算 $y = w \times x + b$，代码如下：

```
# Assume Linear Model y = w * x + b
# Define model parameters
w = tf.Variable([.3], tf.float32)
b = tf.Variable([-.3], tf.float32)
# Define model input and output
x = tf.placeholder(tf.float32)
y = w * x + b
output = 0
with tf.Session() as tfs:
    # initialize and print the variable y
tf.global_variables_initializer().run()
    output = tfs.run(y,{x:[1,2,3,4]})
```

```
print('output : ',output)
```

在 with 块中创建和使用会话可确保在块完成时会话自动关闭，否则必须使用 tfs.close()命令显式关闭会话，其中 tfs 是会话名称。

1. 执行顺序和延迟加载

节点按依赖顺序执行，如果节点 a 依赖于节点 b，则 a 将在执行 b 之前执行请求 b。除非未请求执行节点本身，否则不执行节点。这也称为延迟加载，即在需要之前不创建和不初始化节点对象。

有时需要控制在图中执行节点的顺序，这可以通过 tf.Graph.control_dependencies()函数来实现。例如，如果图具有节点 a、b、c 和 d，但是想在 a 和 b 之前执行 c 和 d，可以使用以下语句：

```
with graph_variable.control_dependencies([c,d]):
    # other statements here
```

这确保了在执行了节点 c 和 d 之后，才执行前面 with 块中的任何节点。

2. 跨计算设备执行图——CPU 和 GPU

图可以分为多个部分，每个部分可以放置在不同的设备上执行，例如 CPU 或 GPU。可以使用以下命令列出可用于执行图的所有设备：

```
from tensorflow.python.client import device_lib
print(device_lib.list_local_devices())
```

得到以下输出(输出会有所不同，具体取决于系统中的计算设备)：

```
[name: "/device:CPU:0"
device_type: "CPU"
memory_limit: 268435456
locality {
}
incarnation: 12900903776306102093
, name: "/device:GPU:0"
device_type: "GPU"
memory_limit: 611319808
locality {
bus_id: 1
}
incarnation: 2202031001192109390
```

```
    physical_device_desc: "device: 0, name: Quadro P5000, pci bus id: 0000:01:00.0, compute capability:
6.1"
    ]
```

TensorFlow 中的设备用字符串“/device:<device_type>:<device_idx> ”标识。在上述输出中，CPU 和 GPU 表示器件类型，0 表示器件索引。

关于上述输出需要注意的一点是，它只显示一个 CPU，而我们的计算机有 8 个 CPU。原因是 TensorFlow 隐式地在 CPU 单元中分配代码，因此默认情况下 CPU:0 表示 TensorFlow 可用的所有 CPU。当 TensorFlow 开始执行图时，它在一个单独的线程中运行每个图中的独立路径，每个线程在一个单独的 CPU 上运行。我们可以通过改变 inter_op_parallelism_threads 的数量来限制用于此目的的线程数。类似地，如果在独立路径中，操作能够在多个线程上运行，TensorFlow 将在多个线程上启动该特定操作，可以通过设置 intra_op_parallelism_threads 的数量来更改此池中的线程数。

3. 将图节点放置在特定的计算设备上

可以通过定义配置对象来启用变量放置的记录，将 log_device_placement 属性设置为 True，然后将此 config 对象传递给会话，代码如下所示：

```
tf.reset_default_graph()
# Define model parameters
w = tf.Variable([.3], tf.float32)
b = tf.Variable([-.3], tf.float32)
# Define model input and output
x = tf.placeholder(tf.float32)
y = w * x + b
config = tf.ConfigProto()
config.log_device_placement=True
with tf.Session(config=config) as tfs:
  # initialize and print the variable y
tfs.run(global_variables_initializer())
    print('output',tfs.run(y,{x:[1,2,3,4]}))
```

在 Jupyter Notebook 控制台中获得以下输出：

```
b: (VariableV2): /job:localhost/replica:0/task:0/device:GPU:0
b/read: (Identity): /job:localhost/replica:0/task:0/device:GPU:0
b/Assign: (Assign): /job:localhost/replica:0/task:0/device:GPU:0
w: (VariableV2): /job:localhost/replica:0/task:0/device:GPU:0
```

```
w/read: (Identity): /job:localhost/replica:0/task:0/device:GPU:0
mul: (Mul): /job:localhost/replica:0/task:0/device:GPU:0
add: (Add): /job:localhost/replica:0/task:0/device:GPU:0
w/Assign: (Assign): /job:localhost/replica:0/task:0/device:GPU:0
init: (NoOp): /job:localhost/replica:0/task:0/device:GPU:0
x: (Placeholder): /job:localhost/replica:0/task:0/device:GPU:0
b/initial_value: (Const): /job:localhost/replica:0/task:0/device:GPU:0
Const_1: (Const): /job:localhost/replica:0/task:0/device:GPU:0
w/initial_value: (Const): /job:localhost/replica:0/task:0/device:GPU:0
Const: (Const): /job:localhost/replica:0/task:0/device:GPU:0
```

默认情况下，TensorFlow 会在设备上创建变量和操作节点，从而获得最高表现。可以使用 tf.device()函数将变量和操作放在特定设备上，把图放在 CPU 上，代码如下：

```
tf.reset_default_graph()
with tf.device('/device:CPU:0'):
    # Define model parameters
    w = tf.get_variable(name='w',initializer=[.3], dtype=tf.float32)
      b = tf.get_variable(name='b',initializer=[-.3], dtype=tf.float32)
      # Define model input and output
    x = tf.placeholder(name='x',dtype=tf.float32)
      y = w * x + b
config = tf.ConfigProto()
config.log_device_placement=True
with tf.Session(config=config) as tfs:
    # initialize and print the variable y
tfs.run(tf.global_variables_initializer())
      print('output',tfs.run(y,{x:[1,2,3,4]}))
```

在 Jupyter 控制台中，输出结果如下，可以看到现在变量已经放在 CPU 上，并且执行也发生在 CPU 上：

```
b: (VariableV2): /job:localhost/replica:0/task:0/device:CPU:0
b/read: (Identity): /job:localhost/replica:0/task:0/device:CPU:0
b/Assign: (Assign): /job:localhost/replica:0/task:0/device:CPU:0
w: (VariableV2): /job:localhost/replica:0/task:0/device:CPU:0
w/read: (Identity): /job:localhost/replica:0/task:0/device:CPU:0
```

```
mul: (Mul): /job:localhost/replica:0/task:0/device:CPU:0
add: (Add): /job:localhost/replica:0/task:0/device:CPU:0
w/Assign: (Assign): /job:localhost/replica:0/task:0/device:CPU:0
init: (NoOp): /job:localhost/replica:0/task:0/device:CPU:0
x: (Placeholder): /job:localhost/replica:0/task:0/device:CPU:0
b/initial_value: (Const): /job:localhost/replica:0/task:0/device:CPU:0
Const_1: (Const): /job:localhost/replica:0/task:0/device:CPU:0
w/initial_value: (Const): /job:localhost/replica:0/task:0/device:CPU:0
Const: (Const): /job:localhost/replica:0/task:0/device:CPU:0
```

4. 简单放置

TensorFlow 遵循如下这些简单的规则，也称为简单放置，用于将变量放在设备上，代码如下：

```
If the graph was previously run,
    then the node is left on the device where it was placed earlier
Else If the tf.device() block is used,
    then the node is placed on the specified device
Else If the GPU is present
    then the node is placed on the first available GPU
Else If the GPU is not present
    then the node is placed on the CPU
```

5. 动态展示位置

tf.device()传递的是函数名而不是设备字符串。在这种情况下，该函数必须返回设备字符串。此函数允许使用复杂的算法将变量放在不同的设备上。例如，TensorFlow 在 tf.train.replica_device_setter()中提供循环设备设置器，这将在后面进行讨论。

6. 软放置

当在 GPU 上放置 TensorFlow 操作时，TensorFlow 必须由具有该操作的 GPU 实现，称为内核。如果内核不存在，则放置会导致运行错误。此外，如果请求的 GPU 设备不存在，也将导致运行错误。处理此类错误的最佳方法是：如果请求 GPU 设备导致错误，则允许将操作置于 CPU 上。这可以通过设置以下 config 值来实现：

```
config.allow_soft_placement = True
```

7. GPU 内存处理

当开始运行 TensorFlow 会话时，默认情况下它会抓取所有 GPU 内存，即使将操作和变量仅放置在多 GPU 系统中的一个 GPU 上也是如此。如果尝试同时运行另一个会话，则会出现内存不足错误。这可以通过以下方式解决：

(1) 对于多 GPU 环境，可设置环境变量“CUDA_VISIBLE_DEVICES=<list of device idx>”：

```
os.environ['CUDA_VISIBLE_DEVICES']='0'
```

在此设置之后执行的代码将能够获取仅可见 GPU 的所有内存。

(2) 若不希望会话占用 GPU 的所有内存时，可使用 per_process_gpu_memory_fraction 来分配一定百分比的内存：

```
config.gpu_options.per_process_gpu_memory_fraction = 0.5
```

这将分配所有 GPU 设备的 50%的内存。

(3) 可以结合上述两种策略，即只制作一个百分比，同时只让部分 GPU 对流程可见。

(4) 可以将 TensorFlow 进程限制为仅在进程开始时获取所需的最小内存。随着进程的进一步执行，可以设置配置选项以允许此内存的增长，设置如下：

```
config.gpu_options.allow_growth = True
```

此选项仅允许分配的内存增长，但内存永远不会释放。

8. 多个图

TensorFlow 可以创建与默认图分开的图，并在会话中执行它们。但是，不建议创建和执行多个图，因为它具有以下缺点：

(1) 在同一程序中创建和使用多个图将需要多个 TensorFlow 会话，并且每个会话将消耗大量资源。

(2) 无法直接在图之间传递数据。

因此，推荐的方法是在单个图中包含多个子图。如果希望使用自己的图而不是默认图，可以使用 tf.graph()命令执行此操作。下面是创建自己的图 g 并将其作为默认图执行的示例：

```
g = tf.Graph()
output = 0
# Assume Linear Model y = w * x + b
with g.as_default():
  # Define model parameters
  w = tf.Variable([.3], tf.float32)
  b = tf.Variable([-.3], tf.float32)
  # Define model input and output
  x = tf.placeholder(tf.float32)
  y = w * x + b
```

```
with tf.Session(graph=g) as tfs:
  # initialize and print the variable y
tf.global_variables_initializer().run()
  output = tfs.run(y, {x:[1,2,3,4]})
print('output : ',output)
```

2.4.3 TensorBoard

即使对于中等大小的问题，计算图的复杂性也很高，代表复杂机器学习模型的大型计算图可能会变得非常混乱且难以理解，而可视化有助于轻松理解和解释计算图，从而加速 TensorFlow 程序的调试和优化。TensorFlow 附带了一个内置工具，可以可视化计算图，即 TensorBoard。

TensorBoard 可视化计算图结构，提供统计分析并绘制在计算图执行期间作为摘要捕获的值。下面给出在实践中 TensorBoard 是如何运作的。

1. TensorBoard 最小的例子

通过定义线性模型的变量和占位符来实现：

```
# Assume Linear Model y = w * x + b
# Define model parameters
w = tf.Variable([.3], name='w',dtype=tf.float32)
b = tf.Variable([-.3], name='b', dtype=tf.float32)
# Define model input and output
x = tf.placeholder(name='x',dtype=tf.float32)
y = w * x + b
```

初始化会话，并在此会话的上下文中，执行以下步骤：

(1) 初始化全局变量。

(2) 创建 tf.summary.FileWriter，将使用默认图中的事件在 tflogs 文件夹中创建输出。

(3) 获取节点 y 的值，有效地执行线性模型。

代码如下：

```
with tf.Session() as tfs:
tfs.run(tf.global_variables_initializer())
    writer=tf.summary.FileWriter('tflogs',tfs.graph)
    print('run(y,{x:3}) : ', tfs.run(y,feed_dict={x:3}))
```

看到以下输出：

```
run(y,{x:3}) :   [ 0.60000002]
```

当程序执行时，日志将收集在 tflogs 文件夹中，TensorBoard 将使用该文件夹进行可视化。打开命令行界面，导航到运行 TensorFlow.ipynb 文件的文件夹，然后执行以下命令：

```
tensorboard --logdir='tflogs'
```

会看到类似于如下所示的输出：

```
Starting TensorBoard b'47' at http://0.0.0.0:6006
```

打开浏览器并导航到 http://0.0.0.0:6006。看到 TensorBoard 仪表板后，不要担心显示任何错误或警告，只需单击顶部的 GRAPHS 选项卡即可。

可以看到 TensorBoard 将我们的第一个简单模型可视化为计算图，如图 2.3 所示。

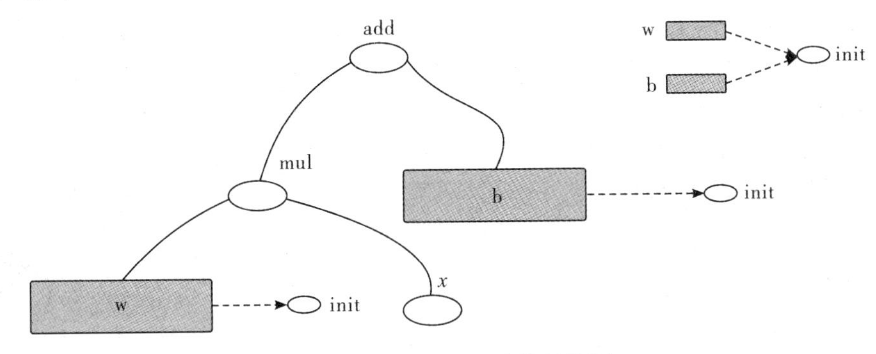

图 2.3　TensorBoard 中的计算图

2. TensorBoard 详情

TensorBoard 通过读取 TensorFlow 生成的日志文件来工作。因此，需要修改此处定义的编程模型，以包含其他操作节点，这些操作节点将在我们想要使用 TensorBoard 可视化的日志中生成信息。编程模型或使用 TensorBoard 的程序流程如下：

(1) 创建计算图。

(2) 创建摘要节点。将 tf.summary 包中的摘要操作附加到输出想要收集和分析的值的节点。

(3) 运行摘要节点以及运行模型节点。首先使用便捷函数 tf.summary.merge_all()将所有汇总节点合并到一个汇总节点中；然后执行此合并节点即执行所有摘要节点；合并的摘要节点生成包含所有摘要的并集的序列化 Summary ProtocolBuffers 对象。

(4) 通过将 Summary ProtocolBuffers 对象传递给 tf.summary.FileWriter 对象将事件日志写入磁盘。

(5) 启动 TensorBoard 并分析可视化数据。

在这里没有创建汇总节点，而是以非常简单的方式使用 TensorBoard。在后面 TensorBoard 的高级用法中再进行介绍。

2.5 TensorFlow 的高级库

TensorFlow 有几个高级库和接口(API)，允许我们使用 TF Slim、TF Learn、Pretty Tensor、Sonnet、Keras 和 TF Estimator 轻松构建和训练模型。

2.5.1 TF Estimator

TF Estimator 是一个高级 API，通过封装训练、评估、预测和导出函数，可以轻松创建和训练模型。TensorFlow 最近重新命名并在 TensorFlow 中以新名称 TF Estimator 发布了 TF Learn 软件包，是为了避免与 tflearn.org 的 TFLearn 软件包混淆。

TF Estimator 接口设计灵感来自流行的机器学习库 SciKit Learn，允许从不同类型的可用模型创建估计器对象，然后在任何类型的估计器上提供四个主要函数：

```
estimator.fit()
estimator.evaluate()
estimator.predict()
estimator.export()
```

函数的名称是不言自明的。估计器对象表示模型，但模型本身是从提供给估计器的模型定义函数创建的。

使用 Estimator API 而不是在核心 TensorFlow 中构建所有内容，可以不用担心图、会话、初始化变量或其他低级细节。TensorFlow 提供了以下预构建的估计器：

```
tf.contrib.learn.KMeansClustering
tf.contrib.learn.DNNClassifier
tf.contrib.learn.DNNRegressor
tf.contrib.learn.DNNLinearCombinedRegressor
tf.contrib.learn.DNNLinearCombinedClassifier
tf.contrib.learn.LinearClassifier
tf.contrib.learn.LinearRegressor
tf.contrib.learn.LogisticRegressor
```

TF Estimator API 中的简单工作流程如下：

(1) 找到与要解决的问题相关的预 Estimator；

(2) 编写导入数据集的函数；

(3) 定义包含特征的数据中的列；

(4) 创建在步骤(1)中选择的预构建估计器的实例；

(5) 训练估计器；

(6) 使用经过训练的估计器进行评估或预测。

2.5.2 TF Slim

TF Slim 是一个基于 TensorFlow 核心构建的轻量级库，用于定义和训练模型。TF Slim 可与其他 TensorFlow 低级库和高级库(如 TF Learn)结合使用。TF Slim 是包装中 TensorFlow 安装的一部分：tf.contrib.slim。运行以下命令以检查 TF Slim 安装是否正常工作：

```
python3 -c 'import tensorflow.contrib.slim as slim; eval = slim.evaluation.evaluate_once'
```

TF Slim 提供了几个模块，可以独立挑选和应用，并与其他 TensorFlow 软件包混合使用。在撰写本书时，TF Slim 有以下主要模块，如表 2.4 所示。

表 2.4　TF Slim 的主要模块

TF Slim 模块	模 块 说 明
arg_scope	提供将元素应用于作用域下定义的所有图节点的机制
层	提供几种不同的层，如 fully_connected、conv2d 等
损失	提供用于训练优化器的损失函数
学习	提供训练模型的函数
评测	提供评估函数
指标	提供用于评估模型的度量函数
regularizers	提供用于创建正则化方法的函数
变量	提供变量创建的函数
网	提供各种预制和预训练模型，如 VGG16、InceptionV3、ResNet

TF Slim 的简单工作流程如下：

(1) 使用细长层创建模型；

(2) 提供层的输入以实例化模型；

(3) 使用 logits 和标签来定义损失；

(4) 使用函数 get_total_loss()获得全部损失；

(5) 创建一个优化器；

(6) 使用函数 slim.learning.create_train_op()、total_loss 和 optimizer 创建训练函数；

(7) 使用上一步中定义的函数 slim.learning.train()和训练函数运行训练。

在后面的章节中，我们将使用 TF Slim 来学习如何使用预训练的模型，如 VGG16 和 Inception V3。

2.5.3 TF Learn

TF Learn 是 Python 中的模块化库，它构建在核心 TensorFlow 之上。TF Learn 为早期版本，与 TensorFlow Learn 软件包不同，后者称为 TF Learn，是最新版本。

可以使用以下命令在 Python3 中安装 TFLearn：

```
pip3 install tflearn
```

TF Learn 中的简单工作流程如下：

(1) 首先创建一个输入层；

(2) 传递输入对象以创建更多层；

(3) 添加输出层；

(4) 使用估计器层(例如 regression)创建网络；

(5) 从上一步创建的网络中创建模型；

(6) 使用 model.fit()方法训练模型；

(7) 使用训练的模型进行预测或评估。

1. 创建 TF Learn 层

在 TF Learn 中创建神经网络模型的层的步骤如下：

(1) 首先创建一个输入层：

```
input_layer = tflearn.input_data(shape=[None,num_inputs]
```

(2) 传递输入对象以创建更多层：

```
layer1 = tflearn.fully_connected(input_layer,10,activation='relu')
layer2 = tflearn.fully_connected(layer1,10,activation='relu')
```

(3) 添加输出层：

```
output = tflearn.fully_connected(layer2,n_classes,activation='softmax')
```

(4) 从估计器层创建最终网络，例如 regression：

```
net = tflearn.regression(output,optimizer='adam',metric=tflearn.metrics.Accuracy(),
                         loss='categorical_crossentropy')
```

2. TF Learn 核心层

TFLearn 在 tflearn.layers.core 模块中提供以下层，如表 2.5 所示。

表 2.5 tflearn.layers.core 模块提供的层

层类	描　述
input_data	该层用于指定神经网络的输入层
fully_connected	该层用于指定一个层，其中所有神经元都连接到前一层中的所有神经元
dropout	该层用于指定 dropout 正则化。输入元素由 1/keep_prob 缩放，同时保持预期的总和不变

续表

层类	描　述
custom_layer	该层用于指定要应用于输入的自定义函数。此类可以包装我们的自定义函数并将该函数显示为层
reshape	该层将输入重新整形为指定形状的输出
flatten	该层将输入张量转换为 1D 张量
activation	该层将指定的激活函数应用于输入张量
single_unit	该层将线性函数应用于输入
one_hot_encoding	该层将数字标签转换为二元向量单热编码表示
time_distributed	该层将指定的函数应用于输入张量的每个时间步长
multi_target_data	该层用于创建并连接多个占位符，特别是在层使用来自多个源的目标时使用

3. TF Learn 循环层

TF Learn 在 tflearn.layers.recurrent 模块中提供以下层，如表 2.6 所示。

表 2.6　tflearn.layers.recurrent 模块提供的层

层类	描　述
simple_rnn	该层实现简单的循环神经网络模型
bidirectional_rnn	该层实现双向 RNN 模型
lstm	该层实现 LSTM 模型
gru	该层实现 GRU 模型

4. TF Learn 卷积层

TF Learn 在 tflearn.layers.conv 模块中提供以下层，如表 2.7 所示。

表 2.7　tflearn.layers.conv 模块提供的层

层类	描　述
conv_1d	该层将 1D 卷积应用于输入数据
conv_2d	该层将 2D 卷积应用于输入数据
conv_3d	该层将 3D 卷积应用于输入数据
conv_2d_transpose	该层将 conv2_d 的转置应用于输入数据
conv_3d_transpose	该层将 conv3_d 的转置应用于输入数据
atrous_conv_2d	该层计算二维动态卷积
grouped_conv_2d	该层计算深度 2D 卷积
max_pool_1d	该层计算 1D 最大池化

续表

层类	描　述
max_pool_2d	该层计算 2D 最大池化
avg_pool_1d	该层计算 1D 平均池化
avg_pool_2d	该层计算 2D 平均池化
upsample_2d	该层应用行和列 2D 上采样操作
global_max_pool	该层实现全局最大池操作
global_avg_pool	该层实现全局平均池操作
residual_block	该层实现剩余块以创建深度残差网络
residual_bottleneck	该层实现深度残差网络的剩余瓶颈块
resnext_block	该层实现 ResNeXt 块

5. TF Learn 正则化层

TF Learn 在 tflearn.layers.normalization 模块中提供以下层，如表 2.8 所示。

表 2.8　tflearn.layers.normalization 模块提供的层

层类	描　述
batch_normalization	该层正则化每个批次的先前层激活的输出
local_response_normalization	该层实现 LR 正则化
l2_normalization	该层将 L2 归一化应用于输入张量

6. TF Learn 嵌入层

TFLearn 在 tflearn.layers.embedding_ops 模块中只提供一层，如表 2.9 所示。

表 2.9　tflearn.layers.embedding_ops 模块提供的层

层类	描　述
embedding	该层实现整数 ID 或浮点序列的嵌入函数

7. TF Learn 合并层

TF Learn 在 tflearn.layers.merge_ops 模块中提供以下层，如表 2.10 所示。

表 2.10　tflearn.layers.merge_ops 模块提供的层

层类	描　述
merge_outputs	该层将张量列表合并为单个张量，通常用于合并相同形状的输出
Merge	该层将张量列表合并为单个张量，且可以指定需要进行合并的轴

8. TF Learn 估计层

TF Learn 在 tflearn.layers.estimator 模块中只提供一层，如表 2.11 所示。

表 2.11　tflearn.layers.estimator 模块提供的层

层类	描　述
regression	该层实现线性或逻辑回归

在创建回归层时，可以指定优化程序以及损失和度量函数。

TF Learn 在 tflearn.optimizers 模块中提供以下优化器函数作为类：SGD、RMSprop、Adam、Momentum、AdaGrad、Ftrl、AdaDelta、ProximalAdaGrad、Nesterov。也可以通过扩展 tflearn.optimizers.Optimizer 基类来创建自定义优化器。

TF Learn 在 tflearn.metrics 模块中提供以下度量函数作为类或操作：Accuracy 或 accuracy_op、Top_k 或 top_k_op、R2 或 r2_op、WeightedR2 或 weighted_r2_op、binary_accuracy_op。也可以通过扩展 tflearn.metrics.Metric 基类来创建自定义指标。

TF Learn 在 tflearn.objectives 模块中提供以下损失函数，称为目标：softymax_categorical_crossentropy、categorical_crossentropy、binary_crossentropy、weighted_crossentropy、mean_square、hinge_loss、roc_auc_score、weak_cross_entropy_2d。

在指定输入层、隐藏层和输出层时，可以指定要应用于输出的激活函数。TF Learn 在 tflearn.activations 模块中提供以下激活函数：linear、tanh、sigmoid、softmax、softplus、softsign、relu、relu6、leaky_relu、prelu、elu、crelu、selu。

9. 创建 TF Learn 模型

从上一步创建的网络中创建模型(创建 TF Learn 层部分的步骤 4)：

```
model = tflearn.DNN(net)
```

10. TF Learn 模型的类型

TF Learn 提供两种不同的模型：

(1) DNN(深度神经网络)模型：此类允许通过层创建的网络创建多层感知机。

(2) SequenceGenerator 模型：此类允许创建可以生成序列的深度神经网络。

11. 训练 TF Learn 模型

创建后，使用 model.fit()方法训练模型：

```
model.fit(X_train, Y_train, n_epoch=n_epochs,    batch_size=batch_size,
show_metric=True, run_id='dense_model')
```

12. 使用 TF Learn 模型

使用训练的模型预测或评估：

```
score = model.evaluate(X_test, Y_test)
print('Test accuracy:', score[0])
```

2.5.4 Pretty Tensor

Pretty Tensor 在 TensorFlow 上提供了一个薄包装器。Pretty Tensor 提供的对象支持可链接的语法来定义神经网络。例如，可以通过链接层来创建模型，如以下代码所示：

```
model = (X.flatten().fully_connected(10).softmax_classifier(n_classes, labels=Y))
```

可以使用以下命令在 Python3 中安装 PrettyTensor：

```
pip3 install prettytensor
```

Pretty Tensor 以名为 apply()的方法提供了一个非常轻量级和可扩展的接口，可以使用.apply(function,arguments)方法将任何附加函数链接到 Pretty Tensor 对象。Pretty Tensor 将调用 function 并提供当前张量作为 function 的第一个参数。

用户创建的函数可以使用@prettytensor.register 装饰器来装饰。

在 Pretty Tensor 中定义和训练模型的工作流程如下：

(1) 获取数据；

(2) 定义超参数和参数；

(3) 定义输入和输出；

(4) 定义模型；

(5) 定义评估程序，优化程序和训练器函数；

(6) 创建跑步者对象；

(7) 在 TensorFlow 会话中，使用 runner.train_model()方法训练模型；

(8) 在同一会话中，使用 runner.evaluate_model()方法评估模型。

2.5.5 Sonnet

Sonnet 是一个用 Python 编写的面向对象的库，它是由 DeepMind 在 2017 年发布的。Sonnet 从对象中清晰地分离构建计算图的两个方面：

(1) 对象的配置称为模块；

(2) 对象与计算图的连接。

可以使用以下命令在 Python3 中安装 Sonnet：

```
pip3 install dm-sonnet
```

模块被定义为抽象类 sonnet.AbstractModule 的子类。Sonnet 中提供如表 2.12 所示的模块。

表 2.12 Sonnet 中提供的模块

基本模块	AddBias，BatchApply，BatchFlatten，BatchReshape，FlattenTrailingDimensions，Linear，MergeDims，SelectInput，SliceByDim，TileByDim 和 TrainableVariable
循环模块	DeepRNN，ModelRNN，VanillaRNN，BatchNormLSTM，GRU 和 LSTM
Recurrent+ConvNet 模块	Conv1DLSTM 和 Conv2DLSTM
ConvNet 模块	Conv1D，Conv2D，Conv3D，Conv1DTranspose，Conv2DTranspose，Conv3DTranspose，DepthWiseConv2D，InPlaneConv2D 和 SeparableConv2D
ResidualNets	Residual，ResidualCore 和 SkipConnectionCore
其他	BatchNorm，LayerNorm，clip_gradient 和 scale_gradient

可以通过创建 sonnet.AbstractModule 的子类来定义我们自己的新模块。从函数创建模块的另一种非推荐方法是通过传递要包装为模块的函数来创建 sonnet.Module 类的对象。

在 Sonnet 库中构建模型的工作流程如下：

(1) 从 sonnet.AbstractModule 继承的数据集和网络体系结构创建类；

(2) 定义参数和超参数；

(3) 从上一步中定义的数据集中定义测试和训练数据集；

(4) 使用定义的网络类定义模型；

(5) 使用模型为训练和测试集定义 y_hat 占位符；

(6) 定义训练和测试集的损失占位符；

(7) 使用训练损失占位符定义优化程序；

(8) 在 TensorFlow 会话中执行一定次数的迭代，并在计算损失后反向传播以优化参数。

本 章 小 结

本章对人工智能的算法框架进行了介绍，在众多框架之中，TensorFlow 有着自身强大的功能和优势。

在 2.4 中，介绍了 TensorFlow 的库以及可用于构建 TensorFlow 计算图的 TensorFlow 数据模型元素，例如常量、变量和占位符；并且讲述了如何从 Python 对象创建 Tensors。张量对象也可以是特定值、序列，也可以由来自 TensorFlow 中可用的各种库函数的随机值分布生成。

TensorFlow 编程模型包括构建和执行计算图。计算图具有节点和边。节点表示操作，边表示将数据从一个节点传输到另一个节点的张量。这里介绍了如何创建和执行图、执行顺序以及如何在不同的计算设备(如 GPU 和 CPU)上执行图;还叙述了可视化 TensorFlow 计算图 TensorBoard 的工具。

在 2.5 中,介绍了一些构建在 TensorFlow 之上的高级库,并讲述了 TF Estimator、TF Slim、TF Learn、Pretty Tensor 和 Sonnet。在此基础上使用这五个库实现了 MNIST 分类示例。

下面提供了一些总结出的库和框架，如表 2.12 所示。

表 2.12　一些库和框架

高级库	文档链接	源代码链接	pip3 安装包
TF Estimator	https://www.tensorflow.org/get_started/estimator	https://github.com/tensorflow/tensorflow/tree/master/tensorflow/python/estimator	预先安装了 TensorFlow
TF Slim	https://github.com/tensorflow/tensorflow/tree/r1.4/tensorflow/contrib/slim	https://github.com/tensorflow/tensorflow/tree/r1.4/tensorflow/contrib/slim	Preinstalled with TensorFlow
TF Learn	http://tflearn.org/	https://github.com/tflearn/tflearn	tflearn
Pretty Tensor	https://github.com/google/prettytensor/tree/master/docs	https://github.com/google/prettytensor	prettytensor
Sonnet	https://deepmind.github.io/sonnet/	https://github.com/deepmind/sonnet	dm-sonnet

第3章 启发式算法

3.1 启发式算法概述

启发式算法的定义：在可接受的计算成本内去搜寻可行的解，求得的解是这个问题的近似最优解。常见的启发式算法有模拟退火算法、遗传算法、蚁群算法、人工蜂群算法、布谷鸟算法、萤火虫算法等。这几种启发式算法都有一个共同的特点：从随机的可行初始解出发，采用迭代改进的策略，去逼近问题的最优解。

1. 启发式算法的基本要素

(1) 随机初始可行解；

(2) 给定一个评价函数(常常与目标函数值有关)；

(3) 在可行解的邻域中产生新的可行解；

(4) 选择和接受准则；

(5) 终止准则。

其中，(4)集中反映了启发式算法克服局部最优的能力。

2. 启发式算法的不足

(1) 启发式算法目前缺乏统一、完整的理论体系；

(2) 由于 NP 理论，各种启发式算法都不可避免地会遭遇到局部最优的问题；

(3) 各种启发式算法各自都有优点，将它们完美结合仍然十分困难；

(4) 启发式算法中的参数对算法的效果起着至关重要的作用，设置有效的参数也十分困难；

(5) 启发式算法缺乏有效的迭代停止条件。

3.2 常用启发式算法

3.2.1 模拟退火算法

1. 原理讲解

模拟退火算法是一种贪心算法，它在搜索过程中引入了随机因素。模拟退火算法以一定的概率来接受一个比当前解要差的解，因此有可能会跳出这个局部的最优解，达到全局的最优解。

模拟退火算法也是一种随机寻优算法，其出发点是基于物理中固体物质的退火过程与一般组合优化问题之间的相似性。模拟退火算法从某一较高初温出发，伴随温度参数的不断下降，结合概率突跳特性，在解空间中随机寻找目标函数的全局最优解，即在局部最优解能概率性地跳出并最终趋于全局最优。

算法步骤如下：

(1) 初始化：初始温度 T(充分大)，初始解状态 S(是算法迭代的起点)，每个 T 值的迭代次数 L；

(2) 对 $k = 1$，2，…，L，做第(3)～(6)步；

(3) 产生新解 S'；

(4) 计算增量 $\Delta T = \text{cost}(S') - \text{cost}(S)$，其中 cost($S$)为评价函数；

(5) 若 $\Delta T < 0$，则接受 S'作为新的当前解，否则以概率 $\exp(-\Delta T/T)$接受 S'作为新的当前解；

(6) 如果满足终止条件，则输出当前解作为最优解，结束程序(终止条件通常取为连续若干个新解都没有被接受时终止算法)；

(7) T 逐渐减少，且 T 趋于 0，然后转第(2)步运算。

模拟退火算法新解的产生和接受可分为如下四个步骤：

第一步：由一个产生函数从当前解产生一个位于解空间的新解。为便于后续的计算和接受，减少算法耗时，通常选择由当前新解经过简单地变换产生新解的方法，如对构成新解的全部或部分元素进行置换。

第二步：计算与新解所对应的目标函数差。因为目标函数差仅由变换部分产生，所以目标函数差的计算最好按增量计算。

第三步：判断新解是否被接受。判断的依据是接受准则，最常用的接受准则是 Metropolis 准则：若 $\Delta T < 0$，则接受 S'作为新的当前解 S，否则以概率 $\exp(-\Delta T/T)$接受 S'作为新的当前解 S。

第四步：当新解被确定接受时，用新解代替当前解，即将当前解中对应于产生新解时的变换部分予以实现，同时修正目标函数值。此时当前解实现了一次迭代，在此基础上开始下一轮试验。当新解被判定为舍弃时，则在原当前解的基础上继续下一轮试验。

模拟退火算法的流程图如图 3.1 所示。

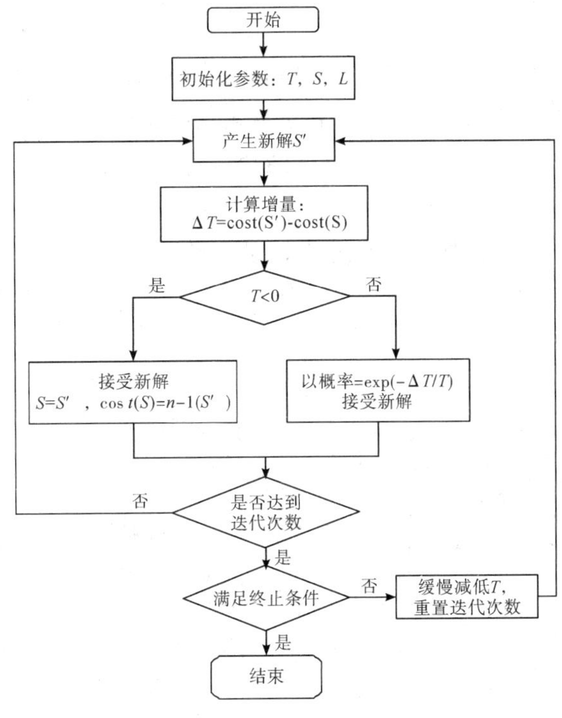

图 3.1 模拟退火算法流程

2. 参数选择

1) 温度 T 的初始值设置

温度 T 的初始值设置是影响模拟退火算法全局搜索性能的重要因素之一。初始温度高，则搜索到全局最优解的可能性大，但因此要花费大量的计算时间；反之，则可节约计算时间，但全局搜索性能可能受到影响。实际应用过程中，初始温度一般需要依据实验结果进行若干次调整。

2) 温度衰减函数的选取

衰减函数用于控制温度的退火速度，一个常用的函数如公式(3-1)：

$$T(t+1)=aT(t) \tag{3-1}$$

式中，a 是一个非常接近于 1 的常数，t 为降温的次数。

3) 马尔可夫链长度 L 的选取

通常的选取原则是：在衰减参数 T 的衰减函数已选定的前提下，L 的选取应遵循在控制参数的每一取值上都能恢复准平衡的原则。

3. 经典案例

1) 问题描述

一名商人要到若干城市去推销商品，已知城市个数和各城市间的路程(或旅费)，要求找到一条从城市 1 出发，经过所有城市且每个城市只能访问一次，最后回到城市 1 的路线，使总的路程(或旅费)最小，此问题即为旅行商问题。

2) 问题分析

该问题是组合优化问题，属于 NP 难题，是诸多领域内出现的多种复杂问题的集中概括和简化形式，并且已成为各种启发式的搜索、优化算法的间接比较标准。旅行商问题如图 3.2 所示。

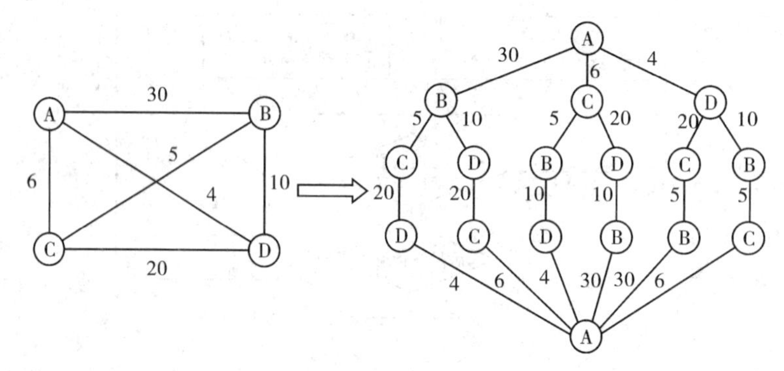

图 3.2　旅行商问题

3) 实现

(1) 旅行商问题的解空间和初始解。旅行商的解空间 S 是遍访每个城市且恰好一次的所有回路，是所有城市排列的集合。旅行商问题的解空间 S 可表示为{1，2，…，n}的所有排列的集合，即 $S=\{(c_1, c_2, \cdots, c_n) \mid ((c_1, c_2, \cdots, c_n)$为$\{1, 2, \cdots, n\}$的排列$)\}$，其中每一个排列 S_i 表示遍访 n 个城市的一个路径，$c_i=j$ 表示在第 i 次访问城市 j。

(2) 目标函数。旅行商问题的目标函数即为访问所有城市的路径总长度，也可称为代价函数：

$$c(c_1, c_2, \cdots, c_n)=\sum_{i=1}^{n+1} d(c_i, c_i+1)+d(c_1, c_n) \tag{3-2}$$

(3) 现在旅行商问题的求解就是通过模拟退火算法求出目标函数的 $c(c_1, c_2, \cdots, c_n)$最小值，相应的，$S^*(c_1, c_2, \cdots, c_n)$即为旅行商问题的最优解。

新解的产生对问题的求解非常重要。新解可通过分别或者交替用以下两种方法产生：一是二变换法，即任选序号 u、v，交换 u 和 v 之间的访问顺序，若交换前的解为 $S_i=(c_1, c_2, \cdots, c_u, \cdots, c_v, \cdots, c_n)$，交换后的路径为新路径，即公式(3-3)；二是三变换法，即任选序号 u、v 和 w，将 u 和 v 之间的路径插到 w 之后访问，若交换前的解为 $S_i=(c_1, c_2, \ldots, c_u, \ldots, c_v, \ldots, c_\omega, \ldots, c_n)$交换后的路径为新的路径，即公式(3-4)：即。

$$S_i'=(c_1, \cdots, c_u-1, c_v, c_v-1, \cdots, c_u+1, c_u, c_v+1, \cdots, c_n) \tag{3-3}$$

$$S_i'=(c_1, \cdots, c_u-1, c_v+1, \cdots, c_w, c_u, \cdots, c_v, c_w+1, \cdots, c_n) \tag{3-4}$$

(4) 目标函数差。计算变换前的解和变换后目标函数的差值：

$$\Delta c'=c(S_i')-c(S_i) \tag{3-5}$$

根据以上对旅行商算法的描述，可以画出用模拟退火算法求解旅行商问题的流程图，该流程图如图 3.3 所示。

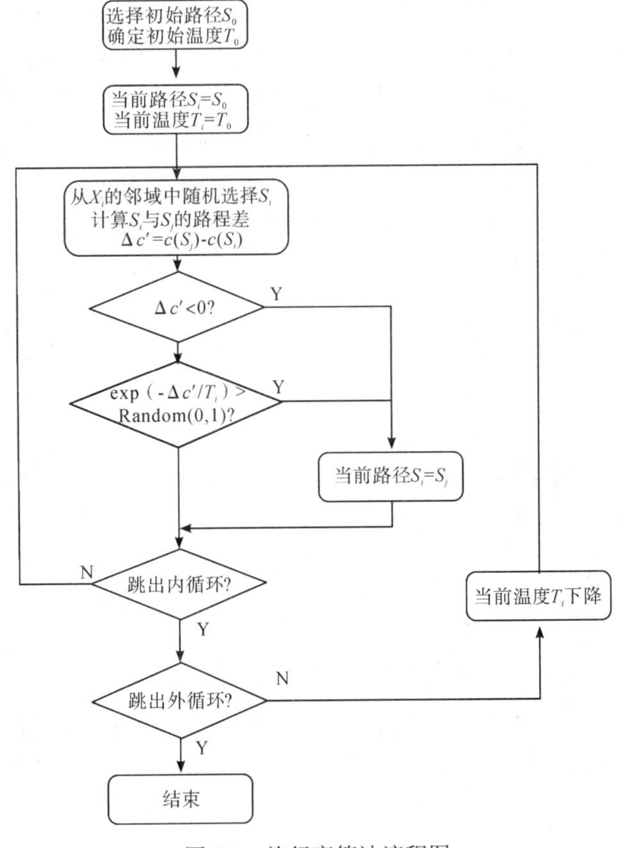

图 3.3　旅行商算法流程图

4. 代码实现

以下代码解决的是旅行商最短路径问题。

```
import numpy as np
import matplotlib.pyplot as plt
import pdb
# 解决中文显示问题
plt.rcParams['font.sans-serif'] = ['KaiTi'] # 指定默认字体
plt.rcParams['axes.unicode_minus'] = False # 解决保存图像是负号'-'显示为方块的问题

# "旅行商问题 ( TSP , Traveling Salesman Problem )"
coordinates = np.array([[565.0, 575.0], [25.0, 185.0], [345.0, 750.0], [945.0, 685.0], [845.0, 655.0],
                        [880.0, 660.0], [25.0, 230.0], [525.0, 1000.0], [580.0, 1175.0], [650.0, 1130.0],
                        [1605.0, 620.0], [1220.0, 580.0], [1465.0, 200.0], [1530.0, 5.0], [845.0, 680.0],
                        [725.0, 370.0], [145.0, 665.0], [415.0, 635.0], [510.0, 875.0], [560.0, 365.0],
                        [300.0, 465.0], [520.0, 585.0], [480.0, 415.0], [835.0, 625.0], [975.0, 580.0],
                        [1215.0, 245.0], [1320.0, 315.0], [1250.0, 400.0], [660.0, 180.0], [410.0,
250.0],
                        [420.0, 555.0], [575.0, 665.0], [1150.0, 1160.0], [700.0, 580.0], [685.0, 595.0],
                        [685.0, 610.0], [770.0, 610.0], [795.0, 645.0], [720.0, 635.0], [760.0, 650.0],
                        [475.0, 960.0], [95.0, 260.0], [875.0, 920.0], [700.0, 500.0], [555.0, 815.0],
                        [830.0, 485.0], [1170.0, 65.0], [830.0, 610.0], [605.0, 625.0], [595.0, 360.0],
                        [1340.0, 725.0], [1740.0, 245.0]])

# 得到距离矩阵的函数
def getdistmat(coordinates):
    num = coordinates.shape[0]   # 52 个坐标点
distmat = np.zeros((52, 52))   # 52X52 距离矩阵
for i in range(num):
        for j in range(i, num):
            distmat[i][j] = distmat[j][i] = np.linalg.norm(coordinates[i] - coordinates[j])
    return distmat

def initpara():
```

```
        alpha = 0.99
        t = (1, 100)
        markovlen = 1000
        return alpha, t, markovlen


    num = coordinates.shape[0]
    distmat = getdistmat(coordinates)  # 得到距离矩阵

    solutionnew = np.arange(num)
    # valuenew = np.max(num)

    solutioncurrent = solutionnew.copy()
    valuecurrent = 99000  # np.max 这样的源代码可能同样是因为版本问题被当做函数不能正确使
用，应取一个较大值作为初始值
    # print(valuecurrent)

    solutionbest = solutionnew.copy()
    valuebest = 99000  # np.max
    alpha, t2, markovlen = initpara()
    t = t2[1]

    result = []  # 记录迭代过程中的最优解
    while t > t2[0]:
        for i in np.arange(markovlen):

    # 下面的两交换和三角换是两种扰动方式，用于产生新解
    if np.random.rand() > 0.5:  # 交换路径中这 2 个节点的顺序
    # np.random.rand()产生[0, 1)区间的均匀随机数
    while True:  # 产生两个不同的随机数
    loc1 = np.int(np.ceil(np.random.rand() * (num - 1)))
                    loc2 = np.int(np.ceil(np.random.rand() * (num - 1)))
                    ## print(loc1,loc2)
```

```
                if loc1 != loc2:
                    break
            solutionnew[loc1], solutionnew[loc2] = solutionnew[loc2], solutionnew[loc1]
        else:   # 三交换
while True:
                loc1 = np.int(np.ceil(np.random.rand() * (num - 1)))
                loc2 = np.int(np.ceil(np.random.rand() * (num - 1)))
                loc3 = np.int(np.ceil(np.random.rand() * (num - 1)))

                if ((loc1 != loc2) & (loc2 != loc3) & (loc1 != loc3)):
                    break

            # 下面的三个判断语句使得 loc1<loc2<loc3
            if loc1 > loc2:
                loc1, loc2 = loc2, loc1
            if loc2 > loc3:
                loc2, loc3 = loc3, loc2
            if loc1 > loc2:
                loc1, loc2 = loc2, loc1

# 下面的三行代码将[loc1,loc2)区间的数据插入到 loc3 之后
tmplist = solutionnew[loc1:loc2].copy()
            solutionnew[loc1:loc3 - loc2 + 1 + loc1] = solutionnew[loc2:loc3 + 1].copy()
            solutionnew[loc3 - loc2 + 1 + loc1:loc3 + 1] = tmplist.copy()

        valuenew = 0
        for i in range(num - 1):
            valuenew += distmat[solutionnew[i]][solutionnew[i + 1]]
        valuenew += distmat[solutionnew[0]][solutionnew[51]]
        # print (valuenew)
        if valuenew < valuecurrent:   # 接受该解

# 更新 solutioncurrent 和 solutionbest
```

```
                valuecurrent = valuenew
                solutioncurrent = solutionnew.copy()

                if valuenew < valuebest:
                    valuebest = valuenew
                    solutionbest = solutionnew.copy()
            else:   # 按一定的概率接受该解
    if np.random.rand() < np.exp(-(valuenew - valuecurrent) / t):
                    valuecurrent = valuenew
                    solutioncurrent = solutionnew.copy()
                else:
                    solutionnew = solutioncurrent.copy()
        t = alpha * t
        result.append(valuebest)
        print(t)   # 程序运行时间较长，打印 t 来监视程序进展速度

# 用来显示结果
plt.plot(np.array(result))
plt.ylabel("最佳值")
plt.xlabel("时间")
plt.show()
```

运行结果如图 3.4 所示。

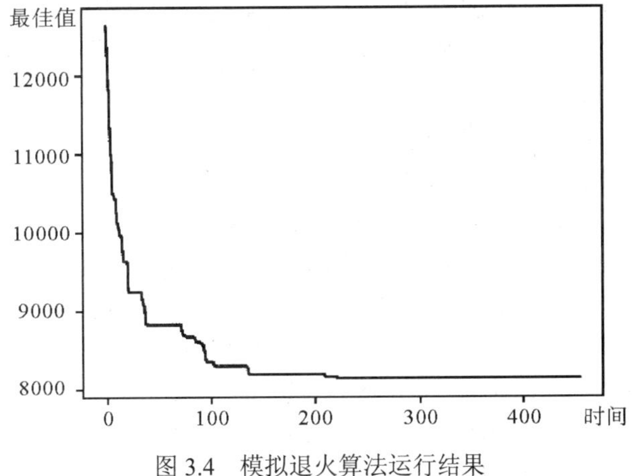

图 3.4　模拟退火算法运行结果

3.2.2 遗传算法

1. 原理讲解

遗传算法(Genetic Algorithm，GA)是进化计算的一部分，是模拟达尔文的遗传选择和自然淘汰的生物进化过程的计算模型，是一种通过模拟自然进化过程搜索最优解的方法。该算法简单、通用、鲁棒性强，适于并行处理。

遗传算法是一类可用于复杂系统优化的具有鲁棒性的搜索算法，与传统的优化算法相比，具有以下特点：

(1) 以决策变量的编码作为运算对象。

传统的优化算法往往直接利用决策变量的实际值本身来进行优化计算，但遗传算法是使用决策变量的某种形式的编码作为运算对象。这种对决策变量的编码处理方式，使得在优化计算中可借鉴生物学中染色体和基因等概念，可以模仿自然界中生物的遗传和进化激励，也可以很方便地应用遗传操作算子。

(2) 直接以适应度作为搜索信息。

传统的优化算法不仅需要利用目标函数值，而且搜索过程往往受目标函数的连续性约束，有可能还需要满足“目标函数的导数必须存在”的要求以确定搜索方向。

遗传算法仅使用由目标函数值变换来的适应度函数值就可确定进一步的搜索范围，无需目标函数的导数值等其他辅助信息。直接利用目标函数值或个体适应度值也可以将搜索范围集中到适应度较高部分的搜索空间中，从而提高搜索效率。

(3) 使用多个点的搜索信息，具有隐含并行性。

传统的优化算法往往是从解空间的一个初始点开始最优解的迭代搜索过程。单个点所提供的搜索信息不多，所以搜索效率不高，还有可能陷入局部最优解而停滞。

遗传算法是从由很多个体组成的初始种群开始最优解的搜索，而不是从单个个体开始搜索。对初始群体进行选择、交叉、变异等运算，产生出新一代群体，其中包括了许多群体信息，这些信息可以避免搜索一些不必要的点，从而避免陷入局部最优，逐步逼近全局最优解。

(4) 使用概率搜索而非确定性规则。

传统的优化算法往往使用确定性的搜索方法，一个搜索点到另一个搜索点的转移有确定的转移方向和转移关系，这种确定性可能使搜索达不到最优点，限制了算法的应用范围。

遗传算法是一种自适应搜索技术，其选择、交叉、变异等运算都是以一种概率方式进行的，增加了搜索过程的灵活性，而且能以较大概率收敛于最优解，具有较好的全局优化求解能力。但交叉概率、变异概率等参数也会影响算法的搜索结果和搜索效率，所以如何选择遗传算法的参数是其应用中一个比较重要的问题。

综上，由于遗传算法的整体搜索策略和优化搜索方式在计算时不依赖于梯度信息或其他辅助知识，只需要求解影响搜索方向的目标函数和相应的适应度函数，因此遗传算法提供了一种求解复杂系统问题的通用框架。

算法的流程如下：

(1) 通过随机方式产生若干由确定长度(长度与待求解问题的精度有关)编码的初始群体；

(2) 通过适应度函数对每个个体进行评价，选择适应度值高的个体参与遗传操作，适应度低的个体被淘汰；

(3) 经遗传操作(复制、交叉、变异)的个体集合形成新一代种群，直到满足停止准则；

(4) 将后代中表现最好的个体作为遗传算法的执行结果。

遗传算法的流程图如图 3.5 所示。

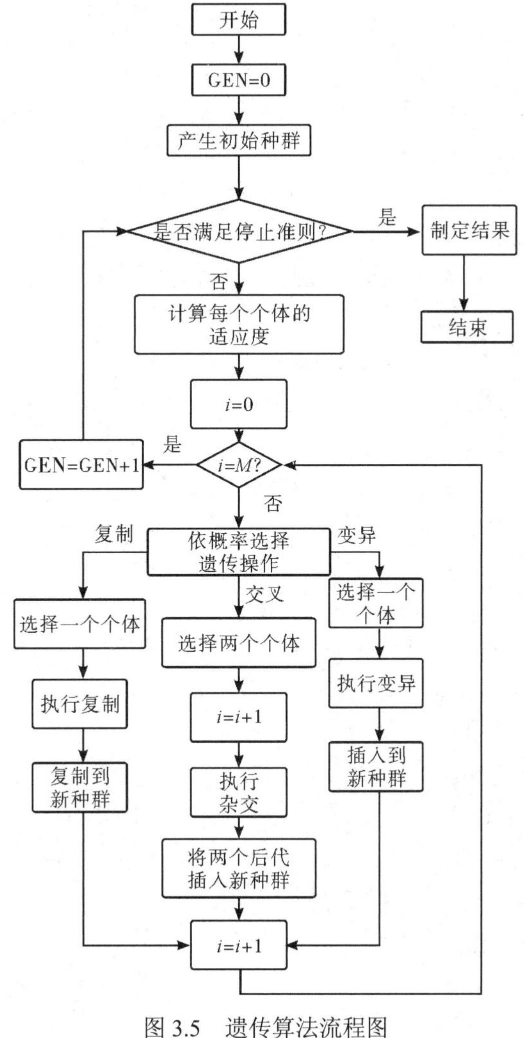

图 3.5 遗传算法流程图

第3章 启发式算法

2. 代码实现

以下代码解决的是旅行商最短路径问题，具体描述详见3.2.1。

```
import math
import sys

if sys.version_info.major < 3:
    import Tkinter
else:
    import tkinter as Tkinter

from GA import GA


class TSP_WIN(object):
    def __init__(self, aRoot, aLifeCount = 100, aWidth = 560, aHeight = 330):
        self.root = aRoot
        self.lifeCount = aLifeCount
        self.width = aWidth
        self.height = aHeight
        self.canvas = Tkinter.Canvas(
                self.root,
                width = self.width,
                height = self.height,
            )
        self.canvas.pack(expand = Tkinter.YES, fill = Tkinter.BOTH)
        self.bindEvents()
        self.initCitys()
        self.new()
        self.title("TSP")

    def initCitys(self):
        self.citys = []
```

```
#中国 34 城市经纬度
self.citys.append((116.46, 39.92))
self.citys.append((117.2,39.13))
self.citys.append((121.48, 31.22))
self.citys.append((106.54, 29.59))
self.citys.append((91.11, 29.97))
self.citys.append((87.68, 43.77))
self.citys.append((106.27, 38.47))
self.citys.append((111.65, 40.82))
self.citys.append((108.33, 22.84))
self.citys.append((126.63, 45.75))
self.citys.append((125.35, 43.88))
self.citys.append((123.38, 41.8))
self.citys.append((114.48, 38.03))
self.citys.append((112.53, 37.87))
self.citys.append((101.74, 36.56))
self.citys.append((117,36.65))
self.citys.append((113.6,34.76))
self.citys.append((118.78, 32.04))
self.citys.append((117.27, 31.86))
self.citys.append((120.19, 30.26))
self.citys.append((119.3, 26.08))
self.citys.append((115.89, 28.68))
self.citys.append((113, 28.21))
self.citys.append((114.31, 30.52))
self.citys.append((113.23, 23.16))
self.citys.append((121.5, 25.05))
self.citys.append((110.35, 20.02))
self.citys.append((103.73, 36.03))
self.citys.append((108.95, 34.27))
self.citys.append((104.06, 30.67))
self.citys.append((106.71, 26.57))
self.citys.append((102.73, 25.04))
```

```
self.citys.append((114.1, 22.2))
self.citys.append((113.33, 22.13))
#坐标变换
minX, minY = self.citys[0][0], self.citys[0][1]
maxX, maxY = minX, minY
for city in self.citys[1:]:
        if minX > city[0]:
                minX = city[0]
        if minY > city[1]:
                minY = city[1]
        if maxX < city[0]:
                maxX = city[0]
        if maxY < city[1]:
                maxY = city[1]
w = maxX - minX
h = maxY - minY
xoffset = 30
yoffset = 30
ww = self.width - 2 * xoffset
hh = self.height - 2 * yoffset
xx = ww / float(w)
yy = hh / float(h)
r = 5
self.nodes = []
self.nodes2 = []
for city in self.citys:
        x = (city[0] - minX ) * xx + xoffset
        y = hh - (city[1] - minY) * yy + yoffset
        self.nodes.append((x, y))
        node = self.canvas.create_oval(x - r, y -r, x + r, y + r,
                fill = "#ff0000",
                outline = "#000000",
                tags = "node",)
```

```
                self.nodes2.append(node)
    def distance(self, order):
        distance = 0.0
        for i in range(-1, len(self.citys) - 1):
            index1, index2 = order[i], order[i + 1]
            city1, city2 = self.citys[index1], self.citys[index2]
            distance += math.sqrt((city1[0] - city2[0]) ** 2 + (city1[1] - city2[1]) ** 2)
        return distance
    def matchFun(self):
        return lambda life: 1.0 / self.distance(life.gene)
    def title(self, text):
        self.root.title(text)

    def line(self, order):
        self.canvas.delete("line")
        for i in range(-1, len(order) -1):
            p1 = self.nodes[order[i]]
            p2 = self.nodes[order[i + 1]]
            self.canvas.create_line(p1, p2, fill = "#000000", tags = "line")

    def bindEvents(self):
        self.root.bind("n", self.new)
        self.root.bind("g", self.start)
        self.root.bind("s", self.stop)

    def new(self, evt = None):
        self.isRunning = False
        order = range(len(self.citys))
        self.line(order)
        self.ga = GA(aCrossRate = 0.7,
            aMutationRage = 0.02,
            aLifeCount = self.lifeCount,
            aGeneLenght = len(self.citys),
```

```
                    aMatchFun = self.matchFun())

        def start(self, evt = None):
                self.isRunning = True
                while self.isRunning:
                        self.ga.next()
                        distance = self.distance(self.ga.best.gene)
                        self.line(self.ga.best.gene)
                        self.title("TSP-gen: %d" % self.ga.generation)
                        self.canvas.update()

        def stop(self, evt = None):
                self.isRunning = False

        def mainloop(self):
                self.root.mainloop()
def main():
        #tsp = TSP()
        #tsp.run(10000)

        tsp = TSP_WIN(Tkinter.Tk())
        tsp.mainloop()

if __name__ == '__main__':
        main()
```

运行结果如图 3.6 所示。

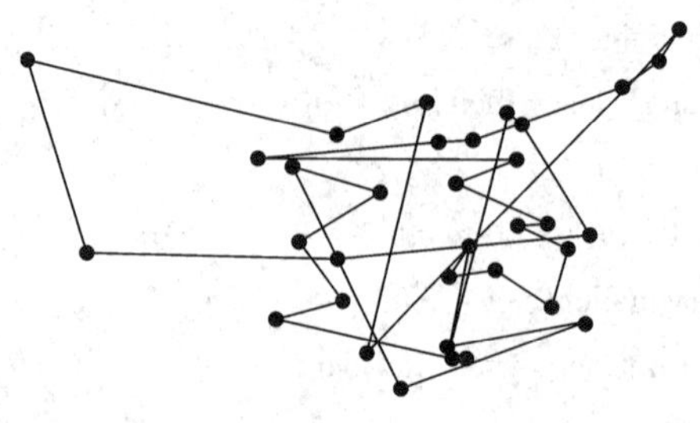

图 3.6　遗传算法运行结果

3.2.3 蚁群算法

1. 原理讲解

蚁群算法又称蚂蚁算法，是一种用来在图中寻找最优路径的算法。其灵感来源于蚂蚁在寻找食物的过程中逐步转向最优路径的过程。

蚂蚁在不知道食物位置的情况下寻找食物时，第一只找到食物的蚂蚁会分泌一种挥发性物质——信息素(pheromone)，该物质随着时间的推移会逐渐挥发消失，吸引其他的蚂蚁过来，这样的话，会有越来越多的蚂蚁过来寻找食物。但是有些蚂蚁并没有像其他蚂蚁一样，它们会另外寻找一条新的路径，如果新的路径更短，那么渐渐地，会有越来越多的蚂蚁被吸引到这条较短的路径上来。最后，经过一段时间运行，会出现一条在蚁巢和食物源之间的最短路径。

蚁群算法是一种仿生学算法，是受自然界中蚂蚁觅食的行为而启发的。在自然界中，蚂蚁觅食过程中，蚁群总能够寻找到一条从蚁巢到食物源的最优路径。

蚁群算法的示意图如图 3.7 所示。

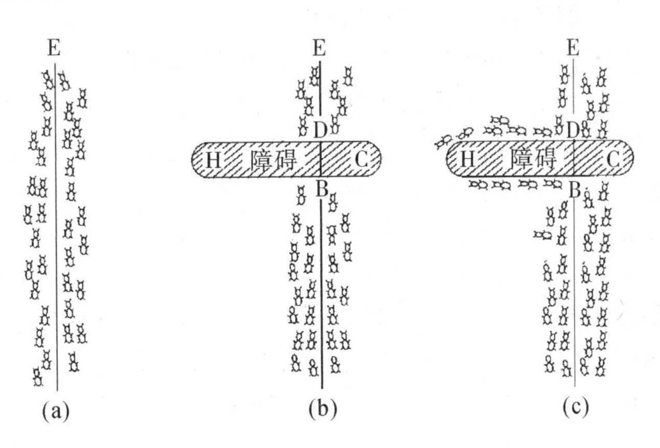

图 3.7　蚁群算法

如图 3.7(a)所示，有一群蚂蚁，假如 A 是蚁巢，E 是食物源。这群蚂蚁将沿着蚁巢和食物源之间的直线路径行进。假如在 A 和 E 之间突然出现了一个障碍物(图 3.7(b))，那么，在 B 点(或 D 点)的蚂蚁将要做出决策，到底是向左行进还是向右行进？由于一开始路上没有前面蚂蚁留下的信息素，因此蚂蚁朝着两个方向行进的概率是相等的。但是当有蚂蚁走过时，它将会在它行进的路上释放出信息素，并且这种信息素会以一定的速率挥发。之后的蚂蚁根据路上信息素的浓度，做出往左走还是往右走的决策。很明显，沿着短边走的路径上信息素将会越来越浓(图 3.7(c))，从而吸引了越来越多的蚂蚁沿着这条路径行进。

2. 经典案例

蚁群算法最早用来求解旅行商问题，且容易与其他算法结合，但是同时也存在着收敛速度慢，容易陷入局部最优等缺点。

旅行商问题可以分为两类：一类是对称问题；另一类是非对称问题。所有的旅行商问题都可以用一个图来描述：

令 $V=\{c_1, c_2, \cdots, c_i, \cdots, c_n\}$，$i=1, 2, \cdots, n$ 是所有城市的集合，c_i 表示第 i 个城市，n 为城市的数目；

$E=\{(r, s); r, s\in V\}$ 是所有城市之间连接的集合；

$C=\{c_{rs}; r, s\in V\}$ 是所有城市之间连接的成本度量(一般为城市之间的距离)；

如果 $c_{rs}=c_{sr}$，那么该旅行商问题为对称的，否则为非对称的。

一个旅行商问题可以表达为：求解遍历图 $G=(V, E, C)$，所有的节点一次回到起始节点，使得连接这些节点的路径成本最低。

假如蚁群中所有蚂蚁的数量为 m，所有城市之间的信息素用矩阵表示，最短路径为 bestLength，最佳路径为 bestTour。每只蚂蚁都有自己的内存，内存中用一个禁忌表(Tabu)来存储该蚂蚁已经访问过的城市，表示其在以后的搜索中将不能访问这些城市；用另外一个允许访问的城市表(Allowed)来存储它还可以访问的城市；还用一个矩阵(Delta)来存储它在一个循环(或者迭代)中给所经过的路径释放的信息素；还有一些数据，例如一些控制参数(α, β, ρ, Q)、该蚂蚁行走完全程的总成本或距离(tourLength)等。假定算法总共运行 MAX_GEN 次，运行时间为 t。

蚁群算法流程如下：

(1) 初始化。

设 $t=0$，初始化 bestLength 为一个非常大的数(正无穷)，bestTour 为空。初始化所有的蚂蚁的 Delta 矩阵所有元素初始化为 0，Tabu 表清空，在 Allowed 表中加入所有的城市节点。随机选择它们的起始位置(也可以人工指定)。在 Tabu 中加入起始节点，在 Allowed 中去掉该起始节点。

(2) 为每只蚂蚁选择下一个节点。

为每只蚂蚁选择下一个节点，该节点只能从 Allowed 中以某种概率搜索到，每搜到一个，就将该节点加入到 Tabu，并且从 Allowed 中删除该节点。该过程重复 $n-1$ 次，直到所有的城市都遍历过一次。遍历完所有节点后，将起始节点加入到 Tabu 中。此时 Tabu 表元素数量为 $n+1$(n 为城市数量)，Allowed 元素数量为 0。接下来计算每个蚂蚁的 Delta 矩阵值。最后计算最佳路径，比较每个蚂蚁的路径成本，然后和 bestLength 比较，若它的路径成本比 bestLength 小，则将该值赋予 bestLength，并且将其 Tabu 赋予 BestTour。

① 转移概率 $p_{ij}^{k}(t)$ 计算公式：

$$p_{ij}^{k}(t)=\begin{cases}\dfrac{[\tau_{ij}(t)]\alpha\square[\eta_{ij}(t)]^{\beta}}{\sum\limits_{s\in J_k(i)}[\tau_{is}(t)]\alpha[\eta_{is}(t)]^{\beta}}, & j\in J_k(i)\\ 0\ , & j\notin J_k(i)\end{cases} \tag{3-6}$$

式中：α—— 信息素的相对重要程度；

β—— 启发式因子的相对重要程度；

$J_{\mathrm{k}}^{(i)}$—— 蚂蚁 k 下一步允许选择的城市集合；

η—— 启发式因子；

τ—— 信息素。

② 启发式因子计算公式：

$$n_{ij}=\frac{1}{d_{ij}} \tag{3-7}$$

③ 信息素计算公式。当所有蚂蚁完成 1 次周游后，各路径上的信息素为：

$$\tau_{ij}(t+n)=(1-\rho)\square\tau_{ij}(t)+\Delta\tau_{ij} \tag{3-8}$$

$$\Delta\tau_{ij}=\sum_{k=1}^{m}\Delta\tau_{ij}^{k} \tag{3-9}$$

$$\Delta\tau_{ij}^{k}=\begin{cases}\dfrac{Q}{L_k}, & \text{若蚂蚁在本次周游中经过}(i,\ j)\\ 0, & \text{否则}\end{cases} \tag{3-10}$$

式中：Q——正常数；

L_k——蚂蚁 k 在本次周游中所走路径的长度。

其中 $p_{ij}^{k}(t)$ 表示选择城市 j 的概率，k 表示第 k 个蚂蚁，$T_{ij}(t)$表示城市 i、j 在第 t 时刻的信息素浓度，τ_{ij} 表示从城市 i 到城市 j 的可见度，$\eta_{ij}=1/d_{ij}$，d_{ij} 表示城市 i，j 之间的成本(或距离)。由此可见 d_{ij} 越小，η_{ij} 越大，也就是从城市 i 到 j 的可见性就越大。

$\Delta\tau_{ij}^{k}$ 表示蚂蚁 k 在城市 i 与 j 之间留下的信息素。

L_k 表示蚂蚁 k 经过一个循环(或迭代)所经过路径的总成本(或距离)，即 tourLength.α，β，Q 均为控制参数。

(3) 更新信息素矩阵。

令 $t=t+n$，更新信息素矩阵，公式如下：

$$\tau_{ij}(t+n)=\rho\square\tau_{ij}(t)+\Delta\tau_{ij} \tag{3-11}$$

$\tau_{ij}(t+n)$ 为 $t+n$ 时刻城市 i 与 j 之间的信息素浓度。ρ 为控制参数，Delta_{ij} 为城市 i 与 j 之间信息素经过一个迭代后的增量，公式如下：

$$\Delta\tau_{ij}=\sum_{k=1}^{m}\Delta\tau_{ij}^{k} \tag{3-12}$$

其中 $\Delta\tau_{ij}^{k}$ 由公式(3-10)计算得到。

(4) 检查终止条件。

如果达到最大代数 MAX_GEN，算法终止，转到第(5)步；否则，重新初始化所有的蚂蚁的 Delta 矩阵所有元素初始化为 0，Tabu 表清空，Allowed 表中加入所有的城市节点。随机选择它们的起始位置(也可以人工指定)。在 Tabu 中加入起始节点，Allowed 中去掉该起始节点，重复执行(2)、(3)、(4)步。

(5) 输出最优值。

算法流程图如图 3.8 所示。

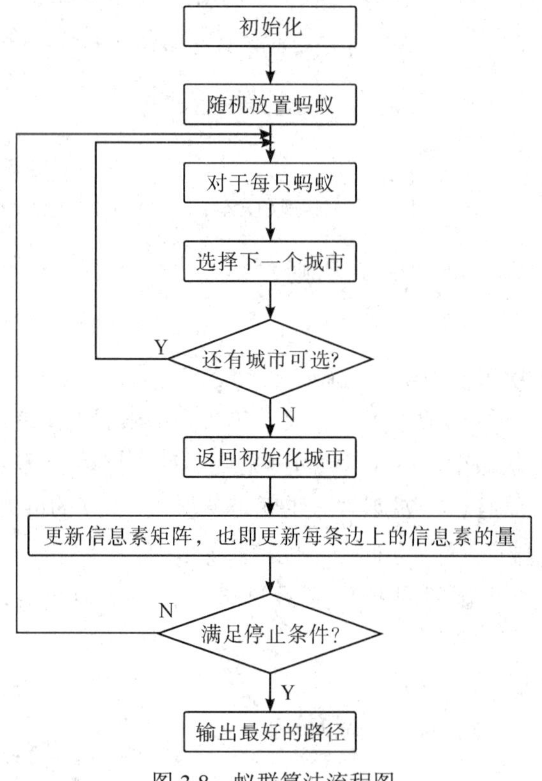

图 3.8　蚁群算法流程图

3. 代码实现

以下代码解决的是旅行商最短路径问题，具体描述详见 3.2.1。

```
class Ant(object):
    # 初始化
    def __init__(self, ID):
            self.ID = ID                    # ID
        self.__clean_data()             # 随机初始化出生点
     # 初始数据
    def __clean_data(self):
        self.path = []                  # 当前蚂蚁的路径
        self.total_distance = 0.0       # 当前路径的总距离
        self.move_count = 0             # 移动次数
        self.current_city = -1          # 当前停留的城市
        self.open_table_city = [True for i in range(city_num)] # 探索城市的状态
        city_index = random.randint(0, city_num-1) # 随机初始出生点
        self.current_city = city_index
        self.path.append(city_index)
        self.open_table_city[city_index] = False
        self.move_count = 1
        # 选择下一个城市
    def __choice_next_city(self):
        next_city = -1
        select_citys_prob = [0.0 for i in range(city_num)]   #存储去下个城市的概率
        total_prob = 0.0
         # 获取去下一个城市的概率
        for i in range(city_num):
            if self.open_table_city[i]:
                try :
                    # 计算概率：与信息素浓度成正比，与距离成反比
                    select_citys_prob[i] = pow(pheromone_graph[self.current_city][i], ALPHA)
                    * pow((1.0/distance_graph[self.current_city][i]), BETA)
                    total_prob += select_citys_prob[i]
```

```
                except ZeroDivisionError as e:
                    print ('Ant ID: {ID}， current city: {current}， target city: {target}'.format(ID
= self.ID， current = self.current_city， target = i))
            sys.exit(1)
            # 轮盘选择城市
            if total_prob> 0.0:
                # 产生一个随机概率，0.0-total_prob
                temp_prob = random.uniform(0.0，total_prob)
                for i in range(city_num):
                    if self.open_table_city[i]:
                        # 轮次相减
                        temp_prob -= select_citys_prob[i]
                        if temp_prob< 0.0:
                            next_city = i
                            break
            # 未从概率产生，顺序选择一个未访问城市
            # if next_city == -1:
            #     for i in range(city_num):
            #         if self.open_table_city[i]:
            #             next_city = i
            #             break
            if (next_city == -1):
                next_city = random.randint(0，city_num - 1)
                while ((self.open_table_city[next_city]) == False):  # if==False，说明已经遍历过了
                    next_city = random.randint(0，city_num - 1)
            # 返回下一个城市序号
            return next_city
        # 计算路径总距离
    def __cal_total_distance(self):
        temp_distance = 0.0
        for i in range(1，city_num):
            start， end = self.path[i]，self.path[i-1]
```

```
temp_distance += distance_graph[start][end]
            # 回路
            end = self.path[0]
            temp_distance += distance_graph[start][end]
            self.total_distance = temp_distance
    # 移动操作
    def __move(self, next_city):
        self.path.append(next_city)
        self.open_table_city[next_city] = False
        self.total_distance += distance_graph[self.current_city][next_city]
        self.current_city = next_city
        self.move_count += 1
    # 搜索路径
    def search_path(self):
        # 初始化数据
        self.__clean_data()
        # 搜索路径，遍历完所有城市为止
        while self.move_count<city_num:
            # 移动到下一个城市
            next_city =   self.__choice_next_city()
            self.__move(next_city)
        # 计算路径总长度
        self.__cal_total_distance()
#----------- 旅行商问题 -----------
class 旅行商(object):
    def __init__(self, root, width = 800, height = 600, n = city_num):
        # 创建画布
        self.root = root
        self.width = width
        self.height = height
        # 城市数目初始化为 city_num
        self.n = n
```

```
        # tkinter.Canvas
        self.canvas = tkinter.Canvas(
            root,
            width = self.width,
            height = self.height,
            bg = "#EBEBEB",                    # 背景白色
            xscrollincrement = 1,
            yscrollincrement = 1
        )
        self.canvas.pack(expand = tkinter.YES, fill = tkinter.BOTH)
        self.title("旅行商蚁群算法(n:初始化  e:开始搜索  s:停止搜索  q:退出程序)")
        self.__r = 5
        self.__lock = threading.RLock()        # 线程锁
        self.__bindEvents()
        self.new()
        # 计算城市之间的距离
        for i in range(city_num):
            for j in range(city_num):
                temp_distance = pow((distance_x[i] - distance_x[j]), 2) + pow((distance_y[i] -
                distance_y[j]), 2)
                temp_distance = pow(temp_distance, 0.5)
                distance_graph[i][j] =float(int(temp_distance + 0.5))
    # 按键响应程序
    def __bindEvents(self):
        self.root.bind("q", self.quite)            # 退出程序
        self.root.bind("n", self.new)               # 初始化
        self.root.bind("e", self.search_path)  # 开始搜索
        self.root.bind("s", self.stop)             # 停止搜索
    # 更改标题
    def title(self, s):
        self.root.title(s)
    # 初始化
```

```
def new(self, evt = None):
    # 停止线程
    self.__lock.acquire()
    self.__running = False
    self.__lock.release()
    self.clear()       # 清除信息
    self.nodes = []    # 节点坐标
    self.nodes2 = [] # 节点对象
    # 初始化城市节点
    for i in range(len(distance_x)):
        # 在画布上随机初始坐标
        x = distance_x[i]
        y = distance_y[i]
        self.nodes.append((x, y))
        # 生成节点椭圆，半径为 self.__r
        node = self.canvas.create_oval(x - self.__r,
                y - self.__r, x + self.__r, y + self.__r,
                fill = "#ff0000",          # 填充红色
                outline = "#000000",       # 轮廓白色
                tags = "node",
        )
        self.nodes2.append(node)
        # 显示坐标
        self.canvas.create_text(x, y-10,
        # 使用 create_text 方法在坐标(302, 77)处绘制文字
                text = '('+str(x)+', '+str(y)+')',        # 所绘制文字的内容
                fill = 'black'                             # 所绘制文字的颜色为灰色
        )
    # 顺序连接城市
    #self.line(range(city_num))
    # 初始城市之间的距离和信息素
    for i in range(city_num):
```

```
            for j in range(city_num):
                pheromone_graph[i][j] = 1.0
                self.ants = [Ant(ID) for ID in range(ant_num)]          # 初始蚁群
                self.best_ant = Ant(-1)                                  # 初始最优解
                self.best_ant.total_distance = 1 << 31                   # 初始最大距离
                self.iter = 1                                            # 初始化迭代次数
                # 将节点按 order 顺序连线
    def line(self, order):
        # 删除原线
        self.canvas.delete("line")
        def line2(i1, i2):
            p1, p2 = self.nodes[i1], self.nodes[i2]
            self.canvas.create_line(p1, p2, fill = "#000000", tags = "line")
            return i2
        # order[-1]为初始值
        reduce(line2, order, order[-1])
     # 清除画布
    def clear(self):
        for item in self.canvas.find_all():
          self.canvas.delete(item)
    # 退出程序
    def quite(self, evt):
        self.__lock.acquire()
        self.__running = False
        self.__lock.release()
        self.root.destroy()
        print (u"\n 程序已退出...")
        sys.exit()
    # 停止搜索
    def stop(self, evt):
        self.__lock.acquire()
        self.__running = False
```

```
        self.__lock.release()
    # 开始搜索
    def search_path(self, evt = None):
        # 开启线程
        self.__lock.acquire()
        self.__running = True
        self.__lock.release()
        while self.__running:
            # 遍历每一只蚂蚁
            for ant in self.ants:
                # 搜索一条路径
                ant.search_path()
                # 与当前最优蚂蚁比较
                if ant.total_distance<self.best_ant.total_distance:
                    # 更新最优解
                    self.best_ant = copy.deepcopy(ant)
            # 更新信息素
            self.__update_pheromone_gragh()
            print (u"迭代次数：", self.iter, u"最佳路径总距离：", int(self.best_ant.total_distance))
            # 连线
            self.line(self.best_ant.path)
            # 设置标题
            self.title("旅行商蚁群算法(n:随机初始  e:开始搜索  s:停止搜索  q:退出程序)迭代次数: %d" % self.iter)
            # 更新画布
            self.canvas.update()
            self.iter += 1
    # 更新信息素
    def __update_pheromone_gragh(self):
        # 获取每只蚂蚁在其路径上留下的信息素
        temp_pheromone = [[0.0 for col in range(city_num)] for raw in range(city_num)]
        for ant in self.ants:
```

```
            for i in range(1, city_num):
                start,  end = ant.path[i-1], ant.path[i]
                # 在路径上的每两个相邻城市间留下信息素，与路径总距离反比
                temp_pheromone[start][end] += Q / ant.total_distance
                temp_pheromone[end][start] = temp_pheromone[start][end]
        # 更新所有城市之间的信息素，旧信息素衰减加上新迭代信息素
        for i in range(city_num):
            for j in range(city_num):
                pheromone_graph[i][j] = pheromone_graph[i][j] * RHO + temp_pheromone[i][j]
    # 主循环
    def mainloop(self):
        self.root.mainloop()
#----------- 程序的入口处 -----------
if __name__ == '__main__':
(tkinter.Tk()).mainloop()
```

运行结果如图 3.9、图 3.10 所示。

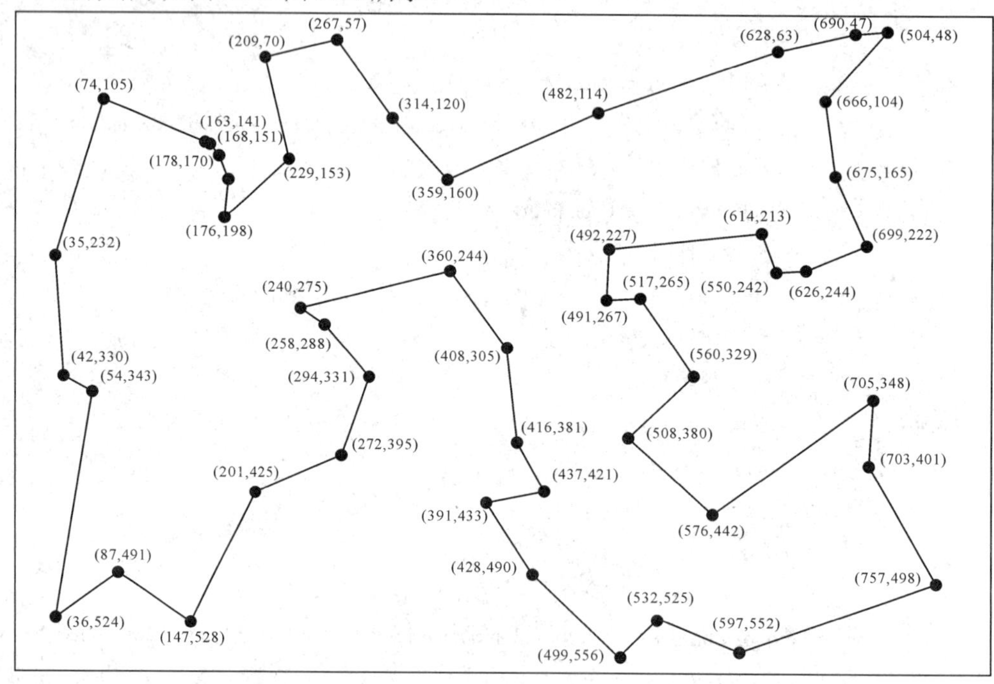

图 3.9　蚁群算法可视化运行结果

```
y ==
迭代次数：1 最佳路径总距离：7210
迭代次数：2 最佳路径总距离：6353
迭代次数：3 最佳路径总距离：6353
迭代次数：4 最佳路径总距离：5568
迭代次数：5 最佳路径总距离：4809
迭代次数：6 最佳路径总距离：4809
迭代次数：7 最佳路径总距离：4684
迭代次数：8 最佳路径总距离：4342
迭代次数：9 最佳路径总距离：4342
迭代次数：10 最佳路径总距离：4257
迭代次数：11 最佳路径总距离：4079
迭代次数：12 最佳路径总距离：4079
迭代次数：13 最佳路径总距离：4079
迭代次数：14 最佳路径总距离：4079
迭代次数：15 最佳路径总距离：4016
迭代次数：16 最佳路径总距离：4016
迭代次数：17 最佳路径总距离：4016
迭代次数：18 最佳路径总距离：4016
迭代次数：19 最佳路径总距离：4016
迭代次数：20 最佳路径总距离：3901
迭代次数：21 最佳路径总距离：3901
迭代次数：22 最佳路径总距离：3901
迭代次数：23 最佳路径总距离：3885
迭代次数：24 最佳路径总距离：3885
```

图 3.10　蚁群算法运行结果

3.2.4　人工蜂群算法

1. 原理讲解

人工蜂群算法是模仿蜜蜂行为提出的一种优化方法，是集群智能思想的一个具体应用。它的主要特点是不需要了解问题的特殊信息，只需要对问题进行优劣的比较，通过各人工蜂个体的局部寻优行为，最终在群体中使全局最优值突现出来，有着较快的收敛速度。为了解决多变量函数优化问题，Karaboga 在 2005 年提出了人工蜂群算法 ABC 模型(artificial bee colony algorithm)。

蜂群产生群体智慧的最小搜索模型包含三个基本组成要素，分别是食物源、被雇佣的蜜蜂(employed foragers)和未被雇佣的蜜蜂(unemployed foragers)。

在基本 ABC 算法中，人工蜂群包含三个个体：雇佣蜂、观察蜂和侦察蜂。

(1) 雇佣蜂(employed bees)：与特定的食物源相联系(该食物源枯竭之后该雇佣蜂变成侦查蜂)；

(2) 观察蜂(on-looker bees)：观察蜂传递信息并依据其选择一个食物源；

(3) 侦察蜂(scout bees)：由食物源枯竭的雇佣蜂生成，随机查找食物源。

在基本 ABC 算法中，算法流程如下：

(1) 每个雇佣蜂对应一个确定的蜜源(解向量)并在迭代中对蜜源的领域进行搜索；

(2) 根据蜜源丰富程度(适应值的大小)采用轮盘赌的方式雇佣观察蜂采蜜(搜索新蜜源)；

(3) 如果蜜源多次更新没有改进，则该放弃该蜜源，雇佣蜂转为侦察蜂随机搜索新蜜源。

每个蜜源的位置代表问题的一个可能解，蜜源的花蜜量对应于相应解的适应度。一个观察蜂与一个蜜源是相对应的，与第 i 个蜜源相对应的观察蜂依据如下公式寻找新的蜜源：

$$x_i^{'} = x_{id} + \phi_{id}(x_{id} - x_{kd}) \tag{3-13}$$

标准的 ABC 算法将新生成的可能解与原来的解作比较，并采用贪婪选择策略保留较好的解。每一个观察蜂依据概率选择一个蜜源，概率公式为

$$p_i = \frac{\mathrm{fit}_i}{\sum_{j=1}^{\mathrm{SN}} \mathrm{fit}_{\mathrm{i}}} \tag{3-14}$$

其中，fit_i 是可能解 X_i 的适应值，SN 是观察蜂的个数。对于被选择的蜜源，观察蜂根据上面概率公式搜寻新的可能解。当所有的观察蜂都搜索完整个搜索空间时，如果一个蜜源的适应值在给定的步骤内(定义为控制参数“limit”)没有被提高，则丢弃该蜜源，而与该蜜源相对应的观察蜂变成侦查蜂，侦查蜂通过以下公式搜索新的可能解：

$$x_{id} = x_d^{\min} + r(x_d^{\max} - x_d^{\min}) \tag{3-15}$$

其中，r 是区间[0,1]上的随机数，$x_d^{\min}$ 和 $x_d^{\max}$ 是第 d 维的下界和上界。流程图如图 3.11 所示。

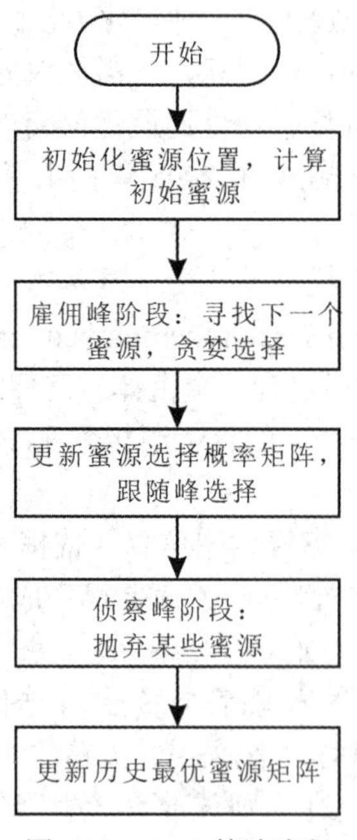

图 3.11　ABC 算法流程

2. 经典案例

使用蜂群算法计算函数$f(x，y)$在区间[-4,4]上的最小值。

$$f(x,y)=\theta(x,y)-20*\exp\left(-0.2*\text{sqrt}\left(\frac{x^2+y^2}{2}\right)\right)-\exp\frac{\cos(2\pi x+\cos(2\pi y)}{2}+20+\exp(1)$$

3. 代码实现

```
#定义待优化函数：只能处理行向量形式的单个输入，若有矩阵形式的多个输入应当进行迭代
import os
import matplotlib.pyplot as plt
import numpy as np
def CostFunction(input):
    x = input[0]
    y = input[1]

    result=-20*np.exp(-0.2*np.sqrt((x*x+y*y)/2))-np.exp((np.cos(2*np.pi*x)+np.cos(2*np.pi*y))/2)
    +20+np.exp(1)
    return result
#初始化各参数
#代价函数中参数数目和范围
nVar = 2
VarMin = -4
VarMax = 4
#蜂群算法基本参数
iter_max = 60
nPop = 100
nOnLooker = 100
L = np.around(0.6*nVar*nPop)
a = 1
#创建各记录矩阵
PopPosition = np.zeros([nPop,nVar])
PopCost = np.zeros([nPop,1])
Probability = np.zeros([nPop,1])
BestSol = np.zeros([iter_max+1,nVar])
BestCost = np.inf*np.ones([iter_max+1,1])
```

```
Mine = np.zeros([nPop,1])
#初始化蜜源位置
PopPosition = 8*np.random.rand(nPop,nVar) - 4
for i in range(nPop):
    PopCost[i][0] = CostFunction(PopPosition[i])
    if PopCost[i][0] <BestCost[0][0]:
        BestCost[0][0] = PopCost[i][0]
        BestSol[0] = PopPosition[i]
for iter in range(iter_max):
    #雇佣蜂阶段
    #寻找下一个蜜源
    for i in range(nPop):
        while True:
            k = np.random.randint(0,nPop)
            if k != i:
                break
        phi = a*(-1+2*np.random.rand(2))
        NewPosition = PopPosition[i] + phi*(PopPosition[i]-PopPosition[k])
        #进行贪婪选择
        NewCost = CostFunction(NewPosition)
        if NewCost < PopCost[i][0]:
            PopPosition[i] = NewPosition
            PopCost[i][0] = NewCost
        else:
            Mine[i][0] = Mine[i][0]+1
    #跟随蜂阶段
    #计算选择概率矩阵
    Mean = np.mean(PopCost)
    for i in range(nPop):
        Probability[i][0] = np.exp(-PopCost[i][0]/Mean)
    Probability = Probability/np.sum(Probability)
    CumProb = np.cumsum(Probability)
    for k in range(nOnLooker):
    #执行轮盘赌选择法
```

```
        m = 0
        for i in range(nPop):
            m = m + CumProb[i]
            if m >= np.random.rand(1):
                break
            #重复雇佣蜂操作
        while True:
            k = np.random.randint(0,nPop)
            if k != i:
                break
        phi = a*(-1+2*np.random.rand(2))
        NewPosition = PopPosition[i] + phi*(PopPosition[i]-PopPosition[k])
            #进行贪婪选择
        NewCost = CostFunction(NewPosition)
        if NewCost<PopCost[i][0]:
            PopPosition[i] = NewPosition
            PopCost[i][0] = NewCost
        else:
            Mine[i][0] = Mine[i][0]+1
        #侦查蜂阶段
        for i in range(nPop):
            if Mine[i][0] >= L:
                PopPosition[i] = 8*np.random.rand(1,nVar) - 4
                PopCost[i][0] = CostFunction(PopPosition[i])
                Mine[i][0] = 0
        #保存历史最优解
        for i in range(nPop):
            if PopCost[i][0] <BestCost[iter+1][0]:
                BestCost[iter+1][0] = PopCost[i][0]
                BestSol[iter+1] = PopPosition[i]
    #输出结果
y = np.zeros(iter_max+1)
print(BestSol[iter_max-1])
for i in range(iter_max):
```

```
        if i % 5 == 0:
            print(i,BestCost[i])
        y[i] = BestCost[i][0]
    x = [i for i in range(iter_max+1)]
    plt.plot(x,y)
```

运行结果如图 3.12 所示。

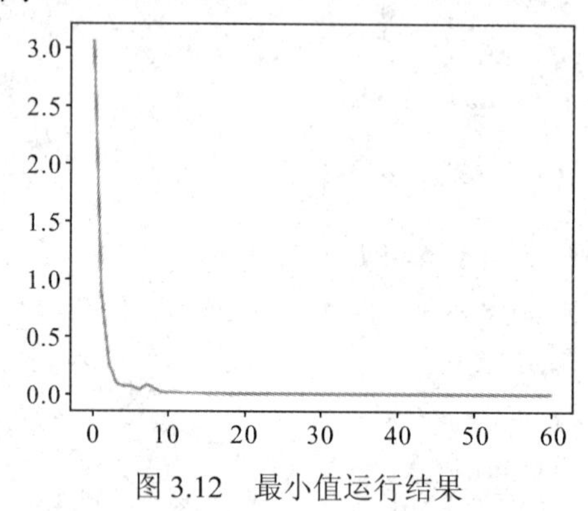

图 3.12　最小值运行结果

3.2.5　布谷鸟算法

1. 原理讲解

布谷鸟以寄生的方式养育幼鸟，它不筑巢，而是将自己的蛋产在其他鸟巢中代为孵化，若这些外来鸟蛋被宿主发现，宿主便会抛弃这些鸟蛋。莱维飞行是由较长时间的短步长和较短时间的长步长组成的。布谷鸟算法(Cuck Search，CS)是布谷鸟育雏行为和莱维飞行算法相结合的一种算法。它的本质是寻找最小值。它具有全局寻优能力强、参数少且易于实现、易与其他算法相结合等综合优势。

在布谷鸟算法中，有两个路径(或者说是两个位置的更新)备受关注。

一个是布谷鸟寻找鸟窝下蛋的寻找路径，采用早已就有的莱维飞行算法，较好的走位是一种长步长与短步长相间的走位，这其实就是莱维飞行算法的主要特点。学者们也证实了自然界中很多鸟类的飞行也遵从莱维飞行算法，这也是最有效寻找目标的方法之一。采用莱维飞行算法更新鸟窝位置的公式如式(3-16)所示。

$$X_{t+1} = X_t + \alpha \square \mathrm{Levy}(\beta) \tag{3-16}$$

其中，α 是步长缩放因子，$\mathrm{Levy}(\beta)$ 是莱维随机路径。

另一个是宿主鸟以一定概率 P_a 发现外来鸟后重新建窝的位置路径，这个路径也遵从莱维飞行算法或者随机方式。公式(3-17)为新建的鸟窝的位置。

$$X_{t+1} = X_t + r \cdot \text{Heaviside}(P_a - \varepsilon) \cdot (X_i - X_j) \tag{3-17}$$

其中，r、ε 是服从均匀分布的随机数，P_a 是发现外来鸟蛋的概率，Heaviside(x) 是跳跃函数($x>0$ 或 $x<0$)，X_i 和 X_j 是其他任意的两个鸟窝。

布谷鸟算法的原理如下：

(1) 布谷鸟一次只产一个蛋，并随机选择鸟窝来孵化它；

(2) 在随机选择的一组鸟窝中，最好的鸟窝将会保留到下一代；

(3) 可选择的寄生巢的数量是固定的，寄生巢发现外来鸟蛋的概率为 P_a，其中：$0 \leqslant P_a \leqslant 1$ 采用莱维飞行算法进行鸟巢位置 X 的更新；

$$x = x + \alpha \cdot \text{Levy}(\tau) \tag{3-18}$$

对下一代鸟巢位置进行更新，计算目标函数的适应度值，如果该值优于上一代的目标函数值，则更新鸟巢位置，否则保持原来位置不变。通过位置更新，用随机产生的服从 0-1 均匀分布的数值 R 与鸟巢主人发现概率 P_a 相比较，若 $R > P_a$，则对 X 位置进行随机改变，反之不变，最后保留测试值较好的一组鸟窝位置 X_{new}。

(4) 判断算法是否满足设置的最大迭代次数，若满足，结束迭代寻优，输出 $F_{\min}$，否则继续迭代。

流程图如图 3.13 所示。

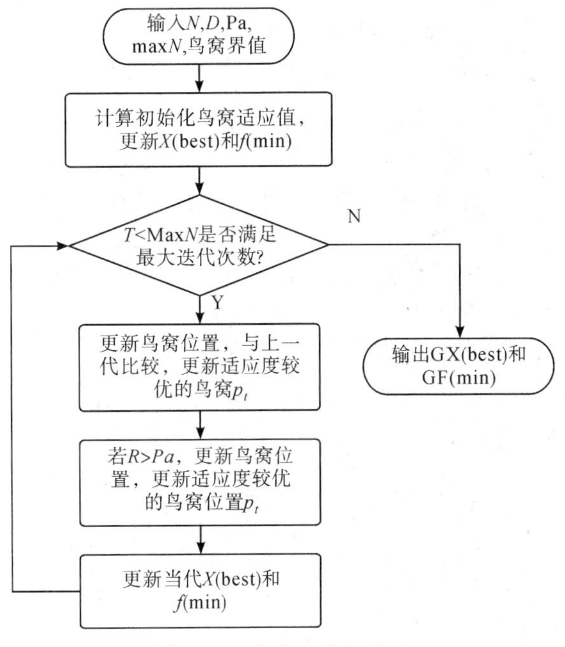

图 3.13　布谷鸟算法流程

其中 X(best)为最优鸟窝位置，f(min)为最优解，GX(best)为全局最优鸟窝，Gf(min)为全局最优值。

2. 代码实现

使用布谷鸟算法计算函数 f 在区间[−5,5]上的最优解，其中，$f = 20 + x^2 - 10\cos 2\pi x + y^2 - 10\cos 2\pi y$。

```
from random import uniform
from random import randint
import math
import numpy as np
import matplotlib.pyplot as plt
'''
根据 levy 飞行计算新的巢穴位置
'''
def GetNewNestViaLevy(Xt, Xbest, Lb, Ub, lamuda):
    beta = 1.5
    sigma_u = (math.gamma(1 + beta) * math.sin(math.pi * beta / 2) / (
            math.gamma((1 + beta) / 2) * beta * (2 ** ((beta - 1) / 2)))) ** (1 / beta)
    sigma_v = 1
    for i in range(Xt.shape[0]):
        s = Xt[i, :]
        u = np.random.normal(0, sigma_u, 1)
        v = np.random.normal(0, sigma_v, 1)
        Ls = u / ((abs(v)) ** (1 / beta))
        stepsize = lamuda * Ls * (s - Xbest)   # lamuda 的设置关系到点的活力程度  方向是由最佳位置确定的  有点类似 PSO 算法  但是步长不一样
        s = s + stepsize * np.random.randn(1, len(s))   # 产生满足正态分布的序列
        Xt[i, :] = s
        Xt[i, :] = simplebounds(s, Lb, Ub)
    return Xt
'''
按 pa 抛弃部分巢穴
'''
def empty_nests(nest, Lb, Ub, pa):
```

```
    n = nest.shape[0]
    nest1 = nest.copy()
    nest2 = nest.copy()
    rand_m = pa - np.random.rand(n, nest.shape[1])
    rand_m = np.heaviside(rand_m, 0)
    np.random.shuffle(nest1)
    np.random.shuffle(nest2)
    # stepsize = np.random.rand(1,1) * (nest1 - nest)
    stepsize = np.random.rand(1, 1) * (nest1 - nest2)
    new_nest = nest + stepsize * rand_m
    nest = simplebounds(new_nest, Lb, Ub)
    return nest
'''
获得当前最优解
'''
def get_best_nest(nest, newnest, Nbest, nest_best):
    fitall = 0
    for i in range(nest.shape[0]):
        temp1 = fitness(nest[i, :])
        temp2 = fitness(newnest[i, :])
        if temp1 > temp2:
            nest[i, :] = newnest[i, :]
            if temp2 < Nbest:
                Nbest = temp2
                nest_best = nest[i, :]
            fitall = fitall + temp2
        else:
            fitall = fitall + temp1
    meanfit = fitall / nest.shape[0]
    return nest, Nbest, nest_best, meanfit
'''
进行适应度计算
'''
def fitness(nest_n):
```

```
    X = nest_n[0]
    Y = nest_n[1]
    # rastrigin 函数
    A = 10
    Z = 2 * A + X ** 2 - A * np.cos(2 * np.pi * X) + Y ** 2 - A * np.cos(2 * np.pi * Y)
    return Z
'''
进行全部适应度计算
'''
def fit_function(X, Y):
    # rastrigin 函数
    A = 10
    Z = 2 * A + X ** 2 - A * np.cos(2 * np.pi * X) + Y ** 2 - A * np.cos(2 * np.pi * Y)
    return Z
'''
约束迭代结果
'''
def simplebounds(s, Lb, Ub):
    for i in range(s.shape[0]):
        for j in range(s.shape[1]):
            if s[i][j] < Lb[j]:
                s[i][j] = Lb[j]
            if s[i][j] > Ub[j]:
                s[i][j] = Ub[j]
    return s
def Get_CS(lamuda=1, pa=0.25):
    Lb = [-5, -5]  # 下界
    Ub = [5, 5]  # 上界
    population_size = 20
    dim = 2
    nest = np.random.uniform(Lb[0], Ub[0], (population_size, dim))  # 初始化位置
    nest_best = nest[0, :]
    Nbest = fitness(nest_best)
    nest, Nbest, nest_best, fitmean = get_best_nest(nest, nest, Nbest, nest_best)
```

```
    for i in range(30):
        nest_c = nest.copy()
        newnest = GetNewNestViaLevy(nest_c, nest_best, Lb, Ub, lamuda)  # 根据莱维飞行产生新的位置
        nest, Nbest, nest_best, fitmean = get_best_nest(nest, newnest, Nbest, nest_best)  # 判断新的位置优劣进行替换
        nest_e = nest.copy()
        newnest = empty_nests(nest_e, Lb, Ub, pa)  # 丢弃部分巢穴
        nest, Nbest, nest_best, fitmean = get_best_nest(nest, newnest, Nbest, nest_best)  # 再次判断新的位置优劣进行替换
    print("最优解的适应度函数值", Nbest)
    return Nbest
Get_CS()
```

运行结果如图 3.14 所示。

```
F:\python\python.exe F:/pycharm/234.py
最优解的适应度函数值 0.5495267539348188
```

图 3.14　布谷鸟算法运行结果

3.2.6　萤火虫算法

1. 原理讲解

萤火虫算法(Firefly Algorithm，FA)是 2008 年由英国剑桥大学学者 Xin-She Yang 提出的。萤火虫算法的主要原理就是把搜索空间的各点看成萤火虫，将搜索及优化过程模拟成萤火虫之间相互吸引及位置迭代更新的过程。将求解最优值的问题看作是寻找最亮萤火虫的问题。

萤火虫算法把空间各点看成萤火虫，利用发光强的萤火虫会吸引发光弱的萤火虫的特点。在发光弱的萤火虫向发光强的萤火虫移动的过程中，完成位置的迭代，从而找出最优位置，即完成了寻优过程。

萤火虫算法有以下条件：

(1) 假设所有萤火虫都是同一性别且相互吸引；

(2) 吸引度只与发光强度和距离有关，发光强的萤火虫会吸引周围发光弱的萤火虫，但是随着距离的增大吸引度逐渐减小，发光强的萤火虫会做随机运动；

(3) 发光强弱由目标函数决定，在制定区域内与指定函数成比例关系。

搜索过程和萤火虫的两个重要参数有关：萤火虫的发光强度和相互吸引度，发光强的

萤火虫会吸引发光弱的萤火虫向它移动，发光越强代表其位置越好，最亮萤火虫即代表函数的最优解。发光越强的萤火虫对周围萤火虫的吸引度越高，若发光强度一样，则萤火虫做随机运动，这两个重要参数都与距离成反比，距离越大吸引度越小。

公式(3-19)表示萤火虫的相对荧光亮度：

$$I = I_0 \cdot \mathrm{e}^{-\gamma r_{ij}} \tag{3-19}$$

其中，I_0 表示最亮萤火虫的亮度，即自身($r = 0$)荧光亮度与目标函数值相关，目标函数值越优，自身亮度越高；γ 表示光吸收系数，因为荧光会随着距离的增加和传播媒介的吸收逐渐减弱，所以设置光强吸收系数以体现此特性，可将其设置为常数；I_0 表示萤火虫之间的距离。

相互吸引度 β 如公式(3-20)所示：

$$\beta(r) = \beta_0 \cdot \mathrm{e}^{-\gamma r^2_{ij}} \tag{3-20}$$

其中，β_0 表示最大吸引度，即 r=0 处的吸引度。最优目标迭代如公式(3-21)所示：

$$x_i(t+1) = x_i(t) + \beta(x_j(t) - x_i(t)) + \alpha(\mathrm{rand} - 1/2) \tag{3-21}$$

其中，x_i 和 x_j 表示两个萤火虫的空间位置，α 为步长因子，rand 为[0,1]上服从均匀分布的随机因子。

2. 代码实现

已知群体大小为 1，最大吸引度为 0.000001，光吸收系数为 0.97，步长因子为 100，输入问题维度为 20 维的矩阵，求使得各项平方和最小的自变量。

```
import numpy as np
import os
import matplotlib.pyplot as plt
import copy
import time
class FA:
    def __init__(self, D, N, Beta0,gama, alpha, T, bound):
        self.D = D              #问题维数
        self.N = N              #群体大小
        self.Beta0 = Beta0      #最大吸引度
        self.gama = gama        #光吸收系数
```

```
        self.alpha = alpha    #步长因子
        self.T = T
        self.X = (bound[1] - bound[0]) * np.random.random([N, D]) + bound[0]
        self.X_origin = copy.deepcopy(self.X)
        self.FitnessValue = np.zeros(N)
        for n in range(N):
            self.FitnessValue[n] = self.FitnessFunction(n)
    def DistanceBetweenIJ(self,i, j):
        return np.linalg.norm(self.X[i,:] - self.X[j,:])
    def BetaIJ(self,i, j):    # AttractionBetweenIJ
        return self.Beta0 * \
        np.math.exp(-self.gama * (self.DistanceBetweenIJ(i,j) ** 2))
    def update(self,i,j):
        self.X[i,:] = self.X[i,:] + \
        self.BetaIJ(i,j) * (self.X[j,:] - self.X[i,:]) + \
        self.alpha * (np.random.rand(self.D) - 0.5)
    def FitnessFunction(self,i):
        x_ = self.X[i,:]
        return np.linalg.norm(x_) ** 2
    def iterate(self):
        t = 0
        while t <self.T:
            for i in range(self.N):
                FFi = self.FitnessValue[i]
                for j in range(self.N):
                    FFj = self.FitnessValue[j]
                    if FFj<FFi:
                        self.update(i,j)
            self.FitnessValue[i] = self.FitnessFunction(i)
            FFi = self.FitnessValue[i]
            t += 1
    def find_min(self):
        v = np.min(self.FitnessValue)
```

```
            n = np.argmin(self.FitnessValue)
            return v,self.X[n,:]
        def plot(X_origin,X):
            fig_origin = plt.figure(0)
            plt.xlabel('x')
            plt.ylabel('y')
            plt.scatter(X_origin[:, 0],X_origin[:, 1], c='r')
            plt.scatter(X[:, 0], X[:, 1], c='g')
            plt.show()
if __name__ == '__main__':
        t = np.zeros(10)
        value = np.zeros(10)
        for i in range(10):
            fa = FA(2,20,1,0.000001,0.97,100,[-100,100])
            time_start = time.time()
            fa.iterate()
            time_end = time.time()
            t[i] = time_end - time_start
            value[i],n = fa.find_min()
            plt.plot(fa.X_origin,fa.X)
        print("平均值：",np.average(value))
        print("最优值：",np.min(value))
        print("最差值：",np.max(value))
        print("平均时间：",np.average(t))
```

运行结果如图 3.15、图 3.16 所示。

```
F:\python\python.exe F:/pycharm/234.py
平均值:  376.5634781167446
最优值:  102.34867143326274
最差值:  1151.0265052012858
平均时间:  0.369320011138916
```

图 3.15　算法运行结果

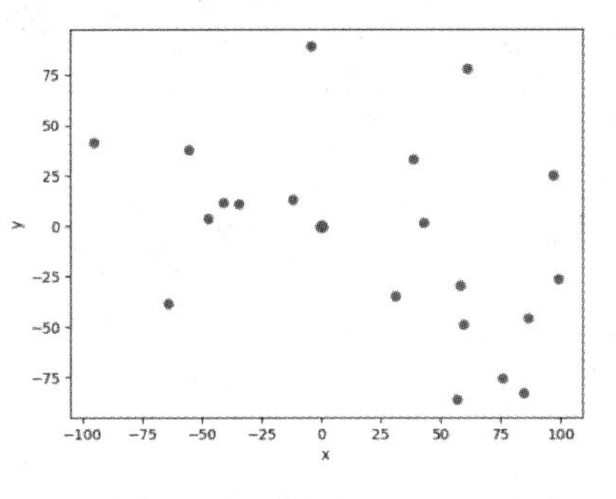

图 3.16　萤火虫算法可视化运行结果

本 章 小 结

本章介绍了启发式算法的概述以及一些常用的启发式算法。启发式算法以仿自然体算法为主，是实现人工智能的一种方法。同时本书将会在后续章节带领大家了解人工智能的另一个重要分支——机器学习。

第4章 监督学习与无监督学习

4.1 监督学习与无监督学习简介

监督学习是指有目标变量或预测目标的机器学习算法，有目标变量的算法称为分类算法，而预测目标的算法称为回归算法。无监督学习是指从无标记的训练数据中推断结论，对无标记的训练数据进行分组的算法称为聚类算法，而保留数据结构和其有用性的同时对数据进行压缩的算法称为降维算法。

4.2 监督学习之分类

有目标变量的监督学习算法称为分类算法。常见的分类算法包括：决策树算法(Decision Tree)、最邻近规则算法(K-Nearest Neighbor)、朴素贝叶斯算法(Naive Bayes)、逻辑回归算法(Logistic Regression)、支持向量机算法(Support Vector Machine)、随机森林算法(Random Forest)、AdaBoost、反向传播算法(Back Propagation)等，本节将依次对常用的分类算法进行讲解。

4.2.1 决策树算法

1. 原理讲解

决策树是类似于流程图的树结构，其中，每个内部节点表示在一个属性上面的测试，每个分支代表一个属性输出，每个树叶节点代表类或类分布。树的最顶层是根节点。图 4.1 是对一个人是否喜欢游泳进行判断，age、health 和 student 是进行判断的属性，喜欢为 yes，不喜欢为 no。当然每个属性有不同的值，根据不同值依次往下判断此样本是否喜欢游泳，具体流程如图 4.1 所示。

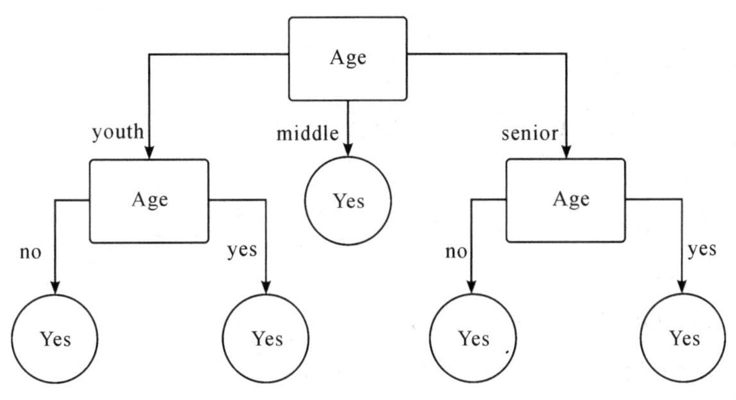

图 4.1　决策树算法样例展示图

2. 熵

在决策树算法中，对属性进行判断的顺序是异常重要的，在这里要引入熵(entropy)的概念。

熵就是反映一条信息的信息量大小与它的不确定性关系的物理量，比如我们对一无所知的事物，就需要了解大量的信息。熵的计算公式为 $H(x)=-\sum_x P(x)\mathrm{lb}P(x)$，单位为 bit，其中 $P(x)$为在其属性下事件发生的概率。

3. 经典案例

信息获取量(Information Gain)：Gain(A)=Info(A) − Info_A (D)，其含义为通过 A 属性作为结点分类可以获取多少信息，Info(A)代表只考虑任何样本分类的熵，Info_A (D)代表某属性的熵，具体事例如下表 4.1 所示。

表 4.1　训练数据表

RID	age	Income	student	Class:buy_phone
1	youth	high	no	yes
2	youth	low	yes	no
3	youth	low	no	yes
4	senior	high	no	yes
5	senior	high	no	no
6	youth	low	yes	yes
7	senior	high	no	no

计算步骤如下：

$$\text{Info}(D) = -\frac{5}{7}\text{lb}\frac{5}{7} - \frac{2}{7}\text{lb}\frac{2}{7}$$

$$\text{Infoage}(D) = \frac{4}{7}\left(-\frac{3}{4}\text{lb}\frac{3}{4} - \frac{1}{4}\text{lb}\frac{1}{4}\right) + \frac{3}{7}\left(-\frac{2}{3}\text{lb}\frac{2}{3} - \frac{1}{3}\text{lb}\frac{1}{3}\right)$$

$$\text{InfoIncome}(D) = \frac{4}{7}\left(-\frac{1}{2}\text{lb}\frac{1}{2} - \frac{1}{2}\text{lb}\frac{1}{2}\right) + \frac{3}{7}\left(-\frac{2}{3}\text{lb}\frac{2}{3} - \frac{1}{3}\text{lb}\frac{1}{3}\right)$$

$$\text{Gain}(age) = \text{Info}(D) - \text{Infoage}(D)$$

$$\text{Gain}(\text{Income}) = \text{Info}(D) - \text{InfoIncome}(D)$$

选择最大的 Gain 值中的属性作为树中的第一个根节点，根节点以下用相同方法进行类推即可。

4. 代码实现

决策树作为传统分类算法，可以对常见分类任务进行处理，下列所示例子主要根据样本声音粗细和头发长短来对男女性别进行分类。

```
from math import log
import operator

def calcShannonEnt(dataSet):   # 计算数据的熵(entropy)
    numEntries=len(dataSet)   # 数据条数
    labelCounts={}
    for featVec in dataSet:
        currentLabel=featVec[-1] # 每行数据的最后一个字(类别)
        if currentLabel not in labelCounts.keys():
            labelCounts[currentLabel]=0
        labelCounts[currentLabel]+=1   # 统计有多少个类以及每个类的数量
    shannonEnt=0
    for key in labelCounts:
        prob=float(labelCounts[key])/numEntries # 计算单个类的熵值
        shannonEnt-=prob*log(prob,2) # 累加每个类的熵值
    return shannonEnt

def createDataSet1():       # 创造示例数据
    dataSet = [['长', '粗', '男'],
               ['短', '粗', '男'],
```

```
                ['短', '粗', '男'],
                ['长', '细', '女'],
                ['短', '细', '女'],
                ['短', '粗', '女'],
                ['长', '粗', '女'],
                ['长', '粗', '女']]
    labels = ['头发','声音']  #两个特征
    return dataSet,labels

def splitDataSet(dataSet,axis,value): # 按某个特征分类后的数据
    retDataSet=[]
    for featVec in dataSet:
        if featVec[axis]==value:
            reducedFeatVec =featVec[:axis]
            reducedFeatVec.extend(featVec[axis+1:])
            retDataSet.append(reducedFeatVec)
    return retDataSet

def chooseBestFeatureToSplit(dataSet):   # 选择最优的分类特征
    numFeatures = len(dataSet[0])-1
    baseEntropy = calcShannonEnt(dataSet)  # 原始的熵
    bestInfoGain = 0
    bestFeature = -1
    for i in range(numFeatures):
        featList = [example[i] for example in dataSet]
        uniqueVals = set(featList)
        newEntropy = 0
        for value in uniqueVals:
            subDataSet = splitDataSet(dataSet,i,value)
            prob =len(subDataSet)/float(len(dataSet))
            newEntropy +=prob*calcShannonEnt(subDataSet)  # 按特征分类后的熵
        infoGain = baseEntropy - newEntropy  # 原始熵与按特征分类后的熵的差值
        if (infoGain>bestInfoGain):   # 若按某特征划分后，熵值减少的最大，则此特征为最优
                                        分类特征
```

```
                bestInfoGain=infoGain
                bestFeature = i
        return bestFeature
def majorityCnt(classList):       #按分类后类别数量排序，比如，最后分类为 2 男 1 女，则判定为男；
        classCount={}
        for vote in classList:
            if vote not in classCount.keys():
                classCount[vote]=0
            classCount[vote]+=1
        sortedClassCount = sorted(classCount.items(),key=operator.itemgetter(1),reverse=True)
        return sortedClassCount[0][0]
def createTree(dataSet,labels):
        classList=[example[-1] for example in dataSet]    # 类别：男或女
        if classList.count(classList[0])==len(classList):
            return classList[0]
        if len(dataSet[0])==1:
            return majorityCnt(classList)
        bestFeat=chooseBestFeatureToSplit(dataSet) #选择最优特征
        bestFeatLabel=labels[bestFeat]
        myTree={bestFeatLabel:{}} #分类结果以字典形式保存
        del(labels[bestFeat])
        featValues=[example[bestFeat] for example in dataSet]
        uniqueVals=set(featValues)
        for value in uniqueVals:
            subLabels=labels[:]
            myTree[bestFeatLabel][value]=createTree(splitDataSet\
                                    (dataSet,bestFeat,value),subLabels)
        return myTree
dataSet, labels=createDataSet1()   # 创造示例数据
print(createTree(dataSet, labels))   # 输出决策树模型结果
```

代码效果如图 4.2 所示。

```
{'声音':{'细':'女','粗':{'头发':{'长':'女','短':'男'}}}}
```

图 4.2　效果展示图

如效果图所示，当样本“声音”这一属性为“细”时，类别为“女”；如果“声音”为“粗”，接着对“头发”进行判定，“长”为“女”，“短”为“男”。

4.2.2 最邻近规则算法

1. 最邻近规则算法简介

最邻近规则算法简称 KNN 算法，为了判断未知实例的类别，以所有已知类别的实例作为参照，选择参数 k，k 的取值一般为奇数，计算未知类别实例与所有已知类别实例的距离。选择 k 个最小距离的实例，以少数服从多数的规则来规定未知实例的类别。这里对 k 的选择也是异常重要的，可以选择样本训练集来更好地确定参数 k。

本算法流程图如图 4.3 所示。

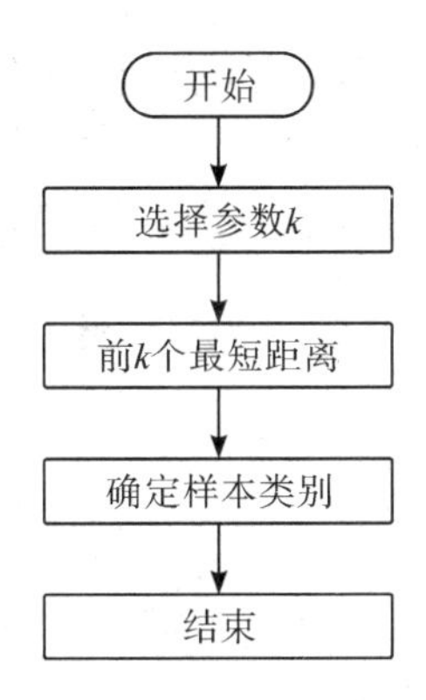

图 4.3 最邻近规则算法流程图

当样本分布不平衡，其中一类样本数量过大占主导地位时，新的未知实例容易被归类为这个主导样本。因为这类样本实例的数量过大，但这个新的未知实例却并未接近目标样本。当遇到此类情况时可以给距离加上一定的权重，距离越近，权重越大，以此来减少误差，如公式(4-1)所示。

$$(D(x，y))^2 = \sum_{i=0}^{n}(x_i - y_i)^2 \tag{4-1}$$

其中：x_i、y_i 分别对应单个样本的横、纵坐标；$D(x、y)$为两个样本点间的欧氏距离。

2. 经典案例

此算法获取数据训练集的方法多样，可以运用 Python 随机生成数据集，案例采用在二维空间下的数据集。总体数据集被分为两类，通过计算点与点之间的距离来确定新数据点的类别，具体计算步骤如下：

(1) 选择参数 k；

(2) 计算前 k 个最短距离；

(3) 通过 k 个实例里面占比最多的实例样别来确定未知实例。

3. 代码实现

最邻近规则算法是一种常用的传统算法，主要根据样本之间距离来进行类别的分类。下面代码构建了自定义数据点集，并运用最邻近规则算法对其进行分类。

```
import operator
def createDateset():
    group = [[1.0,0.9],[1.0,1.0],[0.1,0.2],[0.0,0.1]]
    labels = ['A','A','B','B']
    return group, labels
def kNNClassify(newInput, dataSet,labels,k):
    temp = [[0,0],[0,0],[0,0],[0,0]]
    i = 0
    for i in range(4):
        j=0
        for j in range(2):
            temp[i][j] = dataSet[i][j] - newInput[j]
    i = 0
    for i in range(4):
        j = 0
        for j in range(2):
            temp[i][j] = temp[i][j] ** 2
        distance = [0,0,0,0]
    i = 0
    for i in range(4):
        j=0
        for j in range(2):
            distance[i] = distance[i] +temp[i][j]
    i = 0
    for i in range(4):
        distance[i] = distance[i] ** 0.5
    sortDistance = [0,1,2,3]
    i=0
```

```
    for i in range(4):
        j = 0
        for j in range(3):
            if distance[j]>distance[j+1]:
                temp = distance[j]
                distance[j] = distance[j+1]
                distance[j+1] = temp
            temp = sortDistance[j]
    sortDistance[j] = sortDistance[j+1]
    sortDistance[j+1] = temp
    votelabels = [″″,″″,″″,″″]
    i = 0
    for i in range(k):
        if i<k :
            votelabels[i] = labels[sortDistance[i]]
    countA = 0
    countB = 0
    i = 0
    for i in range(k):
        if votelabels[i]=='A' :
            countA = countA + 1
        else : countB = countB + 1
        if countA>countB :
            maxLabel = 'A'
        else : maxLabel = 'B'
    return maxLabel
def test():
    dataSet, labels = createDateset()
    testX = [1.2, 1.0]
    k = 3
    outputLabel = kNNClassify(testX, dataSet, labels, k)
    print(″Your input is:″, testX, ″and classified to class: ″, outputLabel)
    testX = [0.1, 0.3]
```

```
        outputLabel = kNNClassify(testX, dataSet, labels, k)
        print("Your input is:", testX, "and classified to class: ", outputLabel)
    test()
```

代码效果展示如下图 4.4 所示。

```
Python Console
Your  input  is: [1.2 , 1.0]  and  classified  to  class: A
Your  input  is: [0.1 , 0.3]  and  classified  to  class: B

>>>
```

图 4.4　程序效果图

4.2.3　朴素贝叶斯算法

1. 原理讲解

贝叶斯方法是以贝叶斯原理为基础，使用概率统计的知识对样本数据集进行分类。由于贝叶斯方法有着坚实的数学基础，它的误判率是很低的。贝叶斯方法的特点是结合先验概率和后验概率，既避免了只使用先验概率的主观偏见，也避免了单独使用样本信息的过拟合现象。贝叶斯分类算法在数据集较大的情况下具有较高的准确率。

朴素贝叶斯算法(Naive Bayesian Algorithm)是应用最为广泛的分类算法之一，是在贝叶斯算法的基础上进行了相应的简化，即假设给定目标值时，属性之间条件相互独立。也就是说没有哪个属性变量对于决策结果来说占有较大的比重，也没有哪个属性变量对于决策结果占有较小的比重。虽然这个简化方式在一定程度上降低了贝叶斯分类算法的分类效果，但是在实际的应用场景中，该方法极大地简化了贝叶斯方法的复杂性。它的核心算法是下面这个贝叶斯公式：

$$p=(B\mid A)=\frac{p(A\mid B)\times p(B)}{p(A)} \tag{4-2}$$

其中 A 是特征，B 是类别。换个表达形式就会明朗很多，如公式(4-3)所示：

$$p=(\text{类别}\mid\text{特征})=\frac{p(\text{类别}\mid\text{特征})\times p(\text{类别})}{p(\text{特征})} \tag{4-3}$$

我们只需要最终求得 p(类别|特征)即可。

2. 经典案例

以表 4.2 数据为例，假设这些是根据之前的经验所获得的数据。现给出一个新的数据：身高“高”、体重“中”、鞋码“中”，请问这个人是男还是女？

表 4.2　实例数据

编号	1	2	3	4	5	6	7
身高	高	高	中	中	矮	矮	矮
体重	重	重	中	中	轻	轻	中
鞋码	大	大	大	中	小	小	中
性别	男	男	男	男	女	女	女

男女类型：男 C_1，女 C_2。

属性条件：身高 A_1，体重 A_2，鞋码 A_3。

求在 A_1、A_2、A_3 属性下 C_j 的概率，用条件概率表示就是 $p(C_j| A_1 A_2A_3)$。根据上面讲的贝叶斯公式，可以得出公式(4-4)。

$$p(C_j \mid A_1A_2A_3) = \frac{p(A_1A_2A_3 \mid C_j) \times p(C_j)}{p(A_1A_2A_3)} \tag{4-4}$$

因为一共有 2 个类别，所以我们只需要求得 $p(C_1| A_1 A_2A_3)$和 $p(C_2| A_1A_2A_3)$的概率即可，然后比较一下哪个分类的可能性最大，就是哪个分类结果。这等价于求 $p(A_1 A_2A_3 |C_j) \times p(C_j)$ 的最大值。

我们假定 A_i 之间是相互独立的，则可以得出公式(4-5)。

$$p(A_1A_2A_3 |C_j) = p(A_1|C_j) \times p(A_2|C_j) \times p(A_3|C_j) \tag{4-5}$$

而 $p(A_1| C_1)=1/2$，$p(A_2| C_1)=1/2$，$p(A_3| C_1)=1/4$，$p(A_1| C_2)=0$，$p(A_2| C_2)=1/2$，$p(A_3| C_2)=1/2$，可得

$$p(A_1 A_2A_3 |C_1) \times p(C_1) > p(A_1 A_2A_3 |C_2) \times p(C_2)$$

所以应该为 C_1 类型，即男性。

3. 代码实现

下面代码构建了自定义数据点集，并运行朴素贝叶斯算法对其进行分类。

```
import numpy as np
from sklearn import datasets
from utils import train_test_split, normalize, accuracy_score, Plot


class NaiveBayes():
    def fit(self, X, y):
        self.X = X
        self.y = y
```

```
        self.classes = np.unique(y)
        self.parameters = {}
        for i, c in enumerate(self.classes):
            X_Index_c = X[np.where(y == c)]
            X_index_c_mean = np.mean(X_Index_c, axis=0, keepdims=True)
            X_index_c_var = np.var(X_Index_c, axis=0, keepdims=True)
            parameters = {"mean": X_index_c_mean, "var": X_index_c_var, "prior":
X_Index_c.shape[0] / X.shape[0]}
            self.parameters["class" + str(c)] = parameters

    def _pdf(self, X, classes):
        eps = 1e-4
        mean = self.parameters["class" + str(classes)]["mean"]
        var = self.parameters["class" + str(classes)]["var"]
        numerator = np.exp(-(X - mean) ** 2 / (2 * var + eps))
        denominator = np.sqrt(2 * np.pi * var + eps)
        result = np.sum(np.log(numerator / denominator), axis=1, keepdims=True)
        return result.T

    def _predict(self, X):
        output = []
        for y in range(self.classes.shape[0]):
            prior = np.log(self.parameters["class" + str(y)]["prior"])
            posterior = self._pdf(X, y)
            prediction = prior + posterior
        output.append(prediction)
        return output

    def predict(self, X):
        output = self._predict(X)
        output = np.reshape(output, (self.classes.shape[0], X.shape[0]))
        prediction = np.argmax(output, axis=0)
        return prediction
```

```
    def main():
    data = datasets.load_digits()
    X = normalize(data.data)
    y = data.target
    X_train, X_test, y_train, y_test = train_test_split(X, y, test_size=0.4)
    print("X_train",X_train.shape)
    clf = NaiveBayes()
    clf.fit(X_train, y_train)
    y_pred = clf.predict(X_test)
    accuracy = accuracy_score(y_test, y_pred)
    print ("Accuracy:", accuracy)
    Plot().plot_in_2d(X_test, y_pred, title="Naive Bayes", accuracy=accuracy,
legend_labels=data.target_names)


if __name__ == "__main__":
    main()
```

运行结果如图 4.5 所示。

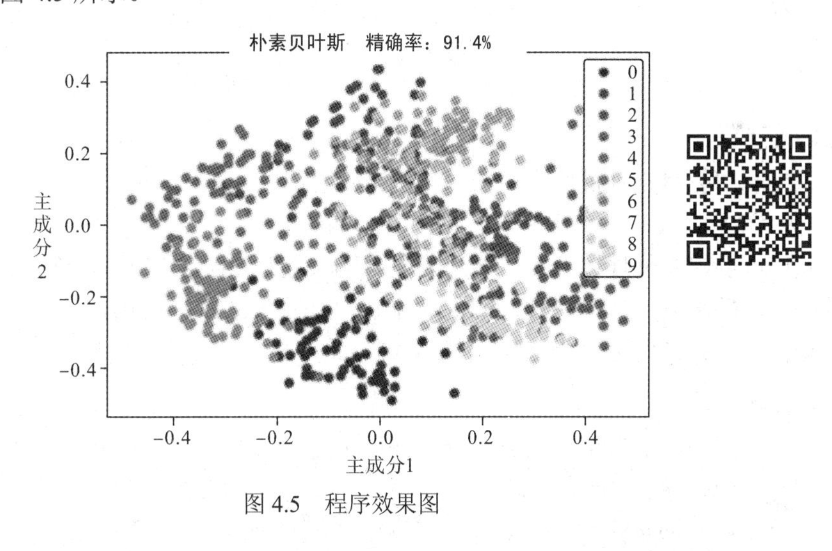

图 4.5　程序效果图

4.2.4　逻辑回归算法

1. 原理讲解

介绍逻辑回归之前，我们先来思考一个问题：有个黑箱，里面有白球和黑球，如何判断它们的比例。假设从里面抓 3 个球，2 个黑球，1 个白球。这时候，就直接得出了黑球占比 67%，白球占比 33%，这就是使用了最大似然概率的思想。下面用公式来说明：假设黑球占比为 p，白球占比为 $1-p$，需要求解 $\max(p(1-p))$，显而易见 $p=67\%$(求解方法：对方程求导，使导数为 0 的 p 值即为最优解)。而逻辑回归解决的是二分类问题，与上面黑球白球问题很像，所以也是通过最大似然概率来求解。假设有 n 个独立的训练样本$\{(\boldsymbol{x}_1, y_1), (\boldsymbol{x}_2, y_2), \cdots, (\boldsymbol{x}_n, y_n)\}$，$\boldsymbol{x}_i$ 是第 i 个样本数据，y_i 是第 i 个样本数据标签。整个样本集，也就是 n 个独立的样本出现的似然函数为公式(4-6)所示。

$$L(\boldsymbol{\theta}) = \prod p(y_i = 1 | \boldsymbol{x}_i)^{y_i} (1 - p(y_i = 1 | \boldsymbol{x}_i))^{1-y_i} \tag{4-6}$$

其中，$p(y_i=1|\boldsymbol{x}_i)$表示第 i 次训练样本结果为 1 的占比，$\boldsymbol{\theta}$ 为似然函数的参数。

变换 $L(\boldsymbol{\theta})$：取自然对数，化简得到公式(4-7)。

$$\begin{aligned} L(\boldsymbol{\theta}) &= \text{In}(\prod p(y_i = 1 | \boldsymbol{x}_i)^{y_i} (1 - p(y_i = 1 | \boldsymbol{x}_i))^{1-y_i} \\ &= \sum_{i=1}^{n} y_i(\boldsymbol{\theta}^{\text{T}} = x_i) - \sum_{i=1}^{n} \text{In}(1 + \text{e}^{\boldsymbol{\theta}^{\text{T}}} \boldsymbol{x}_i) \end{aligned} \tag{4-7}$$

代入参数和特征之后求 p，也就是发生 1 的概率。而这就是 sigmoid 函数，俗称激活函数，如公式(4-8)所示。

$$p(y_i = 1 | \boldsymbol{x}_i;\ \boldsymbol{\theta}) = \frac{1}{1 + \exp(-\boldsymbol{\theta}^{\text{T}} \boldsymbol{x}_i)} \tag{4-8}$$

2. 经典案例

一家汽车公司刚刚推出了他们新型的豪华 SUV，我们尝试预测哪些用户会购买这种全新 SUV，并且在最后一列用来表示用户是否购买。

我们可以建立一种模型来预测用户是否购买这种 SUV，该模型基于两个变量：年龄和预计薪资，并将它们作为特征矩阵的两个参数。我们尝试寻找用户年龄与预估薪资之间的某种相关性，并得出是否决定购买 SUV 的结论。

3. 代码实现

下面代码构建了自定义数据点集，并运用逻辑回归对其进行分类。

```
import numpy as np
from sklearn import datasets
import matplotlib.pyplot as plt
def sigmoid(x):
    return 1 / (1 + np.exp(-x))
class LogisticRegression():
```

```
"""
  Parameters:
n_iterations: int
梯度下降的轮数
learning_rate: float
梯度下降学习率
"""
def __init__(self, learning_rate=.1, n_iterations=4000):
    self.learning_rate = learning_rate
    self.n_iterations = n_iterations
def initialize_weights(self, n_features):
# 初始化参数
#参数范围[-1/sqrt(N), 1/sqrt(N)]
    limit = np.sqrt(1 / n_features)
    w = np.random.uniform(-limit, limit, (n_features, 1))
    b = 0
    self.w = np.insert(w, 0, b, axis=0)
def fit(self, X, y):
    m_samples, n_features = X.shape
    self.initialize_weights(n_features)
    X = np.insert(X, 0, 1, axis=1)
    y = np.reshape(y, (m_samples, 1))
    for i in range(self.n_iterations):
        h_x = X.dot(self.w)
        y_pred = sigmoid(h_x)
        w_grad = X.T.dot(y_pred - y)
        self.w = self.w - self.learning_rate * w_grad
def predict(self, X):
    X = np.insert(X, 0, 1, axis=1)
    h_x = X.dot(self.w)
    y_pred = np.round(sigmoid(h_x))
    return y_pred.astype(int)
def main():
```

```
        # Load dataset
        data = datasets.load_iris()
        X = normalize(data.data[data.target != 0])
        y = data.target[data.target != 0]
        y[y == 1] = 0
        y[y == 2] = 1
        X_train, X_test, y_train, y_test = train_test_split(X, y, test_size=0.33, seed=1)
        clf = LogisticRegression()
        clf.fit(X_train, y_train)
        y_pred = clf.predict(X_test)
        y_pred = np.reshape(y_pred, y_test.shape)
        accuracy = accuracy_score(y_test, y_pred)
        print("Accuracy:", accuracy)
        # Reduce dimension to two using PCA and plot the results
        Plot().plot_in_2d(X_test, y_pred, title="Logistic Regression", accuracy=accuracy)
if __name__ == "__main__":
main()
```

程序运行效果图如图 4.6 所示。

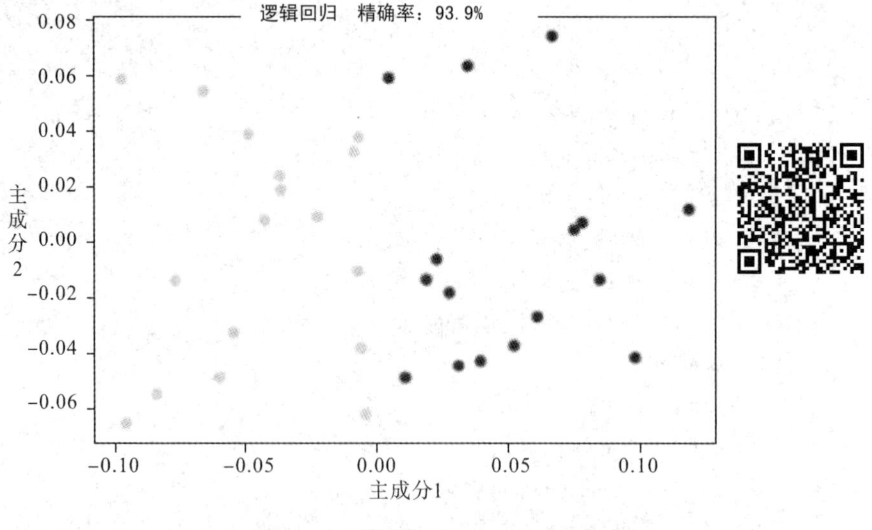

图 4.6　程序效果图

4.2.5 SVM 算法

1. 原理讲解

支持向量机(Support Vector Machines，SVM)方法是所有知名的数据挖掘算法中最健壮、最准确的方法之一，它属于二分类算法，可以支持线性和非线性的分类。

在了解 SVM 算法之前，首先需要了解一下线性分类器这个概念。并且为了使得描述更加直观，这里采用二维平面进行解释，高维空间原理与二维码平面的原理相同。

例如，假设在一个二维线性可分的数据集中，如图 4.7(a)所示，需要找到一个超平面把两组数据分开，这时，我们认为线性回归的直线或逻辑回归的直线也能够做这个分类，这条直线可以是图 4.7(b)中的直线，也可以是图 4.7(c)中的直线，或者是图 4.7(d)中的直线。但哪条直线有最好的泛化能力呢？那就是一个能使两类之间的空间大小最大的一个超平面。

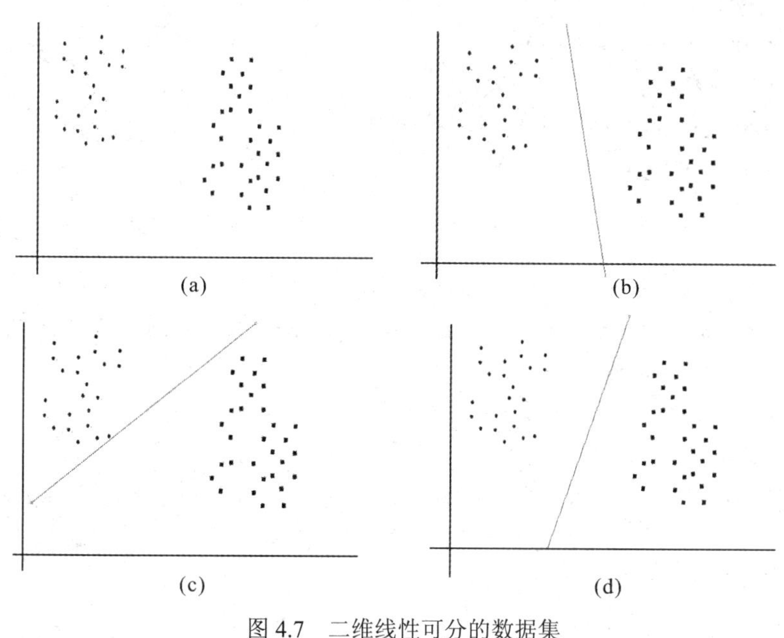

图 4.7 二维线性可分的数据集

这个超平面在二维平面上看就是一条直线，在三维空间中看就是一个平面，因此这个划分数据的决策边界统称为超平面。离这个超平面最近的点就叫做支持向量，点到超平面的距离叫间隔。支持向量机就是要使超平面和支持向量之间的间隔尽可能的大，这样超平面才可以将两类样本准确地分开，而保证间隔尽可能的大就是保证我们的分类器误差尽可能的小，尽可能的健壮。

2. 经典案例

以下是一个预测新闻分类的案例，通过给定的数据集来预测测试集的新闻分类，该案例用到的是 LIBSVM 库。LIBSVM 是台湾大学林智仁(Lin Chih-Jen)教授等人开发设计的一个简单、易于使用和快速有效的 SVM 模式识别与回归的软件包，还存在其他包含 SVM 算法的库，这里以 LIBSVM 为例。

3. 代码实现

下面代码为使用 SVM 算法对新闻进行分类。

```
import logging
try:
    from sklearn.model_selection import train_test_split
except ImportError:
    from sklearn.cross_validation import train_test_split
from sklearn.datasets import make_classification
from pca.pca import *
from support_vector_machine.kernels import *
from support_vector_machine.svmModel import *
import time
def run():
    start = time.clock()
    X, y = make_classification(n_samples=1200, n_features=10, n_informative=5, random_state=1111,
n_classes=2, class_sep=1.75, )
    # y 的标签取值{0,1} 变成 {-1, 1}
    y = (y * 2) - 1
    X_train, X_test, y_train, y_test = train_test_split(X, y, test_size=0.2, random_state=1111)
    #这里是用高斯核，可以用线性核函数和多项式核函数
    kernel = RBF(gamma=0.1)
    model = SVM(X_train,y_train,max_iter=500, kernel=kernel, C=0.6)
    model.train()
    predictions = model.predict(X_test)
    accuracyRate = accuracy(y_test, predictions)
    print('Classification accuracy (%s): %s'% (kernel, accuracyRate))
    #原来数据的呈现
    #plot_in_2d(X_test, y_test, title="Support Vector Machine", accuracy=accuracyRate)
```

```
        #分类的效果
        plot_in_2d(X_test, predictions, title="Support Vector Machine", accuracy=accuracyRate)
        end = time.clock()
        print("read: %f s" % (end - start))
    if __name__ == '__main__':
        run()
```

程序运行效果如图 4.8 所示。

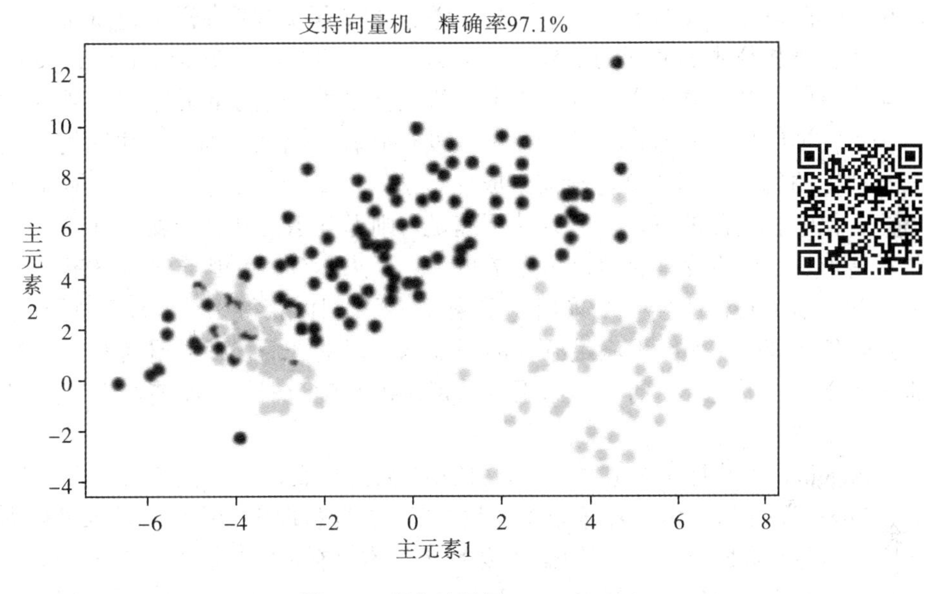

图 4.8　程序效果图

4.2.6　随机森林算法

1. 算法简介

2001 年 Breiman 把分类树组合成随机森林，即在变量(列)的使用和数据(行)的使用上进行随机化，生成很多分类树，再汇总分类树的结果。随机森林在运算量没有明显增加的前提下提高了预测精度。

随机森林是用随机的方式建立一个森林，森林由很多的决策树组成，随机森林的每一棵决策树之间是没有关联的。在得到森林之后，当有一个新的输入样本进入的时候，就让森林中的每一棵决策树分别进行一下判断，看看这个样本应该属于哪一类(对于分类算法)，然后看看哪一类被选择的最多，就预测这个样本为这一类。

2. 原理讲解

提升算法 Boosting 是一族可将弱学习器提升为强学习器的算法。这族算法的工作机制类似，先从初始训练集训练出一个基学习器，再根据基学习器的表现对训练样本分布进行调整，使得先前基学习器做错的训练样本在后续受到更多关注，然后基于调整后的样本分布来训练下一个基学习器；如此重复进行，直至基学习器数目达到事先指定的值 T，最终将这 T 个基学习器进行加权结合。

Boosting 算法要求基学习器能对特定的数据分布进行学习，这可通过“重赋权法”实施，即在训练过程的每一轮中，根据样本分布为每个训练样本重新赋予一个权重。对无法接受带权样本的基学习算法，则可通过“重采样法”(re-sampling)来处理，即在每一轮学习中，根据样本分布对训练集重新进行采样，再用重采样而得到的样本集对基学习器进行训练。一般而言，这两种做法没有显著的优劣差别。需注意的是，Boosting 算法在训练的每一轮都要检查当前生成的基学习器是否满足基本条件，即检查当前基分类器是否比随机猜测的好，一旦条件不满足，则抛弃当前基学习器，且停止学习过程。在此种情形下，初始设置的学习轮数 T 也许还远未达到，可能导致最终集成中只包含很少的基学习器而性能不佳。若采用“重采样法”，则可获得“重启动”机会以避免训练过程过早停止，即在抛弃不满足条件的当前基学习器之后，可根据当前分布重新对训练样本进行采样，再基于新的采样结果重新训练出基学习器，从而使得学习过程可以持续到预设的 T 轮完成。

Bagging 是并行式集成学习方法中最著名的代表，它直接基于自助采样法(bootstrap sampling)。假设给定包含 m 个样本的数据集，先随机取出一个样本放入采样集中，再把该样本放回初始数据集中，使得下次采样时该样本仍有可能被选中。这样，经过 m 次随机采样操作，就能得到含 m 个样本的采样集，初始训练集中有的样本在采样集里多次出现，有的则从未出现。所以，我们可采样出 T 个含 m 个样本的采样集，然后基于每个采样集训练出一个基学习器，再将这些基学习器进行结合，这就是 Bagging 的基本流程。在对预测输出进行结合时，Bagging 通常对分类任务使用简单投票法，对回归任务使用简单平均法。若分类预测时出现两个类收到同样票数的情形时，则最简单的做法是随机选择其中一个，也可进一步考察学习器投票的置信度来确定最终胜利者。

为处理多分类或者回归任务，AdaBoost 需进行修改。与标准 AdaBoost 只适用于二分类任务不同，Bagging 能不经修改地用于多分类和回归任务。而且自助采样过程中还给 Bagging 带来另一个优点：由于每个基学习器只使用了初始训练集中部分样本(63.2%)，剩下的样本(36.8%)可用作验证集来对泛化性能进行评估。

从偏差-方差分解的角度看，Boosting 主要关注降低偏差，因此 Boosting 能基于泛化性能相当弱的学习器构建出很强的集成。

随机森林(Random Forest)算法对 Bagging 算法进行了改进，思想如下：

假设存在数据集 D={x_{i1}，x_{i2}，…，x_{in}，y_i}(i 取[i，m])，有特征值 N，有放回的抽样可以生成抽样空间$(m \times n)^{m \times n}$。

构建基学习器(决策树)：每一个抽样 d_j={x_{i1}，x_{i2}，…，x_{ik}，y_i}(i 取[1，m])(其中 $K<<M$)生成决策树，并记录每一个决策树的结果 $h_j(x)$。

训练 T 次，使 $H(x)=\max\sum_{i=1}^{T}\theta(h_j(x)=y)$，其中 $\theta(x)$ 是一种算法(绝对多数投票法、相对多数投票法、加权投票法等)。

3. 代码实现

下面代码构建了自定义数据集，并运用随机森林算法对其进行分类。

```
from __future__ import division, print_function
import numpy as np
from sklearn import datasets
from utils import train_test_split, accuracy_score, Plot
class RandomForest():
"""
Parameters:
n_estimators: int
树的数量
max_features: int
每棵树选用数据集中最大的特征数
min_samples_split: int
每棵树中最小的分割数，比如 min_samples_split = 2 表示树切到还剩下两个数据集时就停止
min_gain: float
每棵树切到小于 min_gain 后停止
max_depth: int
每棵树的最大层数
"""
    def __init__(self, n_estimators=100, min_samples_split=2, min_gain=0,
max_depth=float("inf"), max_features=None):
        self.n_estimators = n_estimators
        self.min_samples_split = min_samples_split
        self.min_gain = min_gain
```

```
        self.max_depth = max_depth
        self.max_features = max_features
        self.trees = []
        # 建立森林(bulid forest)
        for _ in range(self.n_estimators):
            tree = ClassificationTree(min_samples_split=self.min_samples_split,
min_impurity=self.min_gain,max_depth=self.max_depth)
            self.trees.append(tree)
    def fit(self, X, Y):
        # 训练，每棵树使用随机的数据集(bootstrap)和随机的特征
        # every tree use random data set(bootstrap) and random feature
        sub_sets = self.get_bootstrap_data(X, Y)
        n_features = X.shape[1]
        if self.max_features == None:
            self.max_features = int(np.sqrt(n_features))
        for i in range(self.n_estimators):
            # 生成随机的特征
            # get random feature
            sub_X, sub_Y = sub_sets[i]
            idx = np.random.choice(n_features, self.max_features, replace=True)
            sub_X = sub_X[:, idx]
            self.trees[i].fit(sub_X, sub_Y)
            self.trees[i].feature_indices = idx
            print("tree", i, "fit complete")
    def predict(self, X):
        y_preds = []
        for i in range(self.n_estimators):
            idx = self.trees[i].feature_indices
            sub_X = X[:, idx]
            y_pre = self.trees[i].predict(sub_X)
            y_preds.append(y_pre)
            y_preds = np.array(y_preds).T
            y_pred = []
```

```
        for y_p in y_preds:
            y_pred.append(np.bincount(y_p.astype('int')).argmax())
        return y_pred
    def get_bootstrap_data(self, X, Y):
        m = X.shape[0]
        Y = Y.reshape(m, 1)
        X_Y = np.hstack((X, Y))
        np.random.shuffle(X_Y)
        data_sets = []
        for _ in range(self.n_estimators):
            idm = np.random.choice(m, m, replace=True)
            bootstrap_X_Y = X_Y[idm, :]
            bootstrap_X = bootstrap_X_Y[:, :-1]
            bootstrap_Y = bootstrap_X_Y[:, -1:]
            data_sets.append([bootstrap_X, bootstrap_Y])
        return data_sets
def main():
    data = datasets.load_digits()
    X = data.data
    y = data.target
    X_train, X_test, y_train, y_test = train_test_split(X, y, test_size=0.4, seed=2)
    print("X_train.shape:", X_train.shape)
    print("Y_train.shape:", y_train.shape)
    clf = RandomForest(n_estimators=100)
    clf.fit(X_train, y_train)
    y_pred = clf.predict(X_test)
    accuracy = accuracy_score(y_test, y_pred)
    print("Accuracy:", accuracy)
    Plot().plot_in_2d(X_test, y_pred, title="Random Forest", accuracy=accuracy,
legend_labels=data.target_names)
if __name__ == "__main__":
    main()
```

程序运行效果如图 4.9 所示。

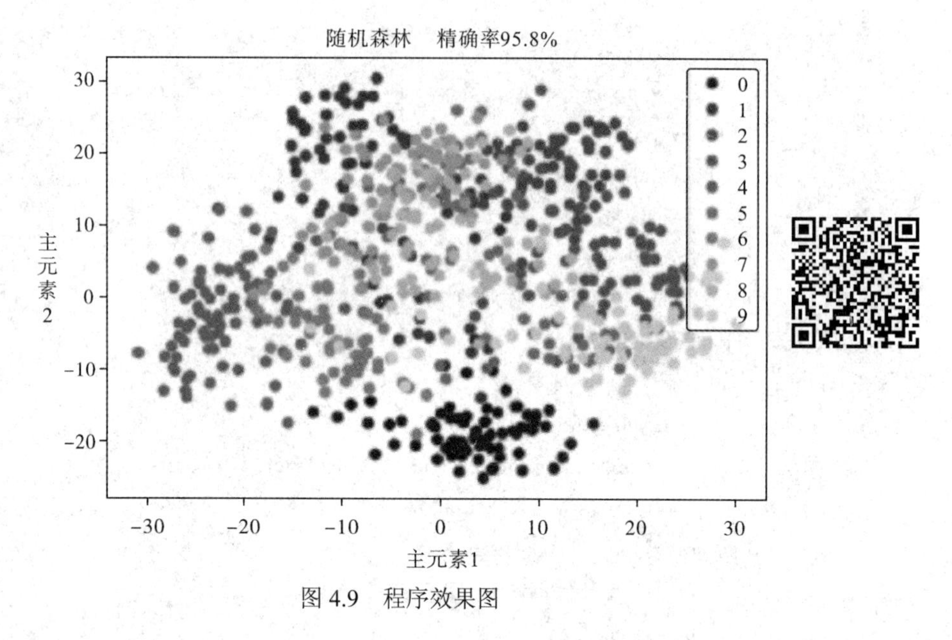

图 4.9　程序效果图

4.2.7　AdaBoost 算法

1. 算法简介

AdaBoost 是 1995 年由 Freund 和 Schapire 提出的一种将若干个弱学习器组合成一个强学习器的方法。提升方法是基于这样一种思想：对于一个复杂的分类任务来说，将多个专家的判断进行适当的综合而得出的判断要比其中任何一个专家单独的判断好。

对于提升方法来说，有两个问题需要回答：一是在每一轮如何改变训练数据的权值或概率分布；二是如何将弱分类器组合成一个强分类器。关于第一个问题，AdaBoost 的做法是，提高那些被前一轮弱分类器错误分类的样本的权值，而降低那些被正确分类的样本的权值。这样一来，那些没有得到正确分类的数据，由于其权值的加大，下一轮弱分类器会加大关注这类数据。于是分类问题被一系列的弱分类器“分而治之”。至于第二个问题，即弱分类器的组合，AdaBoost 采取加权多数表决的方法。具体来说就是加大分类误差率小的弱分类器的权值，使其在表决中起较大的作用；减少分类误差率大的弱分类器的权值，使其在表决中起较小的作用。

2. 原理讲解

假定给定一个二分类的训练数据集 $T=\{(x_1, y_1), (x_2, y_2), \cdots, (x_N, y_N)\}$，其中，每个样本点由实例与标记组成，实例表示为 x_i。

输入：训练数据集 $T=\{(x_1, y_1), (x_2, y_2), \cdots, (x_N, y_N)\}$。

输出：最终分类器为 $G(x)$。

初始化训练数据的权值分布 $D_1=(w_{11},\cdots,\ w_{1i},\cdots,\ w_{1N})$，$w_{li}=\dfrac{1}{N}$，$i=1,2,\cdots,\ N$。

使用具有权值分布 D_m 的训练数据集进行学习，得到基分类器 $G_m(x)$：x 取{－1，+1}。

计算 $G_m(x)$在训练数据集上的分类误差率，如公式(4-9)所示。

$$e_m=\sum_{i=1}^{N}P(G_m(x_i)\neq y_i)=\sum_{i=1}^{N}w_{mi}I(G_m(x_i)\neq y_i) \tag{4-9}$$

计算 $G_m(x)$的系数，如公式(4-10)所示。

$$\partial_m=\frac{1}{2}\ln\frac{1-e_m}{e_m} \tag{4-10}$$

这里的对数是自然对数。

更新训练数据集的权值分布，如公式(4-11)和公式(4-12)所示。

$$D_{m+1}=(w_{m+1,1},\cdots,w_{m+1,i},\cdots,w_{m+1},N) \tag{4-11}$$

$$w_{m+1,i}=\frac{w_m}{Z_m}\exp(-\alpha_m y_i G_m(x_i)),\ i=1,2,\cdots,N \tag{4-12}$$

这里，Z_m 是规范因子，如公式(4-13)所示。

$$Z_m=\sum_{i=1}^{N}w_{mi}\exp\left(-\alpha_m y_i G_m(x_i)\right) \tag{4-13}$$

它使 D_{m+1} 成为一个概率分布。

构建基本分类器的线性组合，如公式(4-14)所示。

$$f(x)=\sum_{m=1}^{M}\alpha_m G_m(x_i) \tag{4-14}$$

得到最终分类器，如公式(4-15)所示。

$$G(x)=\mathrm{sign}(f(x))=\mathrm{sign}\left(\sum_{m=1}^{M}\alpha_m G_m(x)\right) \tag{4-15}$$

它的基本运算过程如下：

(1) 确定每个训练样本的权值初始值；

(2) 训练弱分类器，根据计算的每个训练样本的权值计算弱分类器的分类误差率，再根据弱分类器的分类误差率不断地调整弱分类器的参数，找到使弱分类器的分类误差率最小的参数，得到一个弱分类器；

(3) 然后根据计算的弱分类器的分类误差率来确定该弱分类器在最终模型中的系数，并且根据上述算法的步骤(2)中的公式来更新每个训练样本的权值；

(4) 反复进行步骤(2)和步骤(3)的运算得到 M 个弱分类器，通过线性组合得到一个强分类器。

3. 代码实现

下面代码构建了自定义数据点集，并运用 AdaBoost 对其进行分类。

```
import pandas as pd
import time
from sklearn.cross_validation import train_test_split
from sklearn.metrics import accuracy_score
from sklearn.ensemble import AdaBoostClassifier
if __name__ == '__main__':
    print("Start read data...")
    time_1 = time.time()
    raw_data = pd.read_csv('../data/train_binary.csv', header=0)
    data = raw_data.values
    features = data[::, 1::]
    labels = data[::, 0]
    # 随机选取 33%数据作为测试集，剩余为训练集
    train_features, test_features, train_labels, test_labels = train_test_split(features,labels,test_size=0.33,
    random_state=0)
    time_2 = time.time()
    print('read data cost %f seconds' % (time_2 - time_1))
    print('Start training...')
    """
n_estimators 表示要组合的弱分类器个数
algorithm 可选{'SAMME', 'SAMME.R'}
默认为'SAMME.R'
表示使用的是 real boosting 算法
'SAMME'表示使用的是 discrete boosting 算法
"""
    clf = AdaBoostClassifier(n_estimators=100, algorithm='SAMME.R')
    clf.fit(train_features, train_labels)
    time_3 = time.time()
    print('training cost %f seconds' % (time_3 - time_2))
    print('Start predicting...')
```

```
test_predict = clf.predict(test_features)
time_4 = time.time()
print('predicting cost %f seconds' % (time_4 - time_3))
score = accuracy_score(test_labels, test_predict)
print("The accruacy score is %f" % score)
```

程序运行结果如图 4.10 所示。

```
Python Console>>> runfile('D:/PythonProject/Ma
Start read data....
read data cost 5.259750 seconds
Start training....
training cost 65.361748 seconds
Start predicting....
predicting cost 1.669731 seconds
The accruacy score is 0.733694
```

图 4.10　程序效果图

4.2.8　BP 网络算法

1. 算法简介

BP(Back Propagation)网络是 1986 年由 Rinehart 和 McClelland 的研究团队提出的，是一种按误差逆传播算法训练的多层前馈网络，是目前应用最广泛的神经网络模型之一。BP 网络能学习和存贮大量的输入-输出模式映射关系，而无需事前揭示描述这种映射关系的数学方程。它的学习规则是使用梯度下降法，通过反向传播来不断调整网络的权值和阈值，使网络的误差平方和最小。BP 网络模型拓扑结构包括输入层(input layer)、隐层(hidden layer)和输出层(output layer)。

2. 原理讲解

假设训练集中只有一个实例($x(1)$，$y(1)$)，并且有一个三层的神经网络，即隐藏层只有 1 层。以中间层神经元 $S_j(j=1，2)$为例，它只模仿了生物神经元所具有的三个最基本也是最重要的功能：加权、求和与转移。其中 x_1、x_2、x_3 分别代表来自输入层(Input Layer)神经元 1、2、3 的输入；w_{j1}、w_{j2}、w_{j3} 则分别表示神经元 1、2、3 与第 j 个神经元的连接强度，即权值；w_{j0} 为阈值；$f(\bullet)$为传递函数；y_j 为第 j 个神经元的输出。

第 1 个神经元的净输入值如公式(4-16)所示。

$$S_j = \sum_{i=1}^{3} w_{ji} x_i + w_{j0} = W_j X \tag{4-16}$$

其中，w_{j0}是偏置单元x_0对应的权值，x_0为 1。

净输入S_j通过传递函数(Transfer Function) $f(\bullet)$后，便得到第j个神经元的输出。如公式(4-17)所示。

$$y_i = f(S_j) = f(\sum_{i=0}^{3} w_{ji} x_i) \tag{4-17}$$

式中$f(\bullet)$是单调上升函数，而且必须是有界函数。

反向传播：设 BP 网络的输入层有n个节点，隐层有q个节点，输出层有m个节点，输入层与隐层之间的权值为v_{ki}，隐层与输出层之间的权值为w_{jk}。隐层的传递函数为$f1(\bullet)$，输出层的传递函数为$f_2(\bullet)$。其中$i=1，2，3，\cdots，n$；$k=1，2，3，\cdots，q$；$j=1，2，3，\cdots，m$。

输入P个学习样本，用x^1，x^2，…，x^p来表示。第p个样本输入到网络后得到输出$y_i^p (j=1,2,3,\cdots,n)$。

采用平方型误差函数，于是得到第p个样本的误差E_p如公式(4-18)所示。

$$E_p = \frac{1}{2} \sum_{j=1}^{m} (t_i^p - y_i^p)^2 \tag{4-18}$$

其中t_i^p为期望输出。

对于全部的P个样本，全局误差如公式(4-19)所示。

$$E_p = \frac{1}{2} \sum_{p=1}^{p} \sum_{j=1}^{m} (t_i^p - y_i^p)^2 \tag{4-19}$$

输出层权值的变化：采用累计误差 BP 算法调整w_{jk}，使全局误差E变小，运用梯度下降法得公式(4-20)。

$$\Delta w_{jk} = -\alpha \frac{\partial E}{\partial w_{jk}} = -\alpha \frac{\partial}{\partial w_{jk}} \sum_{P=1}^{P} E_p \tag{4-20}$$

其中α为学习率。定义误差信号如公式(4-21)所示。

$$\delta_{yi} = -\frac{\partial E_p}{\partial s_j} = -\frac{\partial E_p}{\partial y_j} \frac{\partial y_j}{\partial s_j} \tag{4-21}$$

其中s_j为前向传播中$z^{(3)}$的第j个元素。y_j为前向传播中$a^{(3)}$的第j个元素。

于是，输出层各神经元的权值调整公式如公式(4-22)所示。

$$\Delta w_{jk} = \sum_{p=1}^{p} \alpha (t_i^p - y_i^p) f'_2(s_j) z_k \tag{4-22}$$

隐藏层权值的变化如公式(4-23)所示。

$$\Delta v_{ki}=-\alpha\frac{\partial E}{\partial v_{ki}}=-\alpha\frac{\partial}{\partial v_{ki}}\sum_{p=1}^{p}E_p=\sum_{p=1}^{p}-\alpha\frac{\partial E_p}{\partial v_{ki}} \tag{4-23}$$

定义误差信号如公式(4-24)所示。

$$\delta_{zk}=-\frac{\partial E_p}{\partial s_k}=-\frac{\partial E_p}{\partial z_k}\frac{\partial z_k}{\partial s_k} \tag{4-24}$$

其中 s_k 为前向传播中 $z^{(2)}$的第 k 个元素。z_k 为前向传播中 $a^{(2)}$的第 k 个元素。

于是，隐层各神经元的权值调整公式如公式(4-25)所示。

$$\Delta v_{ki}=\frac{\partial E_p}{\partial v_{ki}}=\sum_{p=1}^{p}\sum_{j=1}^{m}\alpha(t_i^p-y_i^p)f'_2(s_j)w_{jk}f'_1(s_k)x_i \tag{4-25}$$

3. 代码实现

下面代码构建了自定义数据点集，并运用 BP 网络对其进行分类。

```
import numpy as np
import matplotlib.pyplot as plt
def sigmoid(x):
    return 1.0 / (1.0 + np.exp(-x))
def dsigmoid(x):
    return sigmoid(x) * (1 - sigmoid(x))
class BP(object):
    def __init__(self, layers, activation='sigmoid', learning_rate=0.01):
        self.layers = layers
        self.learning_rate = learning_rate
        self.caches = {}
        self.grades = {}
        if activation == 'sigmoid':
          self.activation = sigmoid
          self.dactivation = dsigmoid
          self.parameters = {}
        for i in range(1, len(self.layers)):
           self.parameters["w"+str(i)] = np.random.random((self.layers[i], self.layers[i-1]))
           self.parameters["b"+str(i)] = np.zeros((layers[i],1))
    def forward(self, X):
        a = []
```

```
        z = []
        a.append(X)
        z.append(X)
        len_layers = len(self.parameters) // 2
        for i in range(1, len_layers):
            z.append(self.parameters["w"+str(i)] @ a[i-1] + self.parameters["b"+str(i)])
            a.append(sigmoid(z[-1]))
            z.append(self.parameters["w"+str(len_layers)] @ a[-1] + self.parameters["b"+str(len_layers)])
        a.append(z[-1])
        self.caches['z'] = z
        self.caches['a'] = a
        return self.caches, a[-1]
    def backward(self, y):
        a = self.caches['a']
        m = y.shape[1]
        len_layers = len(self.parameters) // 2
        self.grades["dz"+str(len_layers)] = a[-1]-y
        self.grades["dw"+str(len_layers)] = self.grades["dz"+str(len_layers)].dot(a[-2].T) / m
        self.grades["db"+str(len_layers)] = np.sum(self.grades["dz"+str(len_layers)], axis=1, keepdims=
True) / m
        for i in reversed(range(1, len_layers)):
            self.grades["dz"+str(i)] = self.parameters["w"+str(i+1)].T.dot(self.grades["dz"+str(i+1)])
* dsigmoid(self.caches["z"][i])
            self.grades["dw"+str(i)] = self.grades["dz"+str(i)].dot(self.caches["a"][i-1].T)/m
            self.grades["db"+str(i)] = np.sum(self.grades["dz"+str(i)],axis = 1,keepdims = True) /m
        #update weights and bias
        for i in range(1, len(self.layers)):
           self.parameters["w"+str(i)] -= self.learning_rate * self.grades["dw"+str(i)]
           self.parameters["b"+str(i)] -= self.learning_rate * self.grades["db"+str(i)]
    def compute_loss(self, y):
        return np.mean(np.square(self.caches['a'][-1]-y))
def test():
    x = np.arange(0.0,1.0,0.01)
    y =20* np.sin(2*np.pi*x)
```

```
plt.scatter(x,y)
x = x.reshape(1, 100)
y = y.reshape(1, 100)
bp = BP([1, 6, 1], learning_rate = 0.01)
for i in range(1, 50000):
    caches, al = bp.forward(x)
    bp.backward(y)
    if(i%50 == 0):
        print(bp.compute_loss(y))
    plt.scatter(x, al)
    plt.show()
    test()
```

程序运行效果如下图 4.11 所示。

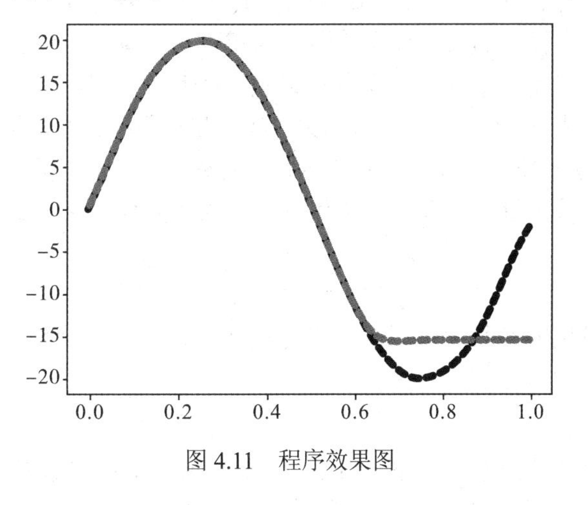

图 4.11 程序效果图

4.3 监督学习之回归

预测目标的监督学习算法称为回归算法。常见的回归算法包括：线性回归(Linear Regression)、CART 回归(Classification and Regression Tree)、岭回归(Ridge Regression)、套索回归(Lasso Regression)，本节会依次对常用的回归算法进行讲解。

4.3.1 线性回归

线性回归是利用数理统计中的回归分析来确定两种以及两种以上变量之间线性关系的

一种统计分析方法，即借助计算机在已有数据集上通过构建一个线性的模型来拟合该数据集特征向量中各个分量之间的关系，对于需要预测结果的新数据，可以利用已经拟合好的线性模型来预测其结果。线性回归的方法主要为最小二乘法和梯度下降，下文将分别进行阐述。

1. 最小二乘法

1) 原理讲解

假设一个样本中两个特征向量，分别用 $\boldsymbol{x}_1$ 和 $\boldsymbol{x}_2$ 表示，结果为 $h(\boldsymbol{x})$，通过计算机借助数据集拟合得到一个近似的线性方程如公式(4-26)所示,即为线性模型。

$$h(\boldsymbol{x}) = h_{\boldsymbol{\theta}}(\boldsymbol{x}) = \boldsymbol{\theta}_0 + \boldsymbol{\theta}_1 \boldsymbol{x}_1 + \boldsymbol{\theta}_2 \boldsymbol{x}_2 \tag{4-26}$$

实际情景中需要拟合的模型可能含很多分量，那么线性模型中权重值 $\boldsymbol{\theta}$ 也相应有很多分量，用矩阵和向量表示这些数据，如公式(4-27)所示。

$$h_{\boldsymbol{\theta}}(\boldsymbol{x}) = \boldsymbol{X}\boldsymbol{\theta}^{\mathrm{T}} \tag{4-27}$$

向量 $\boldsymbol{\theta}$ (长度为 n)中的每一个分量都是估计表达式函数 $h(\boldsymbol{x})$中的一个参数，矩阵 $\boldsymbol{X}(m \times n)$ 表示由数据集中每一个样本的特征向量所组成的矩阵，向量 $h_{\boldsymbol{\theta}}(\boldsymbol{x})$ (长度为 m)为模型所得估计值，用向量 $\boldsymbol{Y}$ (长度为 m)表示数据集的实际值。若用实际值建立方程组，参数向量 $\boldsymbol{\theta}$ 中的每一个值就是所求未知量，一般情况下该方程组为一个超定方程组，即没有确定的解，只能求出其最优解。建立损失函数 $J(\boldsymbol{\theta})$表示每一样例估计值与实际值的误差，并将最小化损失函数作为约束条件求解参数向量的最优解，损失函数定义为公式(4-28)。

$$J(\boldsymbol{\theta}) = \frac{1}{2m}\sum_{i=1}^{m}(h_{\theta}(\boldsymbol{x}_i) - \boldsymbol{y}_i)^2 \tag{4-28}$$

通过计算得到最优的参数向量后即可确定线性回归方程，预测时只需将特征向量带入到回归方程中即可得到估计值。

2) 经典案例

本节以房屋估价系统问题为例进行分析，已知一组波士顿的房屋信息及其对应的房价，通过线性回归算法得到影响房价的因素与房价之间的线性模型，预测时只需输入已知房屋信息就可得到房价的估计值。

定义预测房价 y 与实际房价 y'之间的差值为 Rss(与上文中的 $J(\boldsymbol{\theta})$意义相同)，设参数矩阵为 $\boldsymbol{\theta}$，则 $h(\boldsymbol{X}) = \boldsymbol{X}\boldsymbol{\theta}$，得到公式(4-29)。

$$\begin{aligned}\mathrm{Rss} &= \sum_{i=1}^{n}(y_i - y_i')^2 = \sum_{i=1}^{n}(y_i - h(x_i))^2 \\ &= (\boldsymbol{Y} - h(\boldsymbol{X}))^{\mathrm{T}} \cdot (\boldsymbol{Y} - h(\boldsymbol{X})) = (\boldsymbol{Y} - \boldsymbol{X}\boldsymbol{\theta})^{\mathrm{T}} \cdot (\boldsymbol{Y} - \boldsymbol{X}\boldsymbol{\theta})\end{aligned} \tag{4-29}$$

当 Rss 无限趋于 0 时，有 $y \approx y'$，即预测结果无限接近实际结果。令 Rss 等于某极小值 δ，则得到公式(4-30)。

$$(\boldsymbol{Y}-\boldsymbol{X\theta})^{\mathrm{T}}\cdot(\boldsymbol{Y}-\boldsymbol{X\theta})=\delta \tag{4-30}$$

方程两侧同时对 θ 求导，得到公式(4-31)。

$$\begin{aligned}
&\frac{\mathrm{d}}{\mathrm{d}(\boldsymbol{\theta})}(\boldsymbol{Y}-\boldsymbol{X\theta})^{\mathrm{T}}\cdot(\boldsymbol{Y}-\boldsymbol{X\theta})=2\boldsymbol{X}^{\mathrm{T}}\cdot(\boldsymbol{Y}-\boldsymbol{X\theta})=0\\
&2\boldsymbol{X}^{\mathrm{T}}\boldsymbol{Y}=2\boldsymbol{X}^{\mathrm{T}}\boldsymbol{X\theta}\\
&\boldsymbol{\theta}=(\boldsymbol{X}^{\mathrm{T}}\boldsymbol{X})^{-1}\boldsymbol{X}^{\mathrm{T}}\boldsymbol{Y}
\end{aligned} \tag{4-31}$$

得到最优的参数向量后即可确定线性回归方程，预测时只需输入已知房屋信息就可得到房价的估计值。

3) 代码实现

考虑到运算过程中的多次矩阵乘法，本小节调用 numpy 库来实现线性回归算法，调用了 sklearn 库中的波士顿房价数据集进行预测，具体代码如下。

```
# coding=utf-8
import numpy as np
import copy
from sklearn.datasets import load_boston   #导入波士顿房价数据集
class LinerRegression:
M_x = []
M_y = []
M_theta = []    #定义三个参数向量
#定义函数
    def regression(self, data, target):
        self.M_x = np.mat(data)

        fenliang = np.ones((len(data), 1))   #每个向量对应添加一个分量 1，用来对应系数

        self.M_x = np.hstack((self.M_x, fenliang))
        self.M_y = np.mat(target)
        M_x_T = self.M_x.T                          #计算 X 矩阵的转置矩阵
        self.M_theta = (M_x_T * self.M_x).I * M_x_T * self.M_y.T#通过最小二乘法计算出参数向量
        self.trained = True
    def predict(self, vec):
        if not self.trained:
```

```
            print("You haven't finished the regression!")
            return
        M_vec = np.mat(vec)
        fenliang = np.ones((len(vec), 1))
        M_vec = np.hstack((M_vec, fenliang))
        estimate = np.matmul(M_vec,self.M_theta)
        return estimate
if __name__ == '__main__':
    # 从 sklearn 的数据集中获取相关向量数据集 data 和房价数据集 target
    data, target = load_boston(return_X_y=True)
    lr = LinerRegression()
    lr.regression(data, target)
    test = data[::51]
    M_test = np.mat(test)
    real = target[::51]
    estimate=np.array(lr.predict(M_test))
    for i in range(len(test)):
        print("实际值:",real[i]," 估计值:",estimate[i,0])
```

程序运行结果如图 4.12 所示。

```
实际值: 24.0  估计值: 30.0082126923
实际值: 20.5  估计值: 23.976212485
实际值: 18.6  估计值: 19.7643913738
实际值: 19.4  估计值: 17.2758568062
实际值: 50.0  估计值: 43.185827224
实际值: 20.9  估计值: 21.6993196904
实际值: 33.4  估计值: 35.5584348488
实际值: 21.7  估计值: 22.7117302027
实际值: 17.2  估计值: 13.6965174428
实际值: 20.0  估计值: 18.5090685779
```

图 4.12 程序运行效果图

2. 梯度下降

1) 原理讲解

损失函数对应的图像是一条起伏的曲线，梯度下降则是沿着曲线尽快地找到函数最小值(暂且先不管是局部最小还是全局最小)的过程，由此参数就要沿着损失函数梯度的方向变化，每一步的变化都是沿着当前位置的梯度方向，循环迭代至损失函数的值趋于最小。当损失函数变化很小并趋近于收敛时，则可以把当前位置近似看作是一个最小值位置，该位置对应的参数向量就是线性回归模型的参数最优解。同理定义一个损失函数如公式(4-28)，对损失函数求 θ 的偏导得到公式(4-32)。

$$\frac{\partial}{\partial\theta}J(\theta)=\frac{\partial}{\partial\theta}\frac{1}{2}\sum_{i=1}^{m}(h_\theta(x)-y)^2=(h_\theta(x)-y)\cdot x_i \tag{4-32}$$

迭代更新的过程可以视为 $J(\theta)$沿梯度下降最快的方向递减的过程，令当前更新的 θ 值为 θ_i，迭代更新后的 θ 值为 θ_{i+1}，得到公式(4-33)。

$$\theta_{i+1}=\theta_i-\alpha\frac{\partial}{\partial\theta}J(\theta)=\theta_i-\alpha(h_\theta(x)-y)\cdot x_i \tag{4-33}$$

其中 α 表示步长，即学习速度(程序中需手动设置)。在实际程序运行中，算法本身对值的大小十分敏感，α 值过小会导致学习速率太小，收敛速度很慢；α 值过大则会导致在迭代过程中错失最小值，以至于最终无法收敛。不断更新 θ 值直至迭代前后的两个值没有变化，此时 $J(\theta)$收敛，即达到最小值(或局部最小值)，对应的 θ 值即为线性回归方程的解。

2) 经典案例

该原理的算法仍旧可以通过波士顿房价数据集来试验，本小节利用如下代码生成一组随机数据对，通过算法找到回归曲线(注：由于每次随机生成的数据不同，故所得图像不会与所示图像完全相同)。

```
x = np.arange(0., 10., 0.2)
m = len(x)                                    # 训练数据点数目
print (m)
x0 = np.full(m, 1.0)
input_data = np.vstack([x0, x]).T             # 将偏置 b 作为权向量的第一个分量
target_data = 2 * x + 5 + np.random.randn(m)
```

3) 代码实现

以下代码为使用梯度下降方法对 sklearn 库中的波士顿房价数据集进行预测。

```
import numpy as np
import matplotlib.pyplot as plt
import scipy.stats as stats
x = np.arange(0., 10., 0.2)
m = len(x)   # 训练数据点数目
print(m)
x0 = np.full(m, 1.0)
```

```
input_data = np.vstack([x0, x]).T   # 将偏置 b 作为权向量的第一个分量
target_data = 2 * x + 5 + np.random.randn(m)
# 两种终止条件
loop_max = 10000   # 最大迭代次数(防止死循环)
epsilon = 1e-3
# 初始化权值
np.random.seed(0)
theta = np.random.randn(2)
alpha = 0.001   # 学习率(注意取值过大会导致振荡即不收敛,过小收敛速度变慢)
diff = 0.
error = np.zeros(2)
count = 0   # 循环次数
finish = 0   # 终止标志
while count < loop_max:
    count += 1
    # 标准梯度下降是在权值更新前对所有样例汇总误差，而随机梯度下降的权值是通过考查
某个训练样例来更新的
    # 在标准梯度下降中，权值更新的每一步对多个样例求和，需要更多的计算
    sum_m = np.zeros(2)
    for i in range(m):
        dif = (np.dot(theta, input_data[i]) - target_data[i]) * input_data[i]
        sum_m = sum_m + dif   # 当 alpha 取值过大时,sum_m 会在迭代过程中会溢出
        theta = theta - alpha * sum_m   # 注意学习率 alpha 的取值,过大会导致振荡
        # theta = theta - 0.005 * sum_m         # alpha 取 0.005 时产生振荡,需要将 alpha 调小
        if np.linalg.norm(theta - error) < epsilon:
            finish = 1
            break
        else:
            error = theta
    # check with scipy linear regression
    slope, intercept, r_value, p_value, slope_std_error = stats.linregress(x, target_data)
print('intercept = %s slope = %s' % (intercept, slope))
```

```
plt.plot(x, target_data, 'g*')
plt.plot(x, theta[1] * x + theta[0], 'r')
plt.show()
```

所得运行结果如图 4.13 所示。

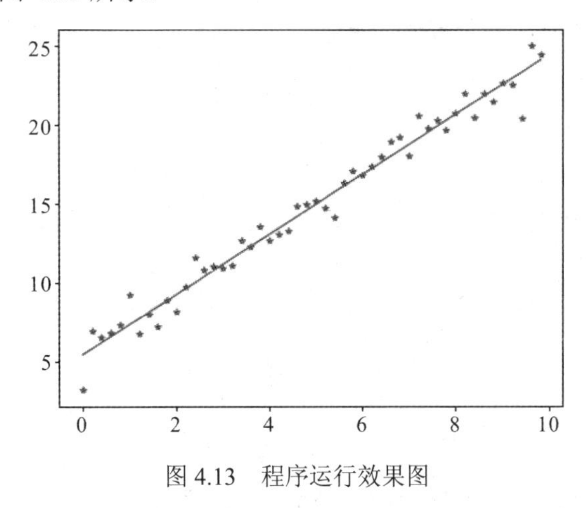

图 4.13　程序运行效果图

4.3.2　CART 回归

1. 原理讲解

CART 全称为分类与回归树(classification and regression tree)，是应用广泛的决策树学习方法。决策树的生成是递归的构建二叉树的过程，CART 同样由特征选择、树的生成及剪枝组成，既可以用于分类，也可以用于回归，对回归树用平方误差最小化准则，对分类树用基尼指数(Gini index)最小化准则，以对应准则进行特征选择，生成二叉树。本小节重点讲述 CART 回归树的生成。

假设 X、Y 分别为输入和输出变量，且 Y 为连续变量，给定训练数据集为公式(4-34)。

$$D=\{(x_1, y_1), (x_2, y_2), \cdots, (x_N, y_N)\} \tag{4-34}$$

一棵回归树对应着输入空间(即特征空间)的一个划分以及在划分单元上的输出值，假设已将输出空间划分为 M 个单元 R_1，R_2，R_3，…，R_M，并且在每个单元 R_m 上有一个固定的输出值 c_m，则回归树模型可表示为公式(4-35)。

$$f(x)=\sum_{m=1}^{M} c_m I(x \in R_m) \tag{4-35}$$

当输入空间的划分确定时，可以用平方误差 $\sum_{x_i \in R_m} (y_i - f(x_i))^2$ 来表示回归树对于训练数据的预测误差，以平方误差最小原则求解每个单元上的最优输出值。显然，单元 R_m 上 c_m 的最优值$\hat{c}_m$应为 R_m 上所有输入实例 x_i 对应输出 y_i 的均值，即公式(4-36)。

$$c_m = \text{ave}(y_i \mid x_i \in R_m) \tag{4-36}$$

具体的空间划分采用启发式的方法，选择第 j 个变量 $x^{(j)}$和对应取值 s 作为切分变量和切分点，并定义两个区域，如公式(4-37)所示。

$$\begin{aligned} R_1(j, s) &= \{x \mid x^{(j)} \leqslant s\} \\ R_2(j, s) &= \{x \mid x^{(j)} > s\} \end{aligned} \tag{4-37}$$

求解公式(4-38)即可对固定输入变量 找到最优切分点 ，使得公式(4-39)成立。

$$\min_{j, s}\left[\min_{c_1} \sum_{x_i \in R_1(j, s)} (y_i - c_1)^2 + \min_{c_2} \sum_{x_i \in R_2(j, s)} (y_i - c_2)^2\right] \tag{4-38}$$

$$\begin{aligned} \hat{c}_1 &= \text{ave}(y_i \mid x_i \in R_1(j, s)) \\ \hat{c}_2 &= \text{ave}(y_i \mid x_i \in R_2(j, s)) \end{aligned} \tag{4-39}$$

遍历所有输入变量，找到最优的切分变量 j，构成一个(j, s)对，依此将输入空间划分为两个区域；接着对每次区域重复上述划分过程，直到满足停止条件为止，这样生成的回归树通常称为最小二乘回归树。

2. 经典案例

本节通过程序生成一组数据，通过 CART 回归树进行拟合，输出真实值和预测值对比预测效果。

3. 代码实现

下列代码将所生成的数据通过 CART 回归树进行拟合。对比输出真实值和预测值。

```
import numpy as np
class node:
    def __init__(self, fea=-1, val=None, res=None, right=None, left=None):
        self.fea = fea
        self.val = val
        self.res = res
        self.right = right
        self.left = left
class CART_REG:
    def __init__(self, epsilon=0.1, min_sample=10):
```

```
        self.epsilon = epsilon
        self.min_sample = min_sample
        self.tree = None
    def err(self, y_data):
        # 子数据集的输出变量 y 与均值的差的平方和
        return y_data.var() * y_data.shape[0]
    def leaf(self, y_data):
        # 叶节点取值，为子数据集输出 y 的均值
        return y_data.mean()
    def split(self, fea, val, X_data):
        # 根据某个特征，以及特征下的某个取值，将数据集进行切分
        set1_inds = np.where(X_data[:, fea] <= val)[0]
        set2_inds = list(set(range(X_data.shape[0])) - set(set1_inds))
        return set1_inds, set2_inds
    def getBestSplit(self, X_data, y_data):
        # 求最优切分点
        best_err = self.err(y_data)
        best_split = None
        subsets_inds = None
        for fea in range(X_data.shape[1]):
            for val in X_data[:, fea]:
                set1_inds, set2_inds = self.split(fea, val, X_data)
                if len(set1_inds) < 2 or len(set2_inds) < 2:
# 若切分后某个子集大小不足 2，则不切分
                    continue
                now_err = self.err(y_data[set1_inds]) + self.err(y_data[set2_inds])
                if now_err < best_err:
                    best_err = now_err
                    best_split = (fea, val)
                    subsets_inds = (set1_inds, set2_inds)
        return best_err, best_split, subsets_inds
    def buildTree(self, X_data, y_data):
        # 递归构建二叉树
```

```
        if y_data.shape[0] < self.min_sample:
            return node(res=self.leaf(y_data))
        best_err, best_split, subsets_inds = self.getBestSplit(X_data, y_data)
        if subsets_inds is None:
            return node(res=self.leaf(y_data))
        if best_err < self.epsilon:
            return node(res=self.leaf(y_data))
        else:
            left = self.buildTree(X_data[subsets_inds[0]], y_data[subsets_inds[0]])
            right = self.buildTree(X_data[subsets_inds[1]], y_data[subsets_inds[1]])
            return node(fea=best_split[0], val=best_split[1], right=right, left=left)
    def fit(self, X_data, y_data):
        self.tree = self.buildTree(X_data, y_data)
        return
    def predict(self, x):
        # 对输入变量进行预测
        def helper(x, tree):
            if tree.res is not None:
                return tree.res
            else:
                if x[tree.fea] <= tree.val:
                    branch = tree.left
                else:
                    branch = tree.right
                return helper(x, branch)
        return helper(x, self.tree)
if __name__ == '__main__':
    import matplotlib.pyplot as plt
    X_data_raw = np.linspace(-3, 3, 50)
    np.random.shuffle(X_data_raw)
    y_data = np.sin(X_data_raw)
    X_data = np.transpose([X_data_raw])
    y_data = y_data + 0.1 * np.random.randn(y_data.shape[0])
```

```
clf = CART_REG(epsilon=1e-4, min_sample=1)
clf.fit(X_data, y_data)
res = []
for i in range(X_data.shape[0]):
    res.append(clf.predict(X_data[i]))
p1 = plt.scatter(X_data_raw, y_data)
p2 = plt.scatter(X_data_raw, res, marker='*')
plt.legend([p1, p2], ['real', 'pred'], loc='upper left')
plt.show()
```

所得运行结果如图 4.14 所示。

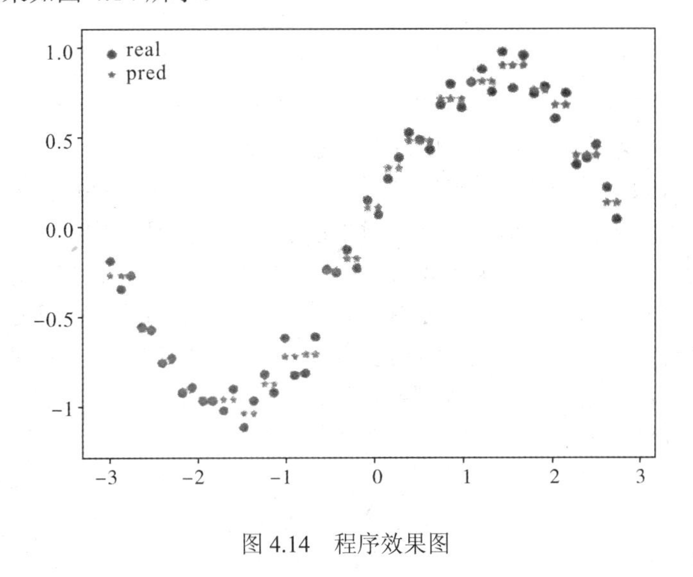

图 4.14　程序效果图

4.3.3　岭回归

1. 原理讲解

在前两节的线性回归模型中，其参数估计公式为$\boldsymbol{\theta}=(\boldsymbol{X}^{\mathrm{T}}\boldsymbol{X})^{-1}\boldsymbol{X}^{\mathrm{T}}\boldsymbol{Y}$，$\boldsymbol{X}^{\mathrm{T}}\boldsymbol{X}$当不可逆时无法求得$\boldsymbol{\theta}$，当$|\boldsymbol{X}^{\mathrm{T}}\boldsymbol{X}|$趋于零时，$\boldsymbol{\theta}$会趋于无穷大，这两种情况下得到的回归系数是无意义的；于是岭回归与 Lasso 回归应运而生，这两种算法通过在损失函数中引入正则化，不仅可以解决这两个问题，还能避免线性回归过程可能出现的过拟合现象，主要针对自变量之间存在多重共线性或自变量个数多于样本量的情况。为了保证回归系数$\boldsymbol{\theta}$可求，岭回归在目标函数上加入了一个L_2范数的惩罚项，其损失函数定义为公式(4-40)。

$$J(\boldsymbol{\theta})=\frac{1}{2m}\sum_{i=1}^{m}(h_{\boldsymbol{\theta}}(x_{(i)})-y_{(i)})^2+\lambda\sum_{j=1}^{m}\theta_j^2 \tag{4-40}$$

其中，λ 称为正则化参数，是一个非负数。当 λ 取值过大，会使参数 $\boldsymbol{\theta}$ 均最小化，造成欠拟合；当 λ 取值过小，则会导致对过拟合问题解决不当。因此，λ 的取值十分重要。根据公式(4-40)类比公式(4-28)，可以推导如下公式(4-41)。

$$\begin{aligned}J(\boldsymbol{\theta})&=(\boldsymbol{Y}-\boldsymbol{X\theta})^{\mathrm{T}}(\boldsymbol{Y}-\boldsymbol{X\theta})+\lambda\boldsymbol{\theta}^{\mathrm{T}}\boldsymbol{\theta}\\&=\boldsymbol{Y}^{\mathrm{T}}\boldsymbol{Y}-\boldsymbol{Y}^{\mathrm{T}}\boldsymbol{X\theta}-\boldsymbol{\theta}^{\mathrm{T}}\boldsymbol{X}^{\mathrm{T}}\boldsymbol{Y}+\boldsymbol{\theta}^{\mathrm{T}}\boldsymbol{X}^{\mathrm{T}}\boldsymbol{X\theta}+\lambda\boldsymbol{\theta}^{\mathrm{T}}\boldsymbol{\theta}\end{aligned} \tag{4-41}$$

令 $\frac{\partial}{\partial\theta}J(\boldsymbol{\theta})=0$，则有公式(4-42)。

$$\begin{aligned}&0-\boldsymbol{X}^{\mathrm{T}}\boldsymbol{Y}-\boldsymbol{X}^{\mathrm{T}}\boldsymbol{Y}+2\boldsymbol{X}^{\mathrm{T}}\boldsymbol{X\theta}+2\lambda\boldsymbol{\theta}=0\\&\Rightarrow\boldsymbol{\theta}=(\boldsymbol{X}^{\mathrm{T}}\boldsymbol{X}+\lambda\boldsymbol{I})^{-1}\boldsymbol{X}^{\mathrm{T}}\boldsymbol{Y}\end{aligned} \tag{4-42}$$

L_2 范数惩罚项的加入，使得 $(\boldsymbol{X}^{\mathrm{T}}\boldsymbol{X}+\lambda\boldsymbol{I})$ 满秩($\boldsymbol{I}$ 为单位矩阵)，保证了矩阵可逆，但也由于惩罚项的加入，回归系数 $\boldsymbol{\theta}$ 的估计不再是无偏估计。所以，岭回归是以放弃无偏性、降低精度为代价来解决矩阵不可逆问题的回归方法。

至于 λ 值的选取，首先要明确两个概念：一是模型的方差，即回归系数的方差；二是模型的偏差，即预测值和真实值的差异。对于模型而言，复杂度增加，在训练集上的效果会越好，即模型的偏差减小，然而模型的方差会增大。对于岭回归的 λ 而言，λ 增大，$|\boldsymbol{X}^{\mathrm{T}}\boldsymbol{X}+\lambda\boldsymbol{I}|$ 随之增大，$(\boldsymbol{X}^{\mathrm{T}}X+\lambda\boldsymbol{I})^{-1}$ 则减小，模型的方差就减小；然而过大的 λ 会使 θ 的估计值更加偏离真实值，模型的偏差也会随之增大。所以岭回归的关键就是找到一个合理的 λ 值来平衡模型的方差和偏差。根据凸优化，可以将岭回归模型的目标函数 $J(\boldsymbol{\theta})$ 最小化问题等价于如下方程组公式(4-43)。

$$\begin{cases}\operatorname{argmin}\{\sum_{i=1}^{m}(\boldsymbol{Y}-\boldsymbol{X\theta})^2\}\\ \sum_{j=1}^{m}\theta_j^2\leqslant t(t\text{ 为常数})\end{cases} \tag{4-43}$$

下面介绍两种确定 λ 值的方法：

1) 岭迹法

由 $\boldsymbol{\theta}=(\boldsymbol{X}^{\mathrm{T}}\boldsymbol{X}+\lambda\boldsymbol{I})^{-1}\boldsymbol{X}^{\mathrm{T}}\boldsymbol{Y}$ 可知，$\boldsymbol{\theta}$ 是 λ 的函数，当 $\lambda\in[0,\infty)$ 时，在平面直角坐标系中作 $\lambda-\boldsymbol{\theta}$ 曲线，又称岭迹曲线，从图像中观察当 $\boldsymbol{\theta}$ 趋于稳定时对应的 λ 值，该值即为所求的 λ 值。

2) 交叉验证法

该方法的思想是，将数据集拆分为 k 个数据组(每组样本量大体相当)，从 k 组中挑选 $k-1$ 组用于模型的训练，剩下的一组用于模型的测试，由此则有 $k-1$ 个训练集和测试集配对，每一种训练集和测试集下都会有对应的一个模型及模型评分(如均方误差)，进而可以得到一个平均评分，最终选择平均评分最优的 λ 值作为模型的正则化参数。

2. 经典案例

本节仍以波士顿房价为例，通过岭回归寻找房屋信息和房价之间的关系进而预测房价。读者可以使用该案例对比不同回归算法的预测效果。

3. 代码实现

下列代码为使用岭回归算法对波士顿房价进行预测。

```
from sklearn.datasets import load_boston    #sklearn 波士顿房价预测数据接口
from sklearn.model_selection import train_test_split    #划分数据集
from sklearn.preprocessing import StandardScaler    #数据标准化
from sklearn.linear_model import Ridge    #预估器(正规方程)、预估器(梯度下降学习)、岭回归
from sklearn.metrics import mean_squared_error    #均方误
from sklearn.externals import joblib    #模型的加载与保存
def linear():
    # 1) 获取数据
    boston = load_boston()
    print("特征数量：\n", boston.data.shape)
    # 2) 划分数据集
    x_train, x_test, y_train, y_test = train_test_split(boston.data, boston.target, random_state=22)
    # 3) 标准化
    transfer = StandardScaler()
    x_train = transfer.fit_transform(x_train)
    x_test = transfer.transform(x_test)
    # 4) 预估器
    estimator = Ridge(alpha=0.5, max_iter=10000)
    estimator.fit(x_train, y_train)
    # 保存模型
    joblib.dump(estimator, "my_ridge.pkl")
    # 加载模型 使用时注销
    # 5) 得出模型
    print("岭回归-权重系数为：\n", estimator.coef_)
    print("岭回归-偏置为：\n", estimator.intercept_)
```

```
    # 6) 模型评估
    y_predict = estimator.predict(x_test)
    error = mean_squared_error(y_test, y_predict)
    print("岭回归-均方误差为：\n", error)
    return None
if __name__ == "__main__":
    linear()
```

程序运行效果如图 4.15 所示。

```
特征数量：
 (506, 13)
岭回归-权重系数为：
 [-0.64193209  1.13369189 -0.07675643  0.74427624 -1.93681163  2.71424838
 -0.08171268 -3.27871121  2.45697934 -1.81200596 -1.74659067  0.87272606
 -3.90544403]
岭回归-偏置为：
 22.62137203166228
岭回归-均方误差为：
 20.64177168618093

Process finished with exit code 0
```

图 4.15　程序效果图

4.3.4　套索回归

1. 原理讲解

套索回归即 Lasso 回归，它与岭回归最大的不同在于将惩罚项系数由 L_2 范数变为 L_1 范数，以此将一些不重要的回归系数缩减为 0，达到剔除变量的目的，同时计算量也远远小于岭回归。其损失函数定义如公式(4-44)所示。

$$J(\boldsymbol{\theta})=\frac{1}{2m}\sum_{i=1}^{m}(h_{\boldsymbol{\theta}}(x_{(i)})-y_{(i)})^2+\lambda\sum_{j=1}^{m}|\theta_j|=\frac{1}{2m}\mathrm{Rss}(\boldsymbol{\theta})+\lambda l_1(\boldsymbol{\theta}) \tag{4-44}$$

其中 Rss($\boldsymbol{\theta}$)表示误差平方和，$\lambda l_1(\boldsymbol{\theta})$表示惩罚项。由于惩罚项写成了绝对值的形式，则在零点处就不可导，故采用坐标下降法(对于 p 维参数的可微凸函数 $J(\boldsymbol{\theta})$，如果存在 $\hat{\boldsymbol{\theta}}$ 使得 $J(\boldsymbol{\theta})$ 在每个坐标轴上均达到最小值，则 $J(\hat{\boldsymbol{\theta}})$就是点 $\hat{\boldsymbol{\theta}}$ 上的全局最小值)，控制其他 $p-1$ 个参数不变，对目标函数中的某一个 θ_j 求偏导，以此类推对剩下的 $p-1$ 个参数求偏导，最终令每个分量下的导函数为 0，得到使目标函数达到全局最小的 $\hat{\boldsymbol{\theta}}$。

由公式(4-44)可得公式(4-45)。

$$\mathrm{Rss}(\boldsymbol{\theta})=\sum_{i=1}^{m}(y_i-\sum_{j=1}^{p}\theta_j x_{ij})^2=\sum_{i=1}^{m}(y_i^2+(\sum_{j=1}^{p}\theta_j x_{ij})^2-2y_j(\sum_{j=1}^{p}\theta_j x_{ij})) \tag{4-45}$$

对目标函数中的某一个 θ_j 求偏导，得公式(4-46)。

$$\begin{aligned}\frac{\partial \mathrm{Rss}(\boldsymbol{\theta})}{\partial \theta_j}&=-2\sum_{i=1}^{m}x_{ij}(y_i-\sum_{j=1}^{p}\theta_j x_{ij})\\&=-2\sum_{i=1}^{m}x_{ij}(y_i-\sum_{k\neq j}\theta_k x_{ik}-\theta_j x_{ij})\\&=-2\sum_{i=1}^{m}x_{ij}(y_i-\sum_{k\neq j}\theta_k x_{ik})+2\theta_i\sum_{i=1}^{m}x_{ij}^2\\&=-2m_j+2\theta_j n_j\end{aligned} \tag{4-46}$$

其中 $m_j=\sum_{i=1}^{m}x_{ij}(y_i-\sum_{k\neq j}\theta_k x_{ik}), n_j=\sum_{i=1}^{m}x_{ij}^2$，因为惩罚项不可导，所以使用次导数得到公式(4-47)。

$$\frac{\partial \lambda l_1(\boldsymbol{\theta})}{\partial \theta_j}=\begin{cases}\lambda,\ \theta_j>0\\[-\lambda,\lambda],\ \theta_j=0\\-\lambda,\ \theta_j<0\end{cases} \tag{4-47}$$

令两个偏导数相加等于零，则得到公式(4-48)。

$$\begin{aligned}&\frac{\partial \mathrm{Rss}(\boldsymbol{\theta})}{\partial \theta_j}+\frac{\partial \lambda l_1(\boldsymbol{\theta})}{\partial \theta_j}=\begin{cases}-2m_j+2\theta_j n_j+\lambda=0\\[-2m_j-\lambda,-2m_j+\lambda]=0\\-2m_j+2\theta_j n_j-\lambda=0\end{cases}\\&\Rightarrow\theta_j=\begin{cases}\dfrac{m_j-\dfrac{\lambda}{2}}{n_j},\ m_j>\dfrac{\lambda}{2}\\0,\ m_j\in\left[-\dfrac{\lambda}{2},\dfrac{\lambda}{2}\right]\\\dfrac{m_j-\dfrac{\lambda}{2}}{n_j},\ m_j<\dfrac{\lambda}{2}\end{cases}\end{aligned} \tag{4-48}$$

λ 值的选取同上节，可选用岭迹法或交叉验证法。

2. 经典案例

本节仍以 sklearn 中自带数据集来构建模型，以展示岭回归与 Lasso 回归的不同点。从运行结果中可以看出，相对于岭回归而言，Lasso 回归剔除了不重要的变量，降低了模型的复杂度，同时减少了均方误差，提高了模型的拟合效果。

3. 代码实现

下列代码为使用套索回归算法对 sklearn 中自带数据集构建模型，展示了岭回归与套索回归的不同点。

```
from sklearn.datasets import load_diabetes
from sklearn.linear_model import Lasso
from sklearn.model_selection import train_test_split
import numpy as np
import matplotlib.pyplot as plt
'''
套索回归使用 l1 正则，而岭回归使用 l2 回归
L1 回归会把一些值趋于 0，只使用一部分值而不是全部
alpha 的值越小使用的值越多，越接近于过拟合
'''
X, y = load_diabetes().data, load_diabetes().target
X_train, X_test, y_train, y_test = train_test_split(X, y)
# lamda 的值是 1
la1 = Lasso().fit(X_train, y_train)
print(la1.score(X_train, y_train))
print(la1.score(X_test, y_test))
print("使用的特征值数量：", np.sum(la1.coef_ != 0))
# lamda 的值是 0.1
la01 = Lasso(alpha=0.1).fit(X_train, y_train)
print(la01.score(X_train, y_train))
print(la01.score(X_test, y_test))
print("使用的特征值数量：", np.sum(la01.coef_ != 0))
# lamda 的值是 0.001
la001 = Lasso(0.001).fit(X_train, y_train)
print(la001.score(X_train, y_train))
print(la001.score(X_test, y_test))
print("使用的特征值数量：", np.sum(la001.coef_ != 0))
plt.plot(la1.coef_, 's', label='la')
plt.plot(la01.coef_, '*', label='la01')
```

```
plt.plot(la001.coef_, '^', label='la001')
plt.hlines(0, 0, len(la1.coef_))
plt.legend(ncol=2, loc=(0, 1.05))
plt.show()
```

程序运行效果如图 4.16、图 4.17 所示。

```
0.3240992666161989
0.39283372807936323
使用的特征值数量：3
0.4794188126176402
0.5863945137178378
使用的特征值数量：8
0.48650623141355664
0.5886202638484344
使用的特征值数量：10
```

图 4.16　程序效果图

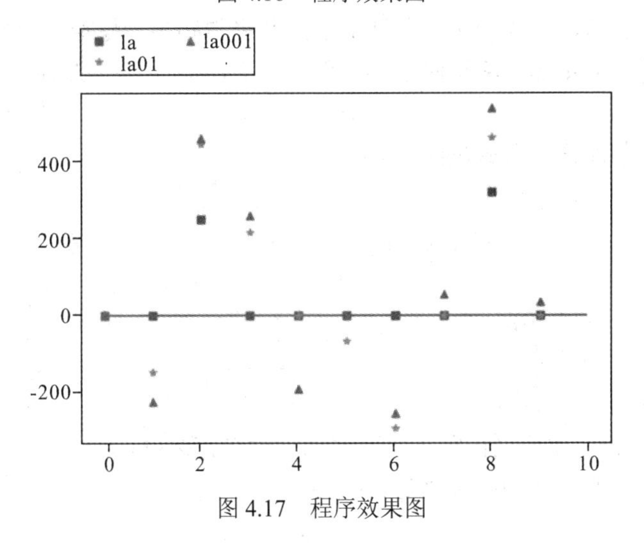

图 4.17　程序效果图

4.4　无监督学习之聚类

对无标记的训练数据进行分组的无监督学习算法称为聚类算法。常见的聚类算法包括：K-means、DBSCAN(Density-Based Spatial Clustering of Applications with Noise)等，本节会依次对常用的聚类算法进行讲解。

4.4.1 K-means 聚类

1. 原理讲解

聚类就是将集合中具有相似属性的数据归为一类。由聚类所生成的簇(子集)是一组数据对象的集合，这些对象与同一个簇中的对象彼此相似，与其他簇中的对象相异。聚类分析起源于分类学，但聚类不等同于分类，二者区别在于：分类解决的是有监督学习的场景，利用已知数据训练模型，再通过模型对未知的数据进行预测；而聚类解决的是无监督学习的场景，所要划分的类是未知的。

聚类算法根据计算方式的不同，可以分为基于距离的聚类算法和基于密度的聚类算法。K-means 聚类就是基于距离的聚类算法，该算法需要提前设置参数值 K，这个值表示最终需要生成的类别数量，即 K 个簇，每一个簇都有一个中心点，要求簇里的点到各自簇的中心点的距离都小于到其他簇的中心点的距离。随机设置了 K 个初始质心后，每一次迭代都依赖当前质心位置进行聚类，再在新的聚类结果中寻找质心，最终的收敛条件是质心的位置不在变化。

常见的距离计算方法有闵可夫斯基距离、欧几里得距离、曼哈顿距离、切比雪夫距离、杰卡德相似距离等。K-means 聚类使用欧几里得距离，其计算方法如下：

假设 $\boldsymbol{x}=(x_1, x_2, x_3, \cdots, x_n)$，$\boldsymbol{y}=(y_1, y_2, y_3, \cdots, y_n)$是 n 维空间的两个向量，则它们之间的欧几里得距离为公式(4-49)。

$$\mathrm{dist}(\boldsymbol{x}, \boldsymbol{y})=\sqrt{\sum_{k=1}^{n}(x_k-y_k)^2} \tag{4-49}$$

向量表示式为公式(4-50)。

$$\mathrm{dist}(\boldsymbol{x}, \boldsymbol{y})=\sqrt{(\boldsymbol{x}-\boldsymbol{y})(\boldsymbol{x}-\boldsymbol{y})^{\mathrm{T}}} \tag{4-50}$$

可知，当 $n=2$ 时，欧几里得距离就是平面上两个点之间的距离。若将欧几里得距离看作物品的相似程度，则可认为距离越近，相似度越大。

2. 经典案例

假设某开发商想要在一座城市内建四座购物中心，那如何选址使得客流量最大以实现利益最大化呢？此时就可以利用 K-means 聚类算法，将城市常驻人口看作是散落在平面上的点，设置参数值 K=4，经过算法迭代运算最终生成四个簇的质心就是四处人口密集区域的中心，可以作为购物中心的选址地。类似地，K-means 聚类在城市规划中可以快速有效地帮助用户找到最优区域。

3. 代码实现

以下代码为使用 K-means 聚类算法对 sklearn 中的数据集进行聚类。

```
import random
from sklearn import datasets
import numpy as np
import matplotlib.pyplot as plt
from mpl_toolkits.mplot3d import Axes3D
def normalize(X, axis=-1, p=2):       # 正规化数据集 X
    lp_norm = np.atleast_1d(np.linalg.norm(X, p, axis))
    lp_norm[lp_norm == 0] = 1
    return X / np.expand_dims(lp_norm, axis)
def euclidean_distance(one_sample, X):     # 计算一个样本与数据集中所有样本的欧氏距离的平方
    one_sample = one_sample.reshape(1, -1)
    X = X.reshape(X.shape[0], -1)
    distances = np.power(np.tile(one_sample, (X.shape[0], 1)) - X, 2).sum(axis=1)
    return distances
class Kmeans():
"""Kmeans 聚类算法.
    Parameters:
    k: int
聚类的数目.
max_iterations: int
最大迭代次数.
varepsilon: float
判断是否收敛，如果上一次的所有 k 个聚类中心与本次的所有 k 个聚类中心的差都小于
varepsilon,
则说明算法已经收敛
"""
    def __init__(self, k=2, max_iterations=500, varepsilon=0.0001):
        self.k = k
        self.max_iterations = max_iterations
        self.varepsilon = varepsilon
    def init_random_centroids(self, X): # 从所有样本中随机选取 self.k 样本作为初始的聚类中心
```

```
n_samples, n_features = np.shape(X)
        centroids = np.zeros((self.k, n_features))
        for i in range(self.k):
            centroid = X[np.random.choice(range(n_samples))]
            centroids[i] = centroid
        return centroids
    # 返回距离该样本最近的一个中心索引[0, self.k)
    def _closest_centroid(self, sample, centroids):
        distances = euclidean_distance(sample, centroids)
        closest_i = np.argmin(distances)
        return closest_i
    # 将所有样本进行归类，归类规则就是将该样本归类到与其最近的中心
    def create_clusters(self, centroids, X):
        n_samples = np.shape(X)[0]
        clusters = [[] for _ in range(self.k)]
        for sample_i, sample in enumerate(X):
            centroid_i = self._closest_centroid(sample, centroids)
            clusters[centroid_i].append(sample_i)
        return clusters
    def update_centroids(self, clusters, X):    # 对中心进行更新
        n_features = np.shape(X)[1]
        centroids = np.zeros((self.k, n_features))
        for i, cluster in enumerate(clusters):
            centroid = np.mean(X[cluster], axis=0)
            centroids[i] = centroid
        return centroids
    # 将所有样本进行归类，其所在的类别的索引就是其类别标签
    def get_cluster_labels(self, clusters, X):
        y_pred = np.zeros(np.shape(X)[0])
        for cluster_i, cluster in enumerate(clusters):
            for sample_i in cluster:
                y_pred[sample_i] = cluster_i
        return y_pred
```

```
    # 对整个数据集 X 进行 Kmeans 聚类，返回其聚类的标签
    def predict(self, X):
        # 从所有样本中随机选取 self.k 样本作为初始的聚类中心
        centroids = self.init_random_centroids(X)
        # 迭代，直到算法收敛(上一次的聚类中心和这一次的聚类中心几乎重合)或者达到最大
          迭代次数
        for _ in range(self.max_iterations):
            # 将所有进行归类，归类规则就是将该样本归类到与其最近的中心
            clusters = self.create_clusters(centroids, X)
            former_centroids = centroids
            # 计算新的聚类中心
            centroids = self.update_centroids(clusters, X)
            # 如果聚类中心几乎没有变化，说明算法已经收敛，退出迭代
            diff = centroids - former_centroids
            if diff.any() <self.varepsilon:
                break
        return self.get_cluster_labels(clusters, X)
def main():
    # Load the dataset
    X, y = datasets.make_blobs(n_samples=10000,  n_features=3,
    centers=[[3,3, 3], [0,0,0], [1,1,1], [2,2,2]],
    cluster_std=[0.2, 0.1, 0.2, 0.2],
    random_state =9)
    # 用 Kmeans 算法进行聚类
    clf = Kmeans(k=4)
    y_pred = clf.predict(X)
    fig = plt.figure(figsize=(12, 8))        # 可视化聚类效果
    ax = Axes3D(fig, rect=[0, 0, 1, 1], elev=30, azim=20)
    plt.scatter(X[y==0][:, 0], X[y==0][:, 1], X[y==0][:, 2])
    plt.scatter(X[y==1][:, 0], X[y==1][:, 1], X[y==1][:, 2])
    plt.scatter(X[y==2][:, 0], X[y==2][:, 1], X[y==2][:, 2])
plt.scatter(X[y==3][:, 0], X[y==3][:, 1], X[y==3][:, 2])
```

```
    plt.show()
if __name__ == "__main__":
    main()
```
程序运行效果如下图 4.18 所示。

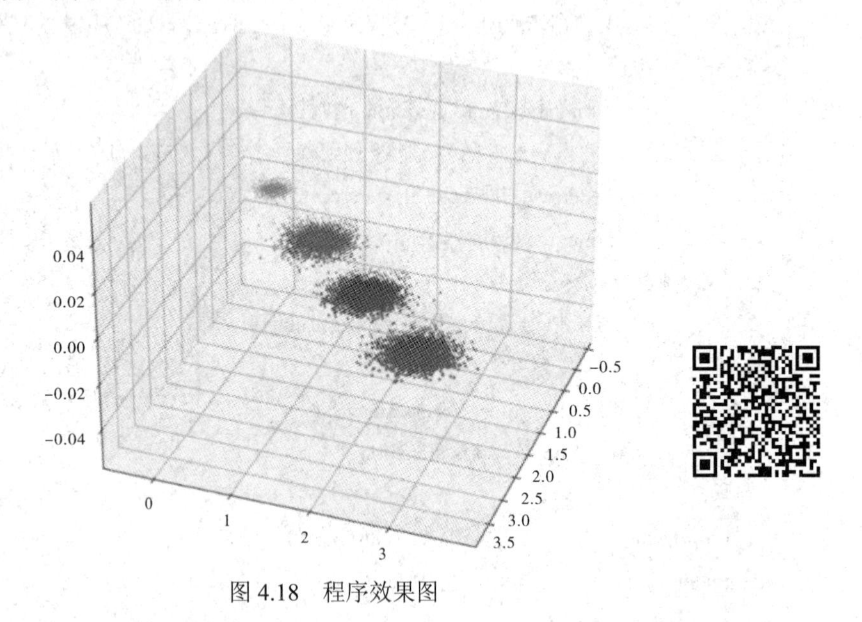

图 4.18　程序效果图

4.4.2　DBSCAN 密度聚类

1. 原理讲解

DBSCAN 算法是一种基于密度的聚类算法，密度聚类更多考虑的是样本分布的紧密程度，即统一聚类的样本之间是紧密相连的，所有紧密相连的样本点被低密度区分隔，最终过滤低密度区域的样本点(即噪声数据)，发现高密度区域的样本点。该算法多用于城市规划、选址等多个领域。

本节以二维数据为例，先确定一个中心点和半径，通过点和半径绘制一个圆，圆里面数据点的个数表示密度。该算法需要提前设置两个参数，半径 ε 和密度 m(表示以任一样本点为中心，以 ε 为半径的邻域内，样本点的数目至少应为 m)。基于此，算法将样本点分为三类：

(1) 核心点：以该点为圆心，ε 为半径的区域(即该点的 ε 邻域)内至少包括 m 个样本点。

(2) 边界点：该点的 ε 邻域内包括的样本点个数少于 m，且处于某个核心点的 ε 邻域内。

(3) 噪声点：既不是核心点，也不是边界点。

再将任意两个距离小于 ε 的核心点归为同一个聚类，并且将任意核心点的 ε 邻域内的边界点也放到相同的聚类中。

由此看来，DBSCAN 算法的本质是寻找并不断扩展聚类的过程，对任意核心点 p，在其 ε 邻域内可以形成一个聚类 C。扩展聚类的方法是遍历聚类 C 中的点，若其中的 q 点也是核心点，则将 q 点的 ε 邻域内的点也划入聚类 C，递归执行，直至 C 不能再扩展。

2. 经典案例

DBSCAN 聚类算法在数据分析中具有广泛应用。比如在世界地图上的地震带分布图像就可以利用聚类得到，将世界各个地区的地壳活跃度视为一组离散的数据，利用 DBSCAN 聚类算法可以自动地将活跃度高、活跃度一般以及活跃度极低的区域分开，活跃度高的区域连通形成的簇就是易发生地震的地区，即地图上的地震带。在市场营销中，企业也可以利用 DBSCAN 聚类算法将客户分为高价值客户、潜在客户、成长型客户等类别，施以不同的营销策略实现收益最大化。如下案例中我们简单调用 sklearn 中的数据集，得到一组分布不均的离散数据，利用 DBSCAN 聚类算法即可将高密度区域连通在一起形成任意形状的聚簇。

3. 代码实现

以下代码为使用 DBSCAN 聚类算法对 sklearn 中的数据集进行聚类。

```
from sklearn import datasets
import numpy as np
import random
import matplotlib.pyplot as plt
import time
import copy
def find_neighbor(j, x, eps):
    N = list()
    for i in range(x.shape[0]):
    # 计算欧式距离
        temp = np.sqrt(np.sum(np.square(x[j] - x[i])))
        if temp <= eps:
          N.append(i)
    return set(N)
def DBSCAN(X, eps, min_Pts):
   k = -1
   neighbor_list = []        # 用来保存每个数据的邻域
omega_list = []         # 核心对象集合
```

```
# 初始时将所有点标记为未访问
    gama = set([x for x in range(len(X))])
    cluster = [-1 for _ in range(len(X))]    # 聚类
    for i in range(len(X)):
        neighbor_list.append(find_neighbor(i, X, eps))
        if len(neighbor_list[-1]) >= min_Pts:
            # 将样本加入核心对象集合
            omega_list.append(i)
            # 转化为集合便于操作
            omega_list' = set(omega_list)
    while len(omega_list') > 0:
        gama_old = copy.deepcopy(gama)
        # 随机选取一个核心对象
        j = random.choice(list(omega_list'))
        k = k + 1
        Q = list()
        Q.append(j)
        gama.remove(j)
        while len(Q) > 0:
            q = Q[0]
            Q.remove(q)
            if len(neighbor_list[q]) >= min_Pts:
                delta = neighbor_list[q] &gama
                deltalist = list(delta)
                for i in range(len(delta)):
                Q.append(deltalist[i])
                gama = gama - delta
        Ck = gama_old - gama
        Cklist = list(Ck)
        for i in range(len(Ck)):
            cluster[Cklist[i]] = k
            omega_list' = omega_list '- Ck
    return cluster
```

```
X1, y1 = datasets.make_circles(n_samples=2000, factor=.6, noise=.02)
X2, y2 = datasets.make_blobs(n_samples=400, n_features=2, centers=[[1.2, 1.2]], cluster_std=[[.1]],
random_state=9)
X = np.concatenate((X1, X2))
eps = 0.08
min_Pts = 10
begin = time.time()
C = DBSCAN(X, eps, min_Pts)
end = time.time()
plt.figure()
plt.scatter(X[:, 0], X[:, 1], c=C)
plt.show()
```

程序运行效果如下图 4.19 所示。

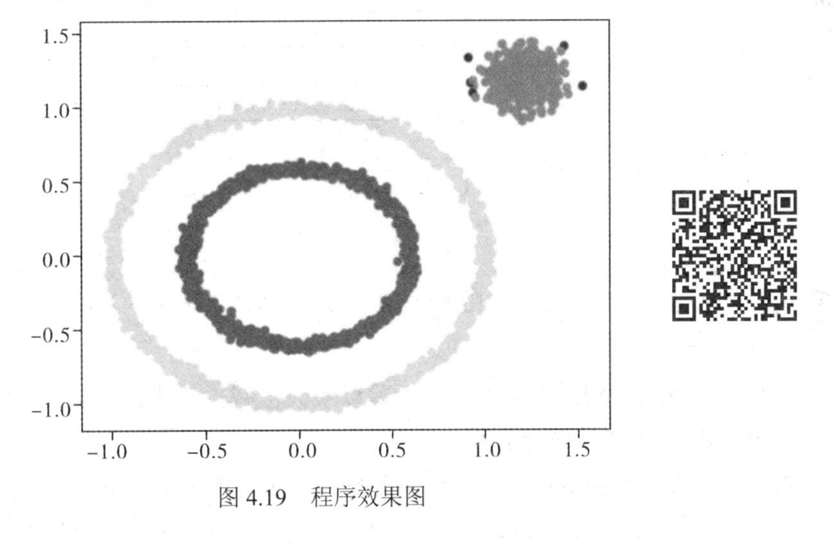

图 4.19　程序效果图

4.5　无监督学习之降维

保留数据结构和有用性的同时对数据进行压缩的无监督学习算法称为降维算法。常见的降维算法包括：主成分分析算法(Principal Component Analysis)、线性判断分析(Linear Discriminant Analysis)、局部线性嵌入(Locally Linear Embedding)等，本节会依次对常用的降维算法进行讲解。

4.5.1 主成分分析算法(PCA)

1. 原理讲解

主成分分析是一种用于连续属性的数据降维方法，它构造了原始数据的一个正交变换，新空间的基底去除了原始空间基底下数据的相关性，只需要使用少数新变量就能够解释原始数据中大部分变量。在应用中通常是选出比原始变量个数少，能够解释大部分数据中的变量的几个新变量，即所谓的主成分，来代替原始变量进行建模。因此在遇到数据集特征较多时，可以运用主成分分析算法(PCA)来对数据集特征进行变换以达到更高的效率。其流程图如图 4.20 所示。

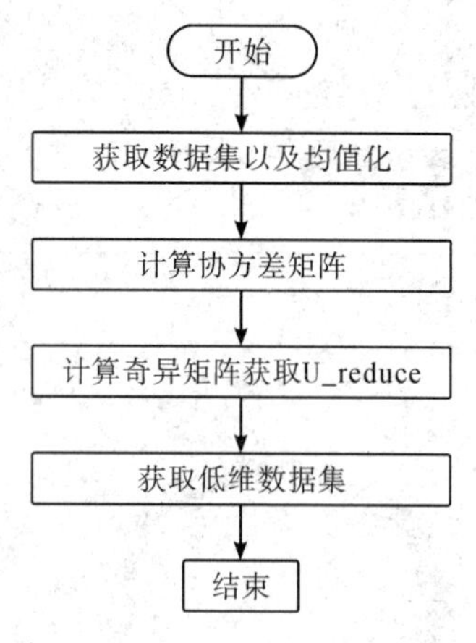

图 4.20　主成分分析算法流程图

1) 初始化

将数据集特征分别减去平均值然后除以最大值减去最小值的差。

2) 计算协方差矩阵与奇异分析

假设数据集特征的维度是 n，数据集个数为 m，数据集为 $\boldsymbol{x}(n \times m)$，需要将数据降到 k 维，则通过协方差公式可以得到一个$(n \times n)$协方差矩阵，然后经过 SVD 方法得到三个矩阵，分别为 $\boldsymbol{U}$、$\boldsymbol{S}$ 和 $\boldsymbol{V}$，得到的矩阵 $\boldsymbol{S}$ 是只在对角线存在值的 $n \times n$ 矩阵，选择 $\boldsymbol{U}$ 里面的前 k 列数据命名为 U_reduce,最后用 U_reduce 转置乘以 $\boldsymbol{X}$ 得到一个 $k \times m$ 的数据集。这就是我们所要得到的目标矩阵。如式 (4-51)、式(4-52)所示。

$$\text{Sigma} = \frac{1}{m}\sum_{i=1}^{n}(\boldsymbol{x}^{i})(\boldsymbol{x}^{i})^{\mathrm{T}} \tag{4-51}$$

$$[\boldsymbol{U}, \boldsymbol{S}, \boldsymbol{V}] = \text{svd}(\text{Sigma}) \tag{4-52}$$

3) k 值选择

k 的大小对应的是数据特征的维度，对于 k 的选择是异常重要的，所以新特征向量所占原本特征向量的权重是重要的衡量标准。一般权重占比不低于 99%即可。这里要用到前面所讲到矩阵 $\boldsymbol{S}$，如公式(4-53)所示。

$$\frac{\sum_{i=1}^{k}(\boldsymbol{S})_{ii}}{\sum_{i=1}^{m}\boldsymbol{S}_{ii}} \geqslant 0.99 \tag{4-53}$$

2. 经典案例

此算法获取数据训练集的方法多样，可以运用 Python 随机生成数据集，这里采用二维的数据特征来进行展示。最终训练集会分布在一维空间里面，也就是一条直线，具体操作步骤如下：

(1) 加载存放数据集文件，并且对数据进行均值化；

(2) 计算协方差矩阵以及奇异矩阵；

(3) U_reduce 乘以 $\boldsymbol{X}$ 得到目标数据集。

3. 代码实现

以下代码为使用 PCA 算法将随机生成的二维数组降维成一维数组。

```
from numpy import *
import matplotlib
import matplotlib.pyplot as plt
def loadDataSet(fileName, delim='\t'):
    fr = open(fileName)
    stringArr = [line.strip().split(delim) for line in fr.readlines()]
    datArr = [list(map(float,line)) for line in stringArr]
    return mat(datArr)
def pca(dataMat, topNfeat=999999):
    meanVals = mean(dataMat, axis=0)
    DataAdjust = dataMat - meanVals
    covMat = cov(DataAdjust, rowvar=0)
    eigVals,eigVects = linalg.eig(mat(covMat))
    #print eigVals
    eigValInd = argsort(eigVals)
```

```
        eigValInd = eigValInd[:-(topNfeat+1):-1]
        redEigVects = eigVects[:,eigValInd]
        lowDDataMat = DataAdjust * redEigVects
        print( "X: ",lowDDataMat )
        reconMat = (lowDDataMat * redEigVects.T) + meanVals
        return lowDDataMat, reconMat
    dataMat = loadDataSet('testSet.txt')
    lowDMat, reconMat = pca(dataMat,1)
    print( "shape(lowDMat): ",shape(lowDMat))
    fig = plt.figure()
    ax = fig.add_subplot(111)
    ax.scatter(dataMat[:,0].flatten().A[0],dataMat[:,1].flatten().A[0],marker='^',s=90)
    ax.scatter(reconMat[:,0].flatten().A[0],reconMat[:,1].flatten().A[0],marker='o',s=50,c='red')
    plt.show()
```

代码效果展示如图 4.21 所示。

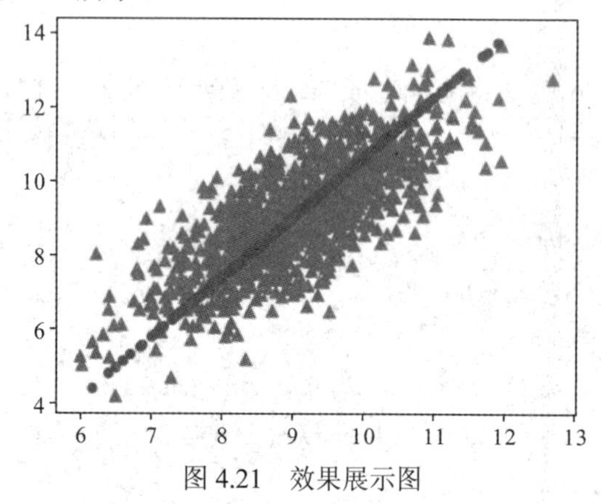

图 4.21　效果展示图

4.5.2　线性判断分析(LDA)

1. 原理讲解

LDA(Linear Discriminant Analysis)属于监督学习的一种，所以该算法用到的数据集是有类别区分的。LDA 算法在将数据集高维向低维进行映射时，主要思想是要保证投影之后相同类别的数据集尽可能位置距离较近，不同类别的数据集位置距离相对较远。所以在进行降维时要选择合适的降维算法，其算法流程图如 4.22 所示。

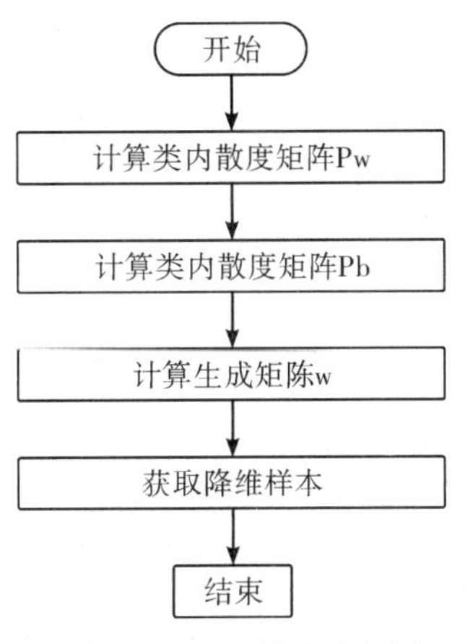

图 4.22　LDA 算法流程图

输入层：数据集 $O=\{(x_1, y_1), (x_2, y_2)\cdots, (x_m, y_m)\}$，$x_i$ 为一个 n 维列向量，$y=\{c_1, c_2, \cdots, c_t\}$，$t$ 为 y 值种类个数，这里要将数据集从 n 维降到 d 维。

输出层：降维之后新数据集 O'。

(1) 计算类内矩阵 $\boldsymbol{P}_w$ 和类间矩阵 $\boldsymbol{P}_b$；

在这里将 N_j 定义为第 类样本的个数，X_j 为第 j 类样本的集合，$\boldsymbol{u}_j$ 为第 类样本的均值向量，$\boldsymbol{u}$ 为所有样本的均值向量。具体计算见公式(4-54)-(4-57)。

$$\boldsymbol{u}_j=\frac{1}{n_j}\sum_{x\in X_j}\boldsymbol{x} \tag{4-54}$$

$$\boldsymbol{u}=\frac{1}{m}\sum_{x\in X}\boldsymbol{x} \tag{4-55}$$

$$\boldsymbol{P}_b=\sum_{j=1}^{t}N_j(\boldsymbol{u}_j-\boldsymbol{u})(\boldsymbol{u}_j-\boldsymbol{u})^{\mathrm{T}} \tag{4-56}$$

$$\boldsymbol{P}_w=\sum_{j=1}^{t}\sum_{x\in X_j}(\boldsymbol{x}-\boldsymbol{u}_j)(\boldsymbol{x}-\boldsymbol{u}_j)^{\mathrm{T}} \tag{4-57}$$

(2) 计算矩阵 $\boldsymbol{P}_w^{-1}\boldsymbol{P}_b$

(3) 计算 $\boldsymbol{P}_w^{-1}\boldsymbol{P}_b$ 最大的 d 个特征值以及每个特征值对应的特征向量，特征向量组成的矩阵记为 W；

(4) 将每个数据集 x_i 转换为新的样本 $k_i=\boldsymbol{W}^{\mathrm{T}}\boldsymbol{x}_i$；

(5) 得到新数据集 $O'=\{(k_1, y_1), (k_2, y_2), \cdots, (k_m, y_m)\}$。

2. 代码实现

以下代码为使用 LDA 算法将随机生成的高维数据进行降维。

```
import numpy as np
```

```
import pandas as pd
import matplotlib.pyplot as plt
def meanX(data):
    return np.mean(data, axis=0)
def compute_si(xi):
    n = xi.shape[0]
    ui = meanX(xi)
    si = 0
    for i in range(0, n):
        si = si + (xi[i, :] - ui).T * (xi[i, :] - ui)
    return si
def compute_Sb(x1, x2):
dataX=np.vstack((x1,x2))
    print ("dataX:", dataX)
    u1=meanX(x1)
    u2=meanX(x2)
    u=meanX(dataX)
    Sb = (u-u1).T * (u-u1) + (u-u2).T * (u-u2)
    return Sb
def LDA(x1, x2):
    s1 = compute_si(x1)
    s2 = compute_si(x2)
    Sw = s1 + s2
    Sb = compute_Sb(x1, x2)
    eig_value, vec = np.linalg.eig(np.mat(Sw).I * Sb)
    index_vec = np.argsort(-eig_value)
    eig_index = index_vec[:1]
    w = vec[:, eig_index]
    return w
def createDataSet():
    X1 = np.mat(np.random.random((8, 2)) * 5 + 15)
    X2 = np.mat(np.random.random((8, 2)) * 5 + 2)
    return X1, X2
```

```
def plotFig(group):
    fig = plt.figure()
    plt.ylim(0, 30)
    plt.xlim(0, 30)
    ax = fig.add_subplot(111)
    ax.scatter(group[0,:].tolist(), group[1,:].tolist())
    plt.show()
    if __name__ == "__main__":
    x1, x2 = createDataSet()
    print(x1, x2)
    w = LDA(x1, x2)
    print ("w:", w)
plotFig(np.hstack((x1.T, x2.T)))
```

代码效果展示如图 4.23 所示。

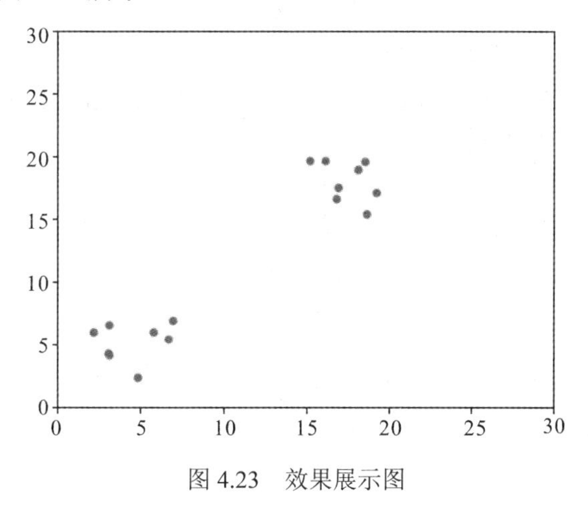

图 4.23　效果展示图

4.5.3　局部线性嵌入(LLE)

1. 原理讲解

局部线性算法属于流行学习的一种，也是一种非常重要的降维方法，与传统的 LDA 与 PCA 方法相比，LLE 专注于在降维时保持样本局部的线性特征。一个 LLE 算法的流形降维过程如图 4.24 所示：一块卷起来的网，将其展开到一个二维平面，展开后的网能够在局部保持布结构的特征，也就是将其展开的过程，就像两个人将其拉开一样。

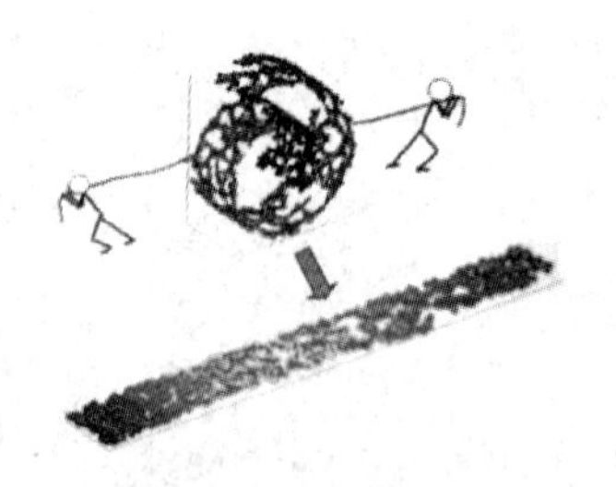

图 4.24　形象展示图

LLE 假设样本数据在很小的局部是线性相关的，一个样本可以由临近的几个样本线性表示，具体公式为 $x_1=w_{11}x_2+w_{12}x_3+w_{13}x_4$，公式中 w_{ij} 表示为权重。对于 LLE 算法，首先要确定我们需要多少个邻域样本来线性表示某个样本，假设邻域样本个数值为 k，可以通过距离度量来选择某样本的 k 个最近邻。在寻找 x_i 和这 k 个最近邻之间的线性关系，也就是要找到线性关系的权重系数,这显然是一个回归问题。

假设存在 m 个 n 维样本 $\{\boldsymbol{x}_1, \boldsymbol{x}_2, \cdots, \boldsymbol{x}_m\}$，使用均方差 $j(\boldsymbol{w})$ 作为回归问题的损失函数,在这里对权重系数 w_{ij} 做归一化处理，可以通过矩阵和拉格朗日乘法 $l(\boldsymbol{w})$ 来求解损失函数最优化问题。利用 $l(\boldsymbol{w})$ 对 $\mathbf{w}$ 求偏导等于 0，得到权重矩阵 $\boldsymbol{W}$。得到高维的权重系数之后，希望这些权重系数对应的线性关系在降维后的低维一样得到保持。假设 n 维样本集 $\{\boldsymbol{x}_1, \boldsymbol{x}_2, \cdots, \boldsymbol{x}_m\}$，在低维的 d 维度对应投影为 $\{\boldsymbol{y}_1, \boldsymbol{y}_2, \cdots, \boldsymbol{y}_m\}$，则我们希望保持线性关系，也就是希望对应的均方差损失函数最小，即最小化损失函数，接下来利用拉格朗日乘法 $l(\boldsymbol{y})$ 求得最优解，在这里我们只需要求出矩阵 $\boldsymbol{M}$ 中最小的 d 个非 0 特征值所对应的 d 个特征向量组成的矩阵 $\boldsymbol{Y}=\{\boldsymbol{y}_1, \boldsymbol{y}_2, \cdots, \boldsymbol{y}_d\}$ 即可。以上所用字母在以下公式列表中均有解释。

$$\boldsymbol{z}_i=(\boldsymbol{x}_i-\boldsymbol{x}_j)^{\mathrm{T}}(\boldsymbol{x}_i-\boldsymbol{x}_j) \tag{4-58}$$

$$J(\boldsymbol{w})=\sum_{i=1}^{m}\boldsymbol{w}_i{}^{\mathrm{T}}\boldsymbol{z}_i\boldsymbol{w}_i \tag{4-59}$$

$$l(\boldsymbol{w})=\sum_{i=1}^{m}\boldsymbol{w}_i{}^{\mathrm{T}}\boldsymbol{z}_i\boldsymbol{w}_i+\gamma(\boldsymbol{w}_i\boldsymbol{I}_k-1) \tag{4-60}$$

$$\boldsymbol{I}=\frac{1}{m}\sum_{i=1}^{m}\boldsymbol{y}_i\,\boldsymbol{y}_i{}^{\mathrm{T}} \tag{4-61}$$

$$\boldsymbol{M}=(\boldsymbol{I}-\boldsymbol{W})^{\mathrm{T}}(\boldsymbol{I}-\boldsymbol{W}) \tag{4-62}$$

$$l(\boldsymbol{y})=\mathrm{tr}(\boldsymbol{Y}^{\mathrm{T}}\boldsymbol{M}\boldsymbol{Y})+\gamma(\boldsymbol{Y}\boldsymbol{Y}^{\mathrm{T}}-m\boldsymbol{I}) \tag{4-63}$$

2. 经典案例

运用 Python 以及 Numpy 生成 n 维的 m 个样本 $D=(x_1, x_2, \cdots, x_m)$，最近邻域数为 k，

降维到 d 维。LLE 算法具体步骤如下：

(1) 获取离 x_i 最近的 k 个邻域(x_{i1}，x_{i2}，…，x_{ik})；

(2) 求出局部协方差矩阵，并求出对应的权重系数向量；

(3) 由权重系数向量 $\boldsymbol{w}_i$ 组成权重系数矩阵 $\boldsymbol{W}$，计算矩阵 $\boldsymbol{M}$；

(4) 计算矩阵 $\boldsymbol{M}$ 的前 $d+1$ 个特征值，并计算这 $d+1$ 个特征值对应的特征向量 $\boldsymbol{Q}=(y_1, y_2, \cdots, y_m)$。

由第二个特征向量到第 $d+1$ 个特征向量所张成的矩阵即为输出低维样本集矩阵 $\boldsymbol{M}'=(x_1, x_2, \cdots, x_m)$。

3. 代码实现

以下代码为使用 LLE 算法将随机生成的三维数据将维后成为二维数据。

```
import matplotlib as mpl
import matplotlib.pyplot as plt
from mpl_toolkits.mplot3d import proj3d
from sklearn.datasets import make_swiss_roll
X, t = make_swiss_roll(n_samples=1000, noise=0.2, random_state=42)
axes = [-11.5, 14, -2, 23, -12, 15]
fig = plt.figure(figsize=(6, 5))
ax = fig.add_subplot(111, projection='3d')
ax.scatter(X[:, 0], X[:, 1], X[:, 2], c=t, cmap=plt.cm.hot)
ax.view_init(10, -70)
ax.set_xlabel("$x_1$", fontsize=18)
ax.set_ylabel("$x_2$", fontsize=18)
ax.set_zlabel("$x_3$", fontsize=18)
ax.set_xlim(axes[0:2])
ax.set_ylim(axes[2:4])
ax.set_zlim(axes[4:6])
plt.subplot(121)
plt.scatter(X[:, 0], X[:, 1], c=t, cmap=plt.cm.hot)
plt.axis(axes[:4])
plt.xlabel("$x_1$", fontsize=18)
plt.ylabel("$x_2$", fontsize=18, rotation=0)
plt.grid(True)
plt.subplot(122)
```

```
plt.scatter(t, X[:, 1], c=t, cmap=plt.cm.hot)
plt.axis([4, 15, axes[2], axes[3]])
plt.xlabel("$z_1$", fontsize=18)
plt.grid(True)
plt.show()
```

上述程序是描述成流线的三维数据向二维平面进行降维且局部数据保持线性特征的过程。代码效果展示如图 4.25 所示。

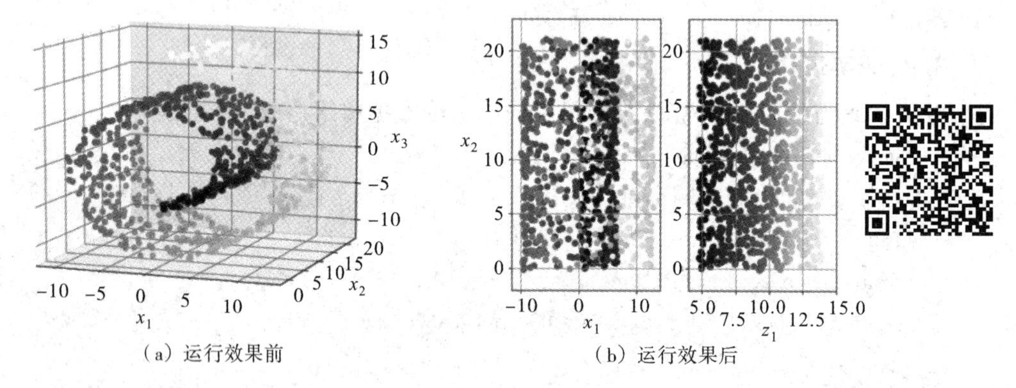

（a）运行效果前　　（b）运行效果后

图 4.25　效果展示图

本 章 小 结

以上就是关于监督学习与无监督学习相关算法的介绍，我们可以利用这些算法来解析、学习数据，并从中做出理智的判断。而深度学习作为机器学习的另一个子领域，从根本上是一种用于创建可自我学习和可理智判断的人工“神经网络”。可以说，机器学习实现了人工智能，而深度学习实现了机器学习；二者的区别主要体现在数据依赖度和性能方面，相较于机器学习，深度学习需要更多的数据才能表现良好，本书将在下一章带领大家了解深度学习。

第5章 深度学习

5.1 深度学习简介

深度学习(Deep Learning，DL)是机器学习(Machine Learning，ML)领域中一个新的研究方向，它学习样本数据的内在规律和表示层次，最终目标是让机器能够像人一样具有分析学习能力，能够识别文字、图像和声音等数据。深度学习是一个复杂的机器学习算法，在语音和图像识别方面取得的效果，远远超过先前相关技术。

5.1.1 深度学习的概念

深度学习是机器学习的分支，是一种基于人工神经网络对数据进行表征学习的算法。

人工神经网络(Artificial Neural Network)是基于人工神经元(类似于生物大脑中的生物神经元)的连接单元的集合，也被称为神经网络。神经元之间的每个连接(突触)都可以将信号传输到另一个神经元。接收神经元(突触后)可以处理信号，然后发信号通知与之相连的下层神经元。神经元一般具有激活和抑制两种状态，只有激活的神经元才能向下游神经元发送信号。神经元和突触之间还存在权重，用来权衡信号的强度，权重也可以随着学习的进行而变化，这可以增加或减少其向下层发送的信号的强度。通常，神经元是分层的。不同的层可以对它们的输入执行不同种类的操作，而信号就从第一层(输入)传播到最后一层(输出)。当然，信号也可以多次遍历某些层之后进行输出。这样的网络通常通过示例来不断学习，进而逐步提高其能力。例如，在图像识别中，它们可以通过分析带有“猫”或“无猫”标签的示例图像，并依据其学习到的分析方式来识别其他图像中的猫，从而学会识别包含猫的图像。

深度学习中的深度指的是神经网络的层数。深度超过 8 层的神经网络才叫深度学习。含多个隐层的多层学习模型是深度学习的架构。深度学习可以通过组合低层特征，形成更加抽象的高层以表示属性类别或特征，从而发现数据的分布式特征表示。深度学习的实质，是通过构建具有很多隐层的机器学习模型和利用海量的训练数据，来学习更有用的特征，从而最终提升分类或预测的准确性。因此，“深度模型”是手段，“特征学习”是目的。深度学习强调了模型结构的深度，突出了特征学习的重要性，通过逐层特征变换，将样本在原空间的特征表示变换到一个新特征空间，从而使分类或预测更加容易。

同机器学习方法类似，深度学习方法也可以是有监督的、半监督的或无监督的，不同的学习框架下建立的学习模型很是不同。例如，卷积神经网络(Convolutional Neural Networks)就是一种深度的监督学习下的机器学习模型，而深度置信网络(DBN)就是一种无监督学习下的机器学习模型。

目前，深度学习的许多架构，例如深度神经网络、深度信念网络、递归神经网络和卷积神经网络等，都已应用于计算机视觉、自然语言处理、推荐系统等领域，它们产生的结果不仅能与人类专家的表现相媲美，甚至在某些情况下已超过人类专家的表现。

5.1.2 深度学习的特点

深度学习是一类模式分析方法的统称，通过组合低层特征形成更加抽象的高层表示或属性类别，以发现数据的分布特征，是当下人工智能的一个热点，其主要具有以下特点：

(1) 深度学习的基本架构是人工神经网络，针对不同的应用目标会有不同的表达结构，目的是为了更好地提取相应领域的特征。

(2) 深度学习提出了一种让计算机自动学习模式特征的方法，并将特征学习融入到建立模型的过程中，使目标进行归一化，不仅学习能力强，还减少了人为设计的不完备性。

(3) 深度学习应用范围广，适应性好。随着神经网络层数的增加，网络的非线性表征能力也越来越强，理论上可以映射到任意函数，因此能解决很多复杂的问题。但是当设计的模型非常复杂时，需要投入大量的人力物力和时间来开发新的算法和模型，同时，对模型的正确性验证也十分复杂且麻烦，因此大部分人只能使用现成的模型。

(4) 深度学习是数据驱动的，它高度依赖数据，数据量越大，它的表现就越好。同时还可以通过调参进一步提高它的上限。虽然深度学习在很多方面表现优越，但是要完成这些任务，对数据量和硬件的要求也十分苛刻，因此带来的成本也非常高。

5.1.3 深度学习的应用

作为机器学习发展到一定阶段的产物，近年来深度学习技术之所以能引起社会各界广泛的关注，是因为其不光在学术界同时也在工业界取得了重大突破和广泛的应用。应用最广的几个研究领域分别是自然语言处理、语音识别与合成和图像处理。

1. 自然语言处理

自然语言处理(NLP)是语言学和人工智能的交叉科学，旨在让计算机能够“读懂”人类的语言。其包括的主要范畴有(我们这里说的自然语言处理仅仅指与文本相关的)分词、词性标注、命名实体识别、句法分析、关键词抽取、文本分类、自动摘要以及信息检索等。传统的自然语言处理主要是利用语言学领域本身的知识结合一些统计学的方法来获取语言知识。后来伴随着机器学习浅层模型的发展(如 SVM、逻辑回归等)，自然语言处理领域的研究取得了一定的突破，但在语义消歧、语言的理解等方面还是显得力不从心。近年来，随着深度学习相关技术(DNN、CNN、RNN 等)取得显著的进展，其在自然语言处理方面的应用也展现出了明显的优势。目前，基于深度学习的自然语言处理在文本分类、机器翻译、智能问答、推荐系统以及聊天机器人等方向都有着极为广泛的应用。

2. 语音识别与合成

语音相关的处理其实也属于自然语言处理的范畴，目前主要是语音合成(Text to Speech，TTS)和语音识别(Automated Speech Recognition，ASR)。语音识别应该是大家最为熟知的，也是应用最为广泛的。同自然语言处理类似，语音识别也是人工智能和其他学科的交叉领域，其所涉及的领域有模式识别、信号处理、概率论、信息论、发声原理等。近年来随着深度学习技术的兴起，语音识别取得显著的进步，基于深度学习的语音技术不仅从实验室走向了市场，更得到了谷歌、微软、百度以及科大讯飞等众多科技公司的青睐。语音输入法、家用聊天机器人、医疗语音救助机、智能语音穿戴设备等具体的应用场景也是层出不穷。

3. 图像处理

事实上，图像领域目前算是深度学习应用最为成熟的领域。也正是由于深度学习算法在 ImageNet 图像识别大赛中远超其他机器学习算法、以巨大优势夺魁才推动了深度学习发展的第三次浪潮。目前，通过卷积神经网络(CNN)构建的图像处理系统能够有效地减小过拟合，对大像素数图像内容能很好地识别，在融合 GPU 加速技术后，使得神经网络在实际中能够更好地拟合训练数据，更快更准确地识别大部分的图片。总而言之，深度学习模型和图像处理技术的完美结合，不仅能够提高图像识别的准确率，同时还可以在一定程度上提高运行效率，减少了一定的人力成本。

下面各小节将分别介绍计算机视觉领域和自然语言处理领域常见的深度神经网络，包括卷积神经网络、循环神经网络、生成对抗网络，针对各个网络具体结构的特性，将举例讲解这三种网络的使用。

5.2 卷积神经网络

人工神经网络是人工智能研究领域的一部分，当前最流行的神经网络是卷积神经网络(Convolutional Neural Networks，CNN)。常见的卷积神经网络包括 LeNet、AlexNet、VGG16、GoogLeNet、ResNet、DenseNet 等，本节会对卷积神经网络的算法依次进行讲解。

5.2.1 卷积神经网络的原理

1. 基本概念

传统的神经网络的结构如图 5.1 所示。

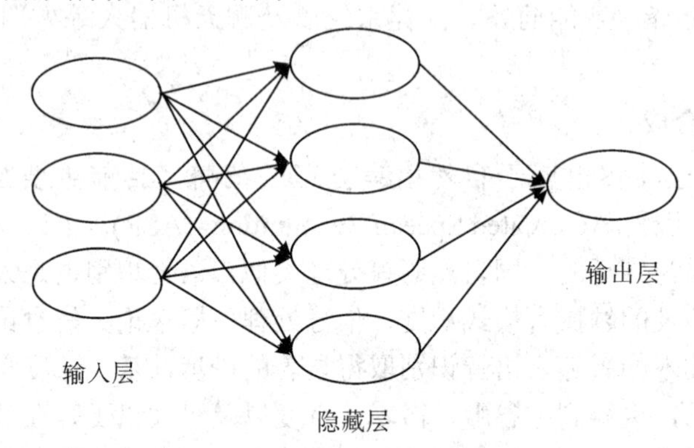

图 5.1 传统神经网络的结构图

卷积神经网络依然是层级网络，只是层的功能和形式做了变化，可以说是在传统神经网络的基础上，为完成特定的功能而进行了改进。在卷积神经网络中，网络的层根据不同的功能被划分为卷积层、池化层和全连接层。所以，卷积神经网络(Convolutional Neural Networks，CNN)可以认为是由一个或多个卷积层和全连接层组成的前馈神经网络，同时也包括关联权重和池化层。与其他深度学习结构相比，卷积神经网络需要估计的参数更少，且在图像处理和语音识别方面能够给出优于其他神经网络结构的结果。当然，卷积神经网络同样可以使用传统神经网络中的反向传播算法进行训练。

2. 卷积层

卷积层是卷积神经网络最重要的一个层次，这也是“卷积神经网络”名字的由来。卷积本是分析数学中的一种运算，在深度学习中使用的卷积运算通常是离散的。作为卷积神经网络中最基础的组成部分，卷积的本质是用卷积核的参数来提取数据的特征，通过矩阵点乘运算与求和运算来得到结果。卷积层是一组平行的特征图(feature map)，它由在输入图像上滑动的不同卷积核和卷积操作(矩阵点乘与求和运算)组成。这里的特征图既可以指原始图像，也可以指经过一次或多次卷积后的特征图像。

如图 5.2 所示为一个基本二维卷积的运算过程，公式为 $\boldsymbol{y} = \boldsymbol{w}\boldsymbol{x} + \boldsymbol{b}$。这里的特征图($\boldsymbol{x}$)大小为 $1 \times 5 \times 5$，即输入通道数为 1(如果是黑白图像，输入通道为 1；如果是彩色图像，输入通道为 3，即 RGB)，卷积核 $\boldsymbol{w}$ 的大小为 3×3，偏置 $\boldsymbol{b}$ 为 1，步长 s 为 1，为保证输出维度和输入特征维度一致，还需要进行填充(p)，这里使用 0 填充且 p=1。在图 5.2 的例子中，填充的含义是在特征图的外围填充 p 圈 0，这里的例子即是在特征图的外围填充了 1 圈 0。

1	0	1
0	1	0
1	0	1

偏置：1

卷积核

×

0	0	0	0	0	0	0
0	1	8	4	2	5	0
0	6	7	5	7	6	0
0	5	0	8	3	5	0
0	7	9	1	0	7	0
0	2	3	9	8	3	0
0	0	0	0	0	0	0

特征图

=

9	20	19	14	13
15	26	19	30	12
22	20	32	23	13
11	34	16	26	19
12	12	19	17	4

卷积结果

图 5.2　卷积计算的基本过程

卷积核参数与对应位置像素逐位相乘后累加作为一次计算结果。以图 5.2 中特征图的左上角为例，其计算过程为 $1 \times 0 + 0 \times 0 + 1 \times 0 + 0 \times 0 + 1 \times 1 + 0 \times 8 + 1 \times 0 + 0 \times 6 + 1 \times 7 = 8$。而偏置值指的是在结束一次卷积计算后，在卷积值上的偏移，因此卷积结果矩阵的左上角为 8+1=9。在完成一次卷积后，卷积核会在特征图上按照步长的大小进行滑动，这里步长为 1，即以每次移动 1 格的方式，遍历整个填充后的特征图，从而得到最终的卷积结果。

卷积核也称为滤波器，对同一张图像可以使用多个卷积核进行卷积操作，每个卷积核只关注图像的一个特征，所以如果需要对图像进行更为精确的判断，就需要使用多个卷积核，而这所有的卷积核就可以认为是整张图像的特征提取器集合。

此外，由于卷积核的大小往往比特征图小很多，所以每当滑动到一个位置上，卷积核会重叠或平行地作用于特征图中，而卷积结果图中的所有元素都是用同一个卷积核计算得出的，因此整张卷积结果图共享了卷积核的相同权重和偏置值，这就是卷积神经网络中的参数共享机制，而正是参数共享机制大大减少了卷积神经网络所需要的训练参数，极大地提高了卷积神经网络的训练速度。

3. 激活函数层

同传统的神经网络一样，卷积神经网络也需要激活函数，这是因为如果仅仅是由线性的卷积运算堆叠而不引入非线性的激活函数，则卷积神经网络就无法发挥其应有的价值。所以，引入非线性的激活函数是必不可少的，非线性激活函数的引入提升了卷积神经网络的表达能力。常用的非线性激活函数主要有 Sigmoid、ReLU 及 Softmax 函数。

1) Sigmoid 函数

Sigmoid 型函数又称为 Logistic 函数，该函数模拟了生物的神经元特性，即当神经元获得的输入信号累计超过一定的阈值后，神经元被激活，否则则处于抑制状态。其函数表达如式(5-1)所示。

$$\sigma(x)=\frac{1}{1+\exp(-x)} \tag{5-1}$$

Sigmoid 函数及其梯度曲线如图 5.3 所示。可以看到，Sigmoid 函数的值域为(0，1)区间，0 对应抑制状态，而 1 对应激活状态，中间部分梯度较大。

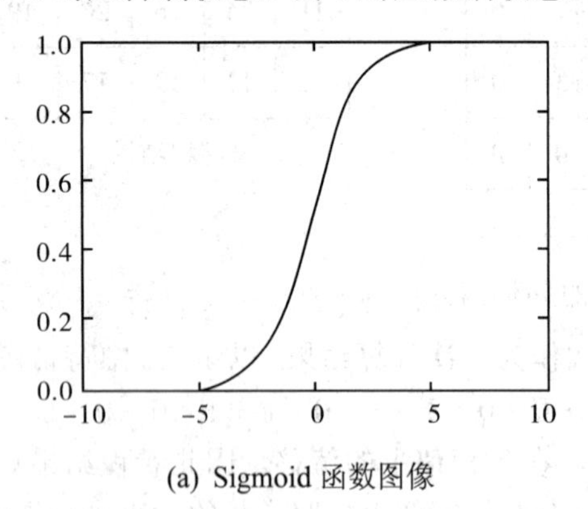

(a) Sigmoid 函数图像

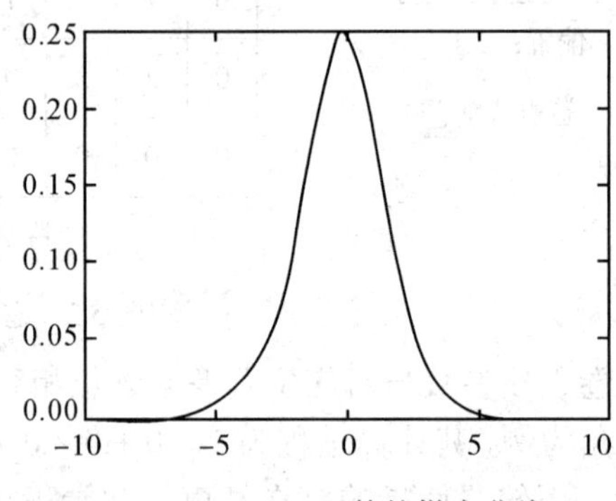

(b) Sigmoid 函数的梯度曲线

图 5.3　Sigmoid 函数及其梯度曲线

Sigmoid 函数可以用来在逻辑回归中做二分类，但是其计算量较大，并且容易出现梯度消失现象。从曲线图(图 5.3)中可以看出，在 Sigmoid 函数两侧特征的导数接近于 0，这将导致在梯度反向传播时损失的误差以小于 1 的数值进行传递，因此在传递到前面的网络层后，根据链式求导法则，导致梯度无限接近于 0，非常容易出现梯度消失的现象。这也是为什么在卷积神经网络中很少使用 Sigmoid 函数作为激活函数的原因。

2) ReLU 函数

为了解决 Sigmoid 函数中出现的梯度消失现象，卷积神经网络中引入了修正线性单元(Rectified Linear Unit，ReLU)作为激活函数。因其实现简单且功能强大，ReLU 已经成为卷积神经网络中最常用的激活函数之一。ReLU 函数的表达式如式(5-2)所示。

$$\begin{aligned}\mathrm{ReLU}(x)&=\max(0,\ x)\\&=\begin{cases}0, & x<0\\ x, & x\geqslant 0\end{cases}\end{aligned} \tag{5-2}$$

ReLU 函数及其梯度曲线如图 5.4 所示。可以看出，在小于 0 的部分，该函数的值与梯度皆为 0，而在大于 0 的部分中导数保持为 1，这很好地避免了 Sigmoid 函数中梯度接近于 0 而导致的梯度消失的问题。

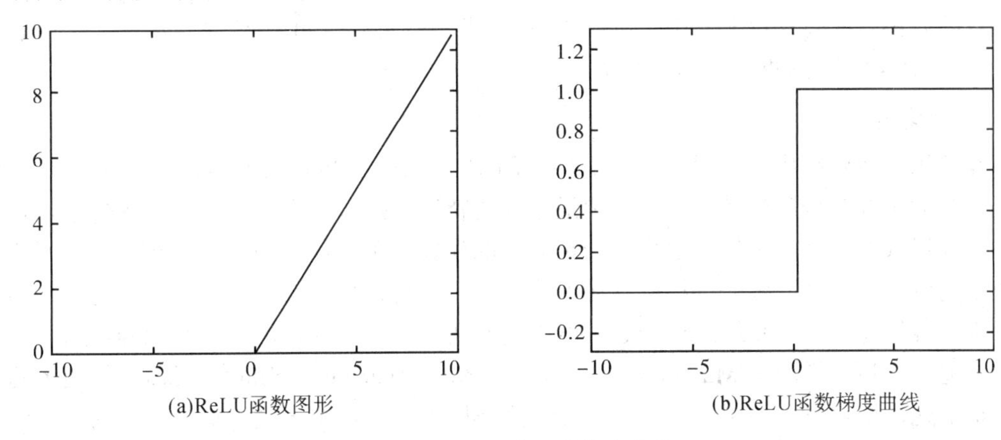

图 5.4　ReLu 函数及其梯度曲线

ReLU 函数虽然计算简单，但是收敛速度很快，这在很多卷积神经网络中都得到了验证。

3) Leaky ReLU 函数

ReLU 激活函数虽然高效，但是其却将负区间所有的输入都置为 0，而 Leaky ReLU 函数优化了这一点，在负区间内没有将函数值直接置 0，而是赋予了很小的权重，其函数表达式如式(5-3)所示。

$$\text{Leaky ReLU}(x)=\max\left(\frac{1}{a_i}x,\ x\right)=\begin{cases}\dfrac{1}{a_i}x, & x<0\\ x, & x\geqslant 0\end{cases} \tag{5-3}$$

公式中的 a_i 代表权重，即小于 0 的值被缩小的比例。Leaky ReLU 的函数曲线如图 5.5 所示。

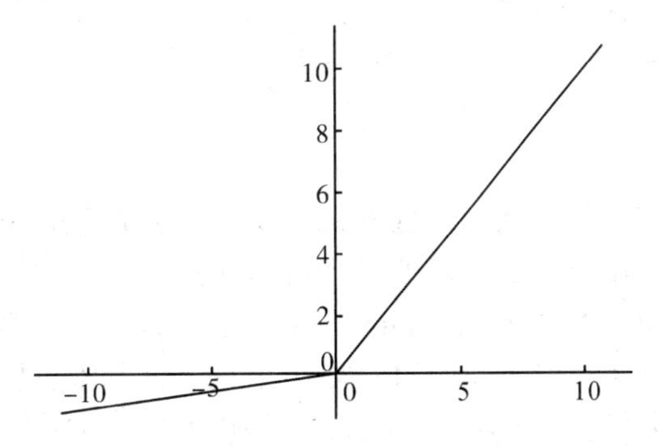

图 5.5　Leaky ReLu 函数曲线

虽然从理论上讲，Leaky ReLU 函数的效果应该要比 ReLU 函数好，但是大量实验结果表明，其效果并不比 ReLU 好。因此，Leaky ReLU 函数只有在某些特定的场合才能发挥出其独特的效果。此外，对于 ReLU 函数的变种，除了 Leaky ReLU 函数之外，还有 PReLU 和 RReLU 函数等，这里不做详细介绍。

4. 池化层

在卷积神经网络中，一般会在卷积层之间增加池化层(Pooling)。池化层的作用是压缩特征图的大小并减少参数量，同时保留最重要的特征，提升计算速度，增加感受野，是一种非线性形式的降采样操作。池化是一种较强的先验，可以使模型更关注全局特征而非局部出现的位置，这种降维的过程可以在保留一些重要特征信息的同时，去除重复冗余的信息，提升容错能力，并且还能在一定程度上起到防止过拟合的作用。在卷积神经网络中，常用的池化有最大值池化(Max Pooling)与平均值池化(Average Pooling)，目前使用最多的是最大值池化，即将输入的图像划分为若干个矩形区域，对每个子区域输出其中的最大值。池化层有两个主要的输入参数，即核尺寸 kernel_size 与步长 stride。核尺寸指的是以多大的范围进行池化，而步长则与卷积核的步长概念一致。如图 5.6 所示为一个核尺寸与步长都为 2 的最大值池化过程，以左上角为例，核尺寸为 2，即选取 9、20、15 与 26 进行最大值池化，选择 26 保留下来；步长为 2，即一次移动 2 个位置，按照给定参数，进而得到最终的池化结果。

9	20	19	14
15	26	19	30
22	20	32	23
11	34	16	26

→

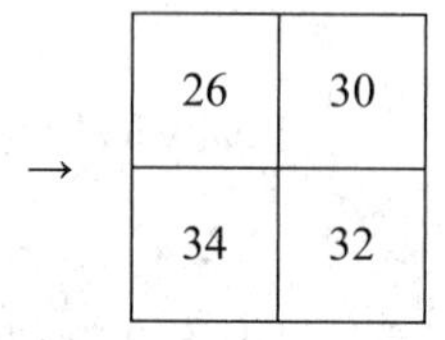

26	30
34	32

图 5.6　池化过程示例

5. Dropout 层

在深度学习中，当参数过多而训练样本又比较少时，模型容易产生过拟合现象。过拟合是很多深度学习乃至机器学习算法的通病，具体表现为在训练集上预测准确率高，而在测试集上准确率大幅下降。2012 年，Hinton 等人提出了 Dropout 算法，可以比较有效地缓解过拟合现象的发生，起到一定正则化的效果。Dropout 的基本思想如图 5.7 所示，在训练时，每个神经元以概率 p 保留，即以 $1-p$ 的概率停止工作，每次前向传播保留下来的神经元都不同，这样可以使得模型不太依赖于某些局部特征，泛化性能更强。在测试时，为了保证相同的输出期望值，每个参数还要乘以 p。当然还有另外一种计算方式称为 Inverted Dropout，即在训练时将保留下的神经元乘以 $1/p$，这样测试时就不需要再改变权重。

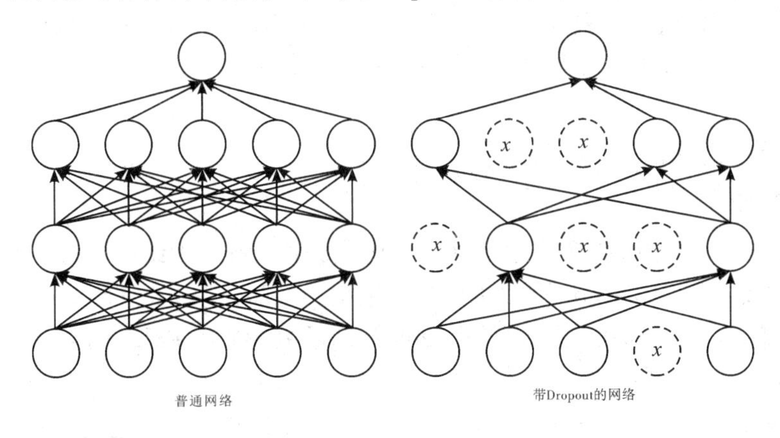

图 5.7　Dropout 与其他网络的对比

6. 全连接层

全连接层(Fully Connected Layers)一般连接到卷积神经网络输出的特征图后边，特点是每一个节点都与上下层的所有节点相连，输入与输出都被延展成一维向量，因此从参数量来看全连接层的参数量是最多的，这点与传统的神经网络一样。在卷积神经网络中，卷积层的主要作用是从局部到整体地提取图像的特征，而全连接层则用来将卷积抽象出的特征图进一步映射到特定维度的标签空间，以求取损失或者输出预测结果。计算过程如图 5.8 所示。

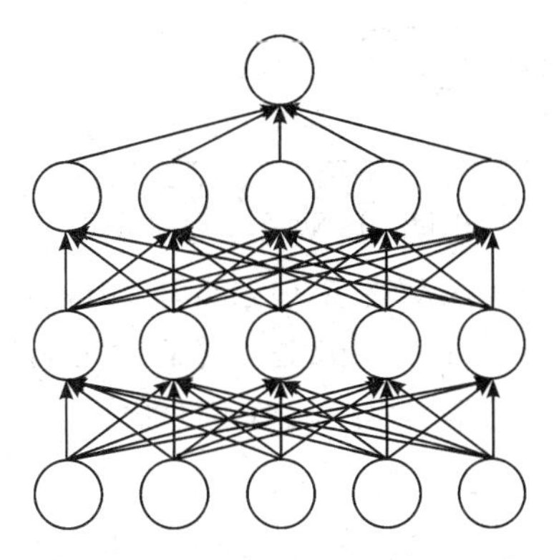

图 5.8　全连接网络的计算过程

然而，随着深度学习算法的发展，全连接层的缺点也逐渐暴露了出来，最致命的问题在于其参数量的过于庞大。大量的参数会导致网络模型应用部署十分困难，并且其中存在着大量的参数冗余，这也容易发生过拟合的现象。在很多场景中，我们可以使用全局平均池化层(Global Average Pooling，GAP)来取代全连接层，这种思想最早见于 NIN(Network in Network)网络中，使用 GAP 有三点好处：一是利用池化进行降维，极大地减少了网络的参数量；二是将特征提取与分类合并到一步实现，一定程度上可以防止过拟合；三是由于去除了全连接层，可以实现任意图像尺度的输入。

5.2.2 LeNet

1. 原理讲解

LeNet 是 LeCun 在 1989 年提出的网络结构，是卷积神经网络的鼻祖。如今各大深度学习框架中自带的用作 Demo 目的的 LeNet 结构，是简化改进版的 LeNet-5，与原始的 LeNet-5 相比有一些微小的差别，比如把 tanh 激活函数换成了 ReLU 等。网络结构示意如图 5.9 所示。

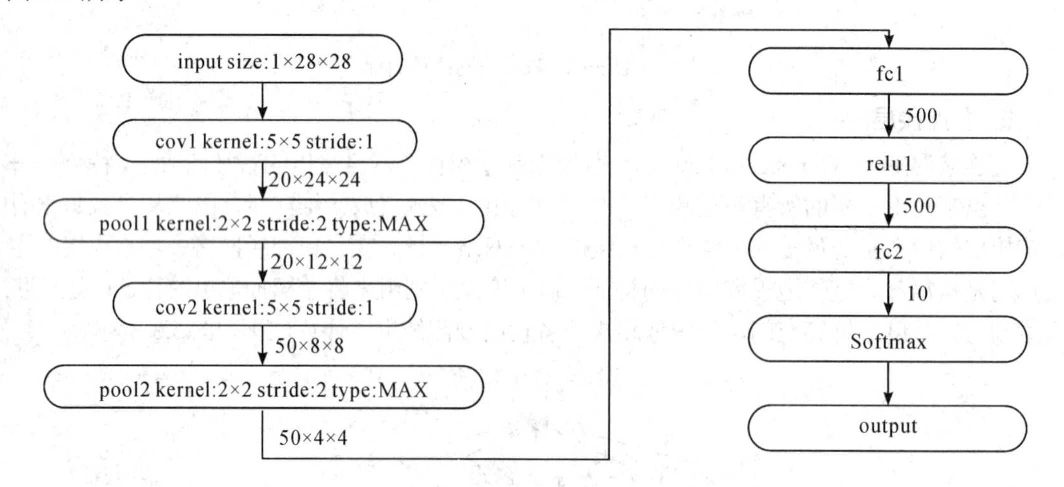

图 5.9 LeNet-5 结构示意图

在 30 年前，这是一个比较深的网络了。LeNet-5 和现有的 conv→pool→ReLU 的套路还不太一样，是 conv1→pool1→conv2→pool2，然后才接上全连接层的结构。不过这种先卷积+池化，最后再过全连接层的基本思路就奠定了下来。

2. 经典案例

案例描述：LeNet-5 解决的是手写数字识别问题，输入的图像均为单通道灰度图，分辨率为 28 × 28。输入图像进入网络之后，第一层卷积核为 5 × 5，步长为 1，输出通道数为 20，分辨率为 24 × 24(24 = 28 −5+1)的特征响应图(图 5.9 中的箭头旁边的数字表示通道数 × 图像高度 × 图像宽度)。然后经过一个没有重叠的区域大小为 2 × 2 的池化层，此时响应图的分辨率降低到 12 × 12。接着这样的操作又重复一遍就是 conv2 和 pool2，只是通道数变为

50，响应图的分辨率变成了 4 × 4。最后就是两个全连接层，其中第一层的单元数为 500，第二层输出分类个数为 10，然后接 Softmax 函数，输出最终结果。

3. 代码实现及结果

下述代码主要使用 Tensorflow 中的 keras 框架搭建出 LeNet-5 网络，并使用 mnist 数据集对网络进行了简单的训练，最终输出训练的过程和测试的准确率。以下代码需放到 GPU 上运行。

```
#代码实现
import tensorflow as tf
import numpy as np
mnist = tf.keras.datasets.mnist
(trainImage, trainLabel),(testImage, testLabel) = mnist.load_data()
trainImage = tf.reshape(trainImage,(60000,28,28,1))
testImage = tf.reshape(testImage,(10000,28,28,1))
net = tf.keras.models.Sequential([

tf.keras.layers.Conv2D(filters=6,kernel_size=(5,5),activation="relu",input_shape=(28,28,1),padding=
"same"),
    tf.keras.layers.MaxPool2D(pool_size=(2,2),strides=2),
        tf.keras.layers.Conv2D(filters=16,kernel_size=(5,5),activation="relu",padding="same"),
        tf.keras.layers.MaxPool2D(pool_size=2,strides=2),
        tf.keras.layers.Conv2D(filters=32,kernel_size=(5,5),activation="relu",padding="same"),
        #tf.keras.layers.MaxPool2D(pool_size=2,strides=2),
        tf.keras.layers.Flatten(),
        tf.keras.layers.Dense(200,activation="relu"),
        tf.keras.layers.Dense(10,activation="softmax")
])
net.summary()
net.compile(optimizer='adam',loss="sparse_categorical_crossentropy",metrics=["accuracy"])
net.fit(trainImage,trainLabel,epochs=5,validation_split=0.1)
testLoss, testAcc = net.evaluate(testImage,testLabel)
print(testAcc)
#输出结果
rain on 54000 samples, validate on 6000 samples
```

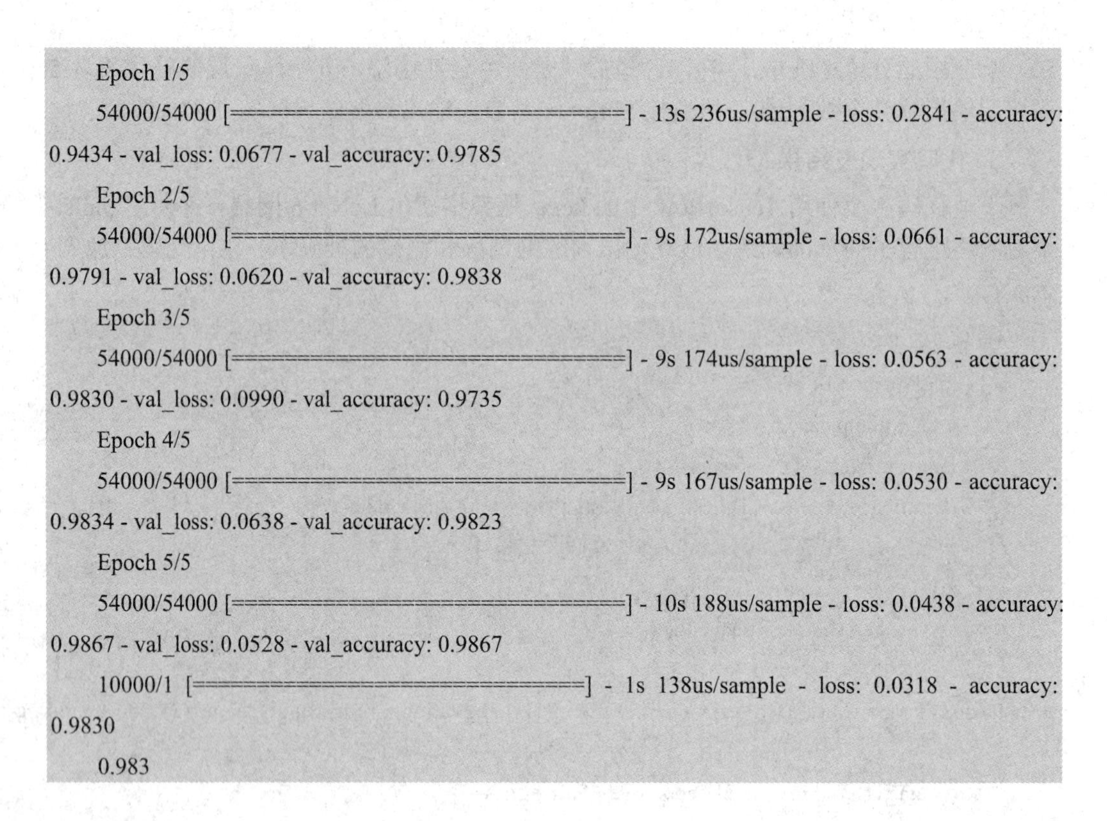

```
Epoch 1/5
54000/54000 [==============================] - 13s 236us/sample - loss: 0.2841 - accuracy:
0.9434 - val_loss: 0.0677 - val_accuracy: 0.9785
Epoch 2/5
54000/54000 [==============================] - 9s 172us/sample - loss: 0.0661 - accuracy:
0.9791 - val_loss: 0.0620 - val_accuracy: 0.9838
Epoch 3/5
54000/54000 [==============================] - 9s 174us/sample - loss: 0.0563 - accuracy:
0.9830 - val_loss: 0.0990 - val_accuracy: 0.9735
Epoch 4/5
54000/54000 [==============================] - 9s 167us/sample - loss: 0.0530 - accuracy:
0.9834 - val_loss: 0.0638 - val_accuracy: 0.9823
Epoch 5/5
54000/54000 [==============================] - 10s 188us/sample - loss: 0.0438 - accuracy:
0.9867 - val_loss: 0.0528 - val_accuracy: 0.9867
10000/1 [==============================] - 1s 138us/sample - loss: 0.0318 - accuracy:
0.9830
0.983
```

5.2.3 AlexNet

1. 原理讲解

AlexNet 是在 2012 年由研究生 Alex Krizhevsky 在 ILSVRC 竞赛上提出的。AlexNet 由 5 个卷积层和两个全连接层构成，并利用 CUDA 实现，这个算法将 ILSVRC 竞赛中的前 5 类错误率从 25.7%降到了 15.3%，并且完胜第二名(26.2%)。

2. 经典案例

案例讲解：AlexNet 针对的是 ILSVRC 的分类问题，输入图片是 256 × 256 的三通道彩色图片。为了增强泛化能力，训练的时候 Alex 采用的数据增加手段中包含随机位置裁剪，具体就是在 256 × 256 的图片中，随机产生位置裁剪一块 224 × 224 的子区域，所以输入的维度是 3 × 224 × 224。整个网络的结构如图 5.10 所示，因为层数和参数比 LeNet 多了好多，这里就不详细一层层讲解了。AlexNet 还有个特殊的地方是卷积的时候采用了分组的方法，在图 5.10 中表现为 conv2 和 conv4→conv5 的两个分叉。这样做主要是因为当时 Alex 的显卡不够强大(GTX580)，为了减少计算量同时方便并行，所以采用了两块显卡进行分组计算。另外需要提一下的是 dropout 的使用，是在 fc6 和 fc7 两层。

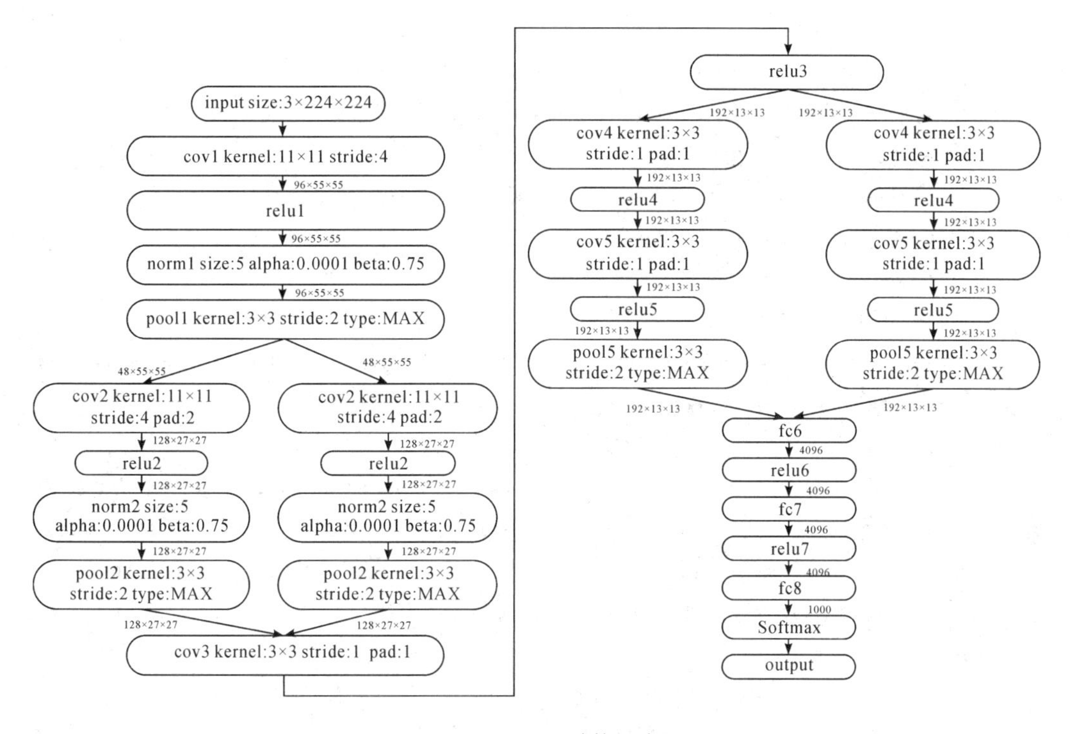

图 5.10 AlexNet 结构示意图

3. 代码实现

下述代码使用了 Tensorflow 中的 keras 框架来搭建 AlexNet 网络。由于网络较大，训练时间较长，所以只给出了网络搭建的代码，没有给出训练和测试代码。以下代码需放到 GPU 上运行。

```
#代码实现，下面代码没有输出。
import os
os.environ["CUDA_VISIBLE_DEVICES"] = "1"
import tensorflow as tf
from tensorflow import keras
class LRN(keras.layers.Layer):
    def __init__(self):
        super(LRN, self).__init__()
        self.depth_radius=2
        self.bias=1
        self.alpha=1e-4
        self.beta=0.75
```

```
        def call(self,x):
            return
tf.nn.lrn(x,depth_radius=self.depth_radius,bias=self.bias,alpha=self.alpha,beta=self.beta)
    model = keras.models.Sequential()
    model.add(keras.layers.Conv2D(filters=96,kernel_size=(11,11),strides=4,activation='relu',
padding='same',input_shape=(227,227,3)))
    model.add(keras.layers.MaxPool2D(pool_size=(3,3),strides=2))
    model.add(LRN())
    model.add(keras.layers.Conv2D(filters=256,kernel_size=(5,5),strides=1,activation='relu',padding='same'))
    model.add(keras.layers.MaxPool2D(pool_size=(3,3),strides=2))
    model.add(LRN())
    model.add(keras.layers.Conv2D(filters=384,kernel_size=(3,3),strides=1,activation='relu',padding='same'))
    model.add(keras.layers.Conv2D(filters=384,kernel_size=(3,3),strides=1,activation='relu',padding='same'))
    model.add(keras.layers.Conv2D(filters=256,kernel_size=(3,3),strides=1,activation='relu',padding='same'))
    model.add(keras.layers.MaxPool2D(pool_size=(3,3),strides=2))
    model.add(keras.layers.Flatten())
    model.add(keras.layers.Dense(4096,activation='relu'))
    model.add(keras.layers.Dropout(0.5))
    model.add(keras.layers.Dense(4096,activation='relu'))
    model.add(keras.layers.Dropout(0.5))
    model.add(keras.layers.Dense(1000,activation="softmax"))
    model.compile(loss="sparse_categorical_crossentropy",optimizer="sgd",metrics = ["accuracy"])
```

5.2.4　VGG16

1. 原理讲解

随着 AlexNet 在 2012 年 ImageNet 大赛后，卷积网络进入了飞速的发展阶段，而 2014 年的 ImageNet 亚军结构 VGGNet(Visual Geometry Group Network)则将卷积网络进行了改良，探索了网络深度与性能的关系，用更小的卷积核与更深的网络结构，取得了较好的效果，成为卷积结构发展史上较为重要的一个网络。VGGNet 网络结构组成如表 5.1 所示，一共有 6 个不同的版本，最常用的是 VGG16。从表 5.1 中可以看出，VGGNet 采用了五组卷积与三个全连接层，最后使用 Softmax 做分类。VGGNet 有一个显著的特点：每次经过池化层(maxpool)后特征图的尺寸减小一半，而通道数则增加一倍(最后一个池化层除外)。AlexNet 中有使用到 5 × 5 的卷积核，而在 VGGNet 中，使用的卷积核基本都是 3 × 3，而且很多地方出现了多个 3 × 3 堆叠的现象。这种结构的优点在于首先从感受野来看，两个 3 × 3 的卷积核与一个 5 × 5 的卷积核是一样的；其次，同等感受野时，3 × 3 卷积核的参数量更少；更为重要的是，两个 3 × 3 卷积核的非线性能力要比 5 × 5 卷积核强，因为其拥有两个激活函数，可大大提高卷积网络的学习能力。

表 5.1　VGGNet 网络结构表

ConvNetConguration					
A	A-LRN	B	C	D	E
11 weights layer	11 weights layer	13 weights layer	16 weights layer	16 weights layer	19 weights layer
Input(224×224 RGB image)					
Conv3-64	Conv-64 LRN	Conv3-64 Conv3-64	Conv3-64 Conv3-64	Conv3-64 Conv3-64	Conv3-64 Conv3-64
Maxpool					
Conv3-128	Conv3-128	Conv3-128 Conv3-128	Conv3-128 Conv3-128	Conv3-128 Conv3-128	Conv3-128 Conv3-128
Maxpool					
Conv3-256 Conv3-256	Conv3-256 Conv3-256	Conv3-256 Conv3-256	Conv3-256 Conv3-256 Conv3-256	Conv3-256 Conv3-256 Conv3-256	Conv3-256 Conv3-256 Conv3-256 Conv3-256
Maxpool					
Conv3-512 Conv3-512	Conv3-512 Conv3-512	Conv3-512 Conv3-512 Conv3-512	Conv3-512 Conv3-512 Conv3-512	Conv3-512 Conv3-512 Conv3-512	Conv3-512 Conv3-512 Conv3-512 Conv3-512
Maxpool					
Conv3-512 Conv3-512	Conv3-512 Conv3-512	Conv3-512 Conv3-512 Conv3-512	Conv3-512 Conv3-512 Conv3-512	Conv3-512 Conv3-512 Conv3-512	Conv3-512 Conv3-512 Conv3-512 Conv3-512
Maxpool					
FC-4096					
FC-4096					
Fc-1000					
Soft-max					

VGGNet 简单灵活，拓展性很强，并且迁移到其他数据集上的泛化能力也很好，因此至今仍有很多算法使用 VGGNet 的网络架构。

2. 代码实现及结果

相比于 Lenet 和 AlexNet，VGGNet 使用的频率要大大增加，虽然使用较为频繁，也只是使用已经预训练好的模型，即带有已经过训练调整后的参数模型，因此实际使用过程中并不需要自己重新进行训练 VGGNet 网络。下述代码使用了 Tensorflow 中的 keras 框架搭建出了 VGG16 网络并输出该网络的所有可训练参数的数量。以下代码需要放到 GPU 上运行。

```
#代码实现
import os
os.environ["CUDA_VISIBLE_DEVICES"] = "1"
import tensorflow as tf
from tensorflow import keras
from tensorflow.keras import layers, models, Input
from tensorflow.keras.models import Model
from tensorflow.keras.layers import Conv2D, MaxPooling2D, Dense, Flatten, Dropout
def VGG16(nb_classes, input_shape):
    input_tensor = Input(shape=input_shape)
    # 1st block
    x = Conv2D(64, (3,3), activation='relu', padding='same',name='conv1a')(input_tensor)
    x = Conv2D(64, (3,3), activation='relu', padding='same',name='conv1b')(x)
    x = MaxPooling2D((2,2), strides=(2,2), name = 'pool1')(x)
    # 2nd block
    x = Conv2D(128, (3,3), activation='relu', padding='same',name='conv2a')(x)
    x = Conv2D(128, (3,3), activation='relu', padding='same',name='conv2b')(x)
    x = MaxPooling2D((2,2), strides=(2,2), name = 'pool2')(x)
    # 3rd block
    x = Conv2D(256, (3,3), activation='relu', padding='same',name='conv3a')(x)
    x = Conv2D(256, (3,3), activation='relu', padding='same',name='conv3b')(x)
    x = Conv2D(256, (3,3), activation='relu', padding='same',name='conv3c')(x)
    x = MaxPooling2D((2,2), strides=(2,2), name = 'pool3')(x)
    # 4th block
```

```
    x = Conv2D(512, (3,3), activation='relu', padding='same',name='conv4a')(x)
    x = Conv2D(512, (3,3), activation='relu', padding='same',name='conv4b')(x)
    x = Conv2D(512, (3,3), activation='relu', padding='same',name='conv4c')(x)
    x = MaxPooling2D((2,2), strides=(2,2), name = 'pool4')(x)
    # 5th block
    x = Conv2D(512, (3,3), activation='relu', padding='same',name='conv5a')(x)
    x = Conv2D(512, (3,3), activation='relu', padding='same',name='conv5b')(x)
    x = Conv2D(512, (3,3), activation='relu', padding='same',name='conv5c')(x)
    x = MaxPooling2D((2,2), strides=(2,2), name = 'pool5')(x)
    # full connection
    x = Flatten()(x)
    x = Dense(4096, activation='relu',    name='fc6')(x)
    # x = Dropout(0.5)(x)
    x = Dense(4096, activation='relu', name='fc7')(x)
    # x = Dropout(0.5)(x)
    output_tensor = Dense(nb_classes, activation='softmax', name='fc8')(x)
    model = Model(input_tensor, output_tensor)
    return model
model=VGG16(1000, (224, 224, 3))
model.summary()
#输出结果
Total params: 138,357,544
Trainable params: 138,357,544
Non-trainable params: 0
```

5.2.5 GoogLeNet

1. 原理讲解

一般来说，增加网络的深度与宽度可以提升网络的性能，但是这样做也会带来参数量的大幅度增加，同时较深的网络需要较多的数据，否则容易产生过拟合现象。除此之外，增加神经网络的深度容易带来梯度消失的现象。在 2014 年的 ImageNet 大赛上，获得冠军的 GoogLeNet(又名 Inception v1)网络较好地解决了这个问题。GoogLeNet 网络是一个精心设计的 22 层卷积网络，并提出了具有良好局部特征结构的 Inception 模块，即对特征并行地执行多个大小不同的卷积运算与池化，最后再拼接到一起。由于 1 × 1、3 × 3 和 5 × 5 的卷积运算对应不同的特征图区域，因此这样做的好处是可以得到更好的图像表征信息。Inception 模块如图 5.11 所示，使用了三个不同大小的卷积核进行卷积运算，同时还有一个最大值池化，然后将这 4 部分级联起来(通道拼接)，送入下一层。

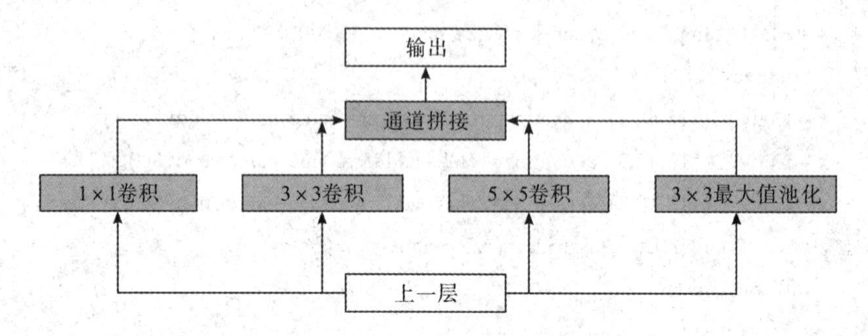

图 5.11　Inception 基础模块结构(图上阴影)

在上述模块的基础上，为进一步降低网络参数量，Inception 又增加了多个 1×1 的卷积模块。如图 5.12 所示，这种 1×1 的模块可以先将特征图降维，再送给 3×3 和 5×5 大小的卷积核，由于通道数的降低，参数量也有了较大的减少。GoogLeNet 网络一共有 9 个上述堆叠的模块，共有 22 层，在最后的 Inception 模块处使用了全局平均池化。为了避免深层网络训练时带来的梯度消失问题，网络里还引入了两个辅助的分类器，在第 3 个与第 6 个 Inception 模块输出后执行 Softmax 并计算损失，在训练时和最后的损失一并回传。

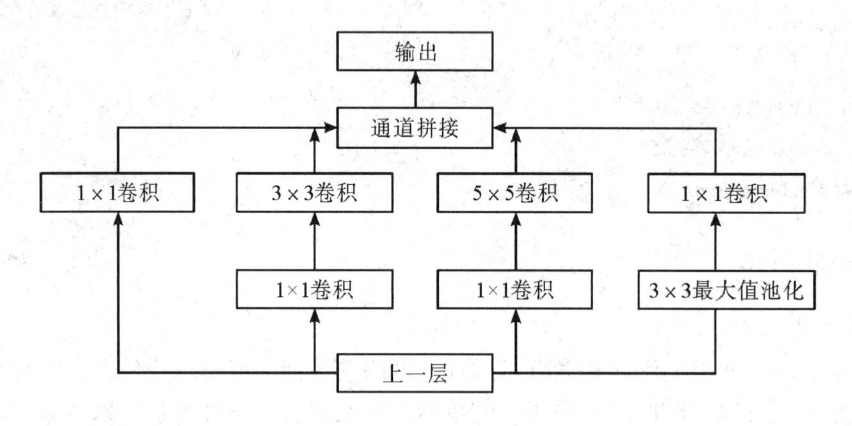

图 5.12　改进的 Inception 模块结构

GoogLeNet 的参数量是 AlexNet 的 1/12，VGGNet 的 1/3，适合处理大规模数据，尤其是对于计算资源有限的平台。GoogLeNet 网络的结构如图 5.13 所示。

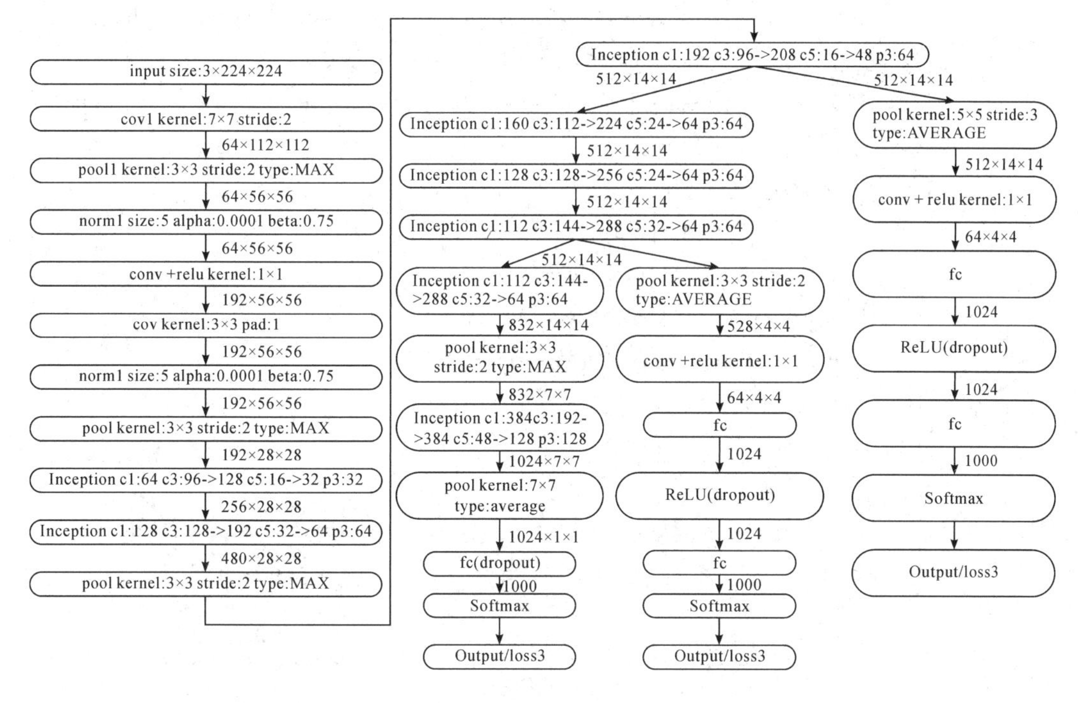

图 5.13 GoogLeNet 结构示意图

2. 代码实现

下述代码使用了 Tensorflow 中的 keras 框架搭建出了 GoogLeNet 网络，并输出了 GoogLeNet 网络中每层的数据输出大小。以下代码需要放到 GPU 上运行。

```
#代码实现
import os
import tensorflow as tf
os.environ["CUDA_VISIBLE_DEVICES"]="1"
class Inception(tf.keras.Model):
    def __init__(self,c1,c2,c3,c4):
        super().__init__()
        self.conv1 = tf.keras.layers.Conv2D(c1, kernel_size=1,activation='relu', padding='same')
        self.conv2_1=tf.keras.layers.Conv2D(c2[0],kernel_size=1,activation='relu',padding='same')
        self.conv2_2=tf.keras.layers.Conv2D(c2[1],kernel_size=3,activation='relu',padding='same')
        self.conv3_1=tf.keras.layers.Conv2D(c3[0],kernel_size=1,activation='relu',padding='same')
```

```
            self.conv3_2=tf.keras.layers.Conv2D(c3[1],kernel_size=5,activation='relu',padding='same')
            self.pool4_1 = tf.keras.layers.MaxPool2D(pool_size=3, padding='same',strides=1)
            self.conv4_2=tf.keras.layers.Conv2D(c4,kernel_size=1,activation='relu',padding='same')
        def call(self, inputs):
            x1 = self.conv1(inputs)
            x2 = self.conv2_2(self.conv2_1(inputs))
            x3 = self.conv3_2(self.conv3_1(inputs))
            x4 = self.conv4_2(self.pool4_1(inputs))
            return tf.concat((x1, x2, x3, x4), axis=-1)
    class GoogLeNet(tf.keras.Model):
        def __init__(self):
            super().__init__()
    self.conv1=tf.keras.layers.Conv2D(filters=64,kernel_size=7,strides=2,activation='relu',padding='same')
            self.pool1 = tf.keras.layers.MaxPool2D(pool_size=3, strides=2, padding='same')

self.conv2=tf.keras.layers.Conv2D(filters=64,kernel_size=1,activation='relu',padding='same')

self.conv3=tf.keras.layers.Conv2D(filters=192,kernel_size=3,activation='relu',padding='same')
            self.pool2 = tf.keras.layers.MaxPool2D(pool_size=3, strides=2, padding='same')
            self.inception1 = Inception(64, (96, 128), (16, 32), 32)
            self.inception2 = Inception(128, (128, 192), (32, 96), 64)
            self.pool3 = tf.keras.layers.MaxPool2D(pool_size=3, strides=2, padding='same')
            self.inception3 = Inception(192, (96, 208), (16, 48), 64)
            self.inception4 = Inception(160, (112, 224), (24, 64), 64)
            self.inception5 = Inception(128, (128, 256), (24, 64), 64)
            self.inception6 = Inception(112, (144, 288), (32, 64), 64)
            self.inception7 = Inception(256, (160, 320), (32, 128), 128)
            self.pool4 = tf.keras.layers.MaxPool2D(pool_size=3, strides=2, padding='same')
            self.inception8 = Inception(256, (160, 320), (32, 128), 128)
            self.inception9 = Inception(384, (192, 384), (48, 128), 128)
            self.gap = tf.keras.layers.GlobalAvgPool2D()
            self.dense = tf.keras.layers.Dense(10)
```

```
    def call(self, inputs):
        x = self.pool1(self.conv1(inputs))
        x = self.pool2(self.conv3(self.conv2(x)))
        x = self.pool3(self.inception2(self.inception1(x)))
        x = self.pool4(self.inception7(self.inception6(self.inception5(self.inception4(self.inception3(x))))))
        x = self.dense(self.gap(self.inception9(self.inception8(x))))
        return x
net = GoogLeNet()
X = tf.random.uniform(shape=(1, 96, 96, 1))
for layer in net.layers:
    X = layer(X)
print(layer.name, 'output shape:\t', X.shape)
#输出结果
conv2d_57 output shape:      (1, 48, 48, 64)
max_pooling2d_13 output shape:    (1, 24, 24, 64)
conv2d_58 output shape:      (1, 24, 24, 64)
conv2d_59 output shape:      (1, 24, 24, 192)
max_pooling2d_14 output shape:    (1, 12, 12, 192)
inception_9 output shape:     (1, 12, 12, 256)
inception_10 output shape:     (1, 12, 12, 480)
max_pooling2d_17 output shape:    (1, 6, 6, 480)
inception_11 output shape:     (1, 6, 6, 512)
inception_12 output shape:     (1, 6, 6, 512)
inception_13 output shape:     (1, 6, 6, 512)
inception_14 output shape:     (1, 6, 6, 528)
inception_15 output shape:     (1, 6, 6, 832)
max_pooling2d_23 output shape:    (1, 3, 3, 832)
inception_16 output shape:     (1, 3, 3, 832)
inception_17 output shape:     (1, 3, 3, 1024)
global_average_pooling2d_1 output shape:     (1, 1024)
dense_1 output shape:   (1, 10)
```

5.2.6 ResNet

1. 原理讲解

1) ResNet(残差网络)出现的背景

众所周知增加网络的宽度和深度可以很好地提高网络的性能，深的网络一般都比浅的网络效果好。但事实不是这样，通过实验发现，当网络层数达到一定的数目以后，网络的性能就会饱和，再增加网络的性能就会开始退化，但是这种退化并不是由于过拟合引起的，而是因为训练精度和测试精度都在下降，这说明当网络变得很深以后，深度网络就变得难以训练了。

ResNet 的出现其实就是为了解决网络的深度变深以后的性能退化问题。用图 5.14 这种跳跃结构来作为 ResNet 网络的基本结构。

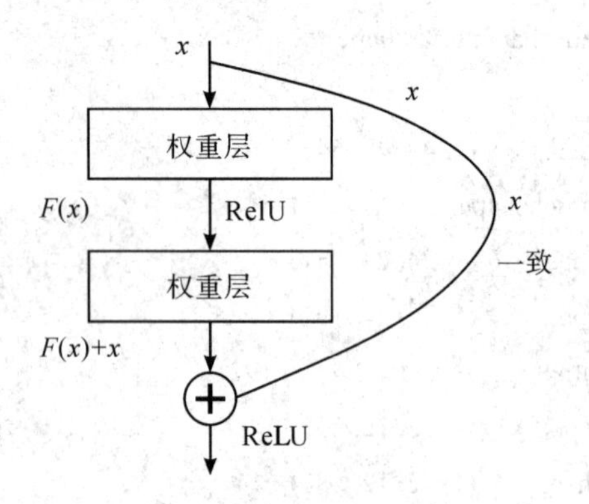

图 5.14 跳跃结构示意图

使用这种结构的原因是要优化的目标是 $H(x) - F(x) + x$(x 就是该结构的输入)但是通过这种结构以后就把优化的目标由 $H(x)$转化为 $H(x) - x$。

通过优化目标转化的方式来解决退化问题。深网络在浅网络的基础上只要上面几层做一个等价映射就可以达到浅网络同样的效果，但是此方法不行的原因是算法很难将上面几层训练到一个等价映射，以至于深网络最后达到了一个更差的效果。那么这时把训练目标转变，由原来的 $H(x)$转为 $H(x) - x$，因为这时候就不是把上面几层训练到一个等价映射了，而是将其逼近于 0，这样训练的难度比训练到一个等价映射应该下降了很多。也就是说，在一个网络中(假设有五层)，如果前面四层已经达到一个最优的函数，那第五层就是没有必要的了，这时通过这种跳跃结构，优化目标就从一个等价映射变为逼近 0 了，逼近其他任何函数都会造成网络退化。通过这种方式就可以解决网络太深导致难训练的问题。

ResNet 其实就是普通的网络上面的插入跳跃结构。对于跳跃结构，当输入与输出的维度一样时，不需要做其他处理，两者相加就可，但当两者维度不同时，输入要进行变换以后去匹配输出的维度，主要经过两种方式：一是用零填充去增加维度；二是用 1 × 1 卷积来增加维度。图 5.15 是两种不同的跳跃结构，主要就是使用了不同的卷积核。左边参数要比右边的多将近一倍。所以当网络很深时，用右边的比较好。

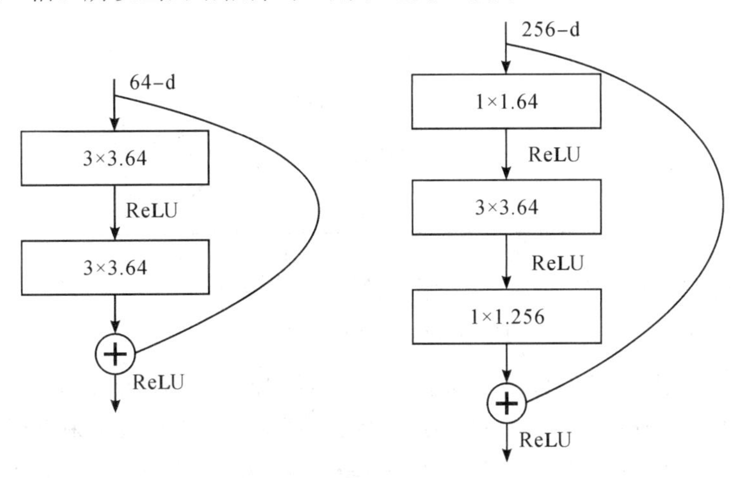

图 5.15　不同的跳跃结构示意图

其实那么多层数中间肯定有一些层是不起作用的，也就是等价映射，即从那么多层里面选取一个最优的层数。

2) ResNet 的网络结构

ResNet 对每层的输入做一个查阅，学习形成残差函数，而不是学习一些没有引用的函数。这种残差函数更容易优化，使网络层数大大加深。18-ResNet 的结构如图 5.16 所示。

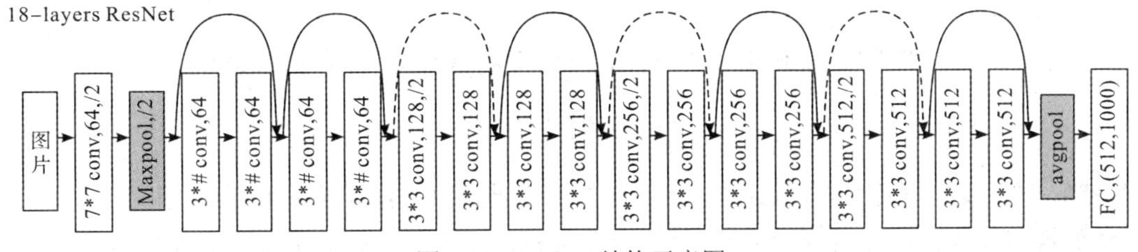

图 5.16　ResNet 结构示意图

在计算机视觉里，特征的“等级”随着网络深度的加深而变高，研究表明，网络的深度是实现好的效果的重要因素。然而梯度弥散、爆炸成为训练较深网络的障碍，导致无法收敛。

有一些方法可以弥补，如归一初始化，各层输入归一化，使得可以收敛的网络深度提升为原来的十倍。虽然收敛了，但网络却开始退化了，即增加网络层数却导致更大的误差，这种简单的深度网络收敛率十分低下。具体情况如图 5.17 所示。

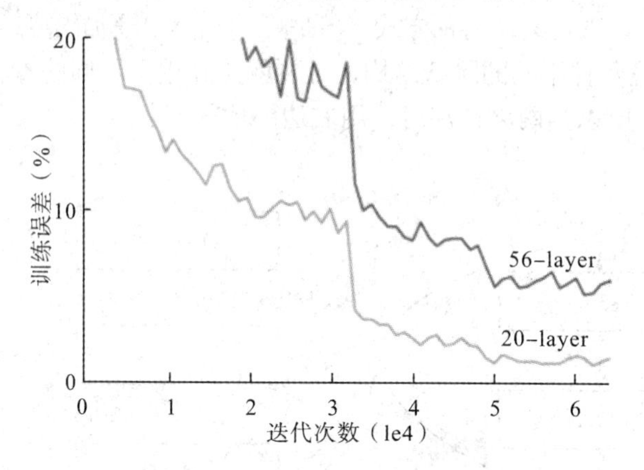

图 5.17　深度网络收敛率低下示意图

通过在一个浅层网络的基础上叠加 $y = x$ 的层(称 Identity Mappings，恒等映射)，可以让网络随深度增加而不退化。这表明多层非线性网络无法逼近恒等映射网络。但是，不退化不是目的，真正的目的是得到性能更好的网络。ResNet 学习的是残差函数 $H(x) - x$，这里如果 $F(x) = 0$，那么就是上面提到的恒等映射。事实上，ResNet 是“跳跃连接”在恒等映射下的特殊情况，它没有引入额外的参数和计算复杂度。假如优化目标函数是逼近一个恒等映射，而不是 0 映射，那么学习找到对恒等映射的扰动会比重新学习一个映射函数要容易。

残差块的结构有二层，其中 σ 代表非线性函数 ReLU，第一层如公式(5-4)所示。

$$F = W_2\sigma(W_1x) \tag{5-4}$$

然后通过一个跳跃连接和第 2 个 ReLU，获得输出 y，第二层如公式(5-5)所示。

$$y = F(x,\{W_i\}) + x \tag{5-5}$$

当需要对输入和输出维数进行变化时(如改变通道数目)，可以在跳跃连接时对 y 做一个线性变换 W_s，表达式如公式(5-6)所示。然而实验证明 x 已经足够了，不需要再搞个维度变换，除非需求是某个特定维度的输出。

$$y = F(x,\{W_i\}) + W_s x \tag{5-6}$$

实验证明，这个残差块往往需要两层以上，单单一层的残差块 $y = W_i x + x$ 并不能起到提升作用。

残差网络的确解决了退化的问题，在训练集和校验集上，都证明了的更深的网络错误率越小，如图 5.18 所示。

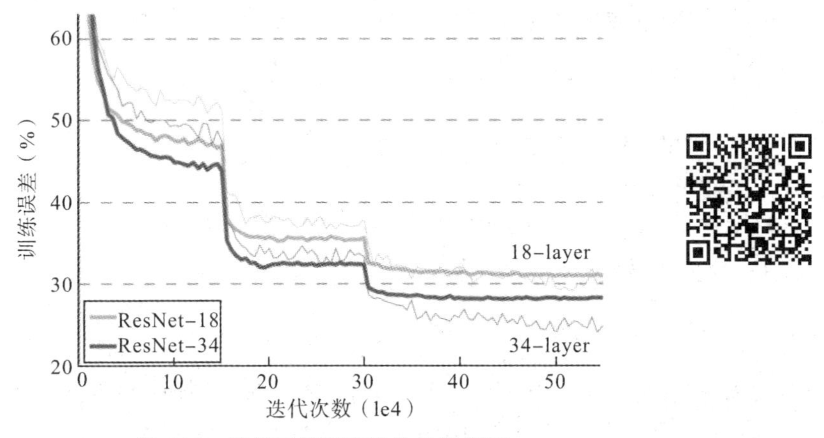

图 5.18　残差网络解决退化的问题图

实际中，考虑计算的成本，对残差块做了计算优化，即将两个 3 × 3 卷积层替换为 1 × 1 + 3 × 3 + 1 × 1 卷积层。新结构中间的 3 × 3 卷积层首先在一个 1 × 1 卷积层下降维，减少了计算，然后在另一个 1 × 1 卷积层下做了还原，既保持了精度又减少了计算量。

2. 经典案例

使用 tensorflow 实现残差网络 ResNet-5。输入一张用手做手势的图片数据，总共有 6 个类，所给的数据已经加工过，是“.h5”格式的数据。有 1080 张图片，120 张测试数据。每一张图片是一个 64 × 64 的 RGB 图片。具体的数据格式为：

```
number of training examples = 1080
number of test examples = 120
X_train shape: (1080, 64, 64, 3)
Y_train shape: (1080, 6)
X_test shape: (120, 64, 64, 3)
Y_test shape: (120, 6)
x train max,0.956; x train min,0.015
x test max,0.94; x test min,0.011
```

训练一个模型，是指能够判别图片中的手指所代表的数字。实质上这个是属于多分类问题。所以，模型的输入是一个 64 × 64 × 3 的图片；模型的输出层为 6 个节点，每一个节点表示一种分类。

3. 案例代码实现及运行结果

首先是 identity block 的实现。

```
    def convolutional_block(self, X_input, kernel_size, in_filter,out_filters, stage, block, training, stride=2):
        # defining name basis
        block_name = 'res' + str(stage) + block
        with tf.variable_scope(block_name):
            f1, f2, f3 = out_filters
            x_shortcut = X_input
            #first
            W_conv1 = self.weight_variable([1, 1, in_filter, f1])
            X = tf.nn.conv2d(X_input, W_conv1,strides=[1, stride, stride, 1],padding='VALID')
            X = tf.layers.batch_normalization(X, axis=3, training=training)
            X = tf.nn.relu(X)
            #second
            W_conv2 = self.weight_variable([kernel_size, kernel_size, f1, f2])
            X = tf.nn.conv2d(X, W_conv2, strides=[1,1,1,1], padding='SAME')
            X = tf.layers.batch_normalization(X, axis=3, training=training)
            X = tf.nn.relu(X)
            #third
            W_conv3 = self.weight_variable([1,1, f2,f3])
            X = tf.nn.conv2d(X, W_conv3, strides=[1, 1, 1,1], padding='VALID')
            X = tf.layers.batch_normalization(X, axis=3, training=training)
            #shortcut path
            W_shortcut = self.weight_variable([1, 1, in_filter, f3])
            x_shortcut=tf.nn.conv2d(x_shortcut, W_shortcut, strides=[1, stride, stride, 1], padding=
            'VALID')
            #final
            add = tf.add(x_shortcut, X)
            add_result = tf.nn.relu(add)
        return add_result
```

下面是 conv block 的实现。

```
    def convolutional_block(self, X_input, kernel_size, in_filter,out_filters, stage, block, training, stride=2):
```

```
    # defining name basis
    block_name = 'res' + str(stage) + block
    with tf.variable_scope(block_name):
        f1, f2, f3 = out_filters
        x_shortcut = X_input
        #first
        W_conv1 = self.weight_variable([1, 1, in_filter, f1])
        X = tf.nn.conv2d(X_input, W_conv1,strides=[1, stride, stride, 1],padding='VALID')
        X = tf.layers.batch_normalization(X, axis=3, training=training)
        X = tf.nn.relu(X)
        #second
        W_conv2 = self.weight_variable([kernel_size, kernel_size, f1, f2])
        X = tf.nn.conv2d(X, W_conv2, strides=[1,1,1,1], padding='SAME')
        X = tf.layers.batch_normalization(X, axis=3, training=training)
        X = tf.nn.relu(X)
        #third
        W_conv3 = self.weight_variable([1,1, f2,f3])
        X = tf.nn.conv2d(X, W_conv3, strides=[1, 1, 1,1], padding='VALID')
        X = tf.layers.batch_normalization(X, axis=3, training=training)
        #shortcut path
        W_shortcut = self.weight_variable([1, 1, in_filter, f3])
        x_shortcut=tf.nn.conv2d(x_shortcut,W_shortcut,strides=[1,stride,stride,1],
        padding='VALID')
        #final
        add = tf.add(x_shortcut, X)
        add_result = tf.nn.relu(add)
        return add_result
```

下面是模型的整合。

```
def deepnn(self, x_input, classes=6):
    x = tf.pad(x_input, tf.constant([[0, 0], [3, 3, ], [3, 3], [0, 0]]), "CONSTANT")
    with tf.variable_scope('reference') :
        training = tf.placeholder(tf.bool, name='training')
        #stage 1
```

```
w_conv1 = self.weight_variable([7, 7, 3, 64])
x = tf.nn.conv2d(x, w_conv1, strides=[1, 2, 2, 1], padding='VALID')
x = tf.layers.batch_normalization(x, axis=3, training=training)
x = tf.nn.relu(x)
x = tf.nn.max_pool(x, ksize=[1, 3, 3, 1],strides=[1, 2, 2, 1], padding='VALID')
assert (x.get_shape() == (x.get_shape()[0], 15, 15, 64))
#stage 2
x = self.convolutional_block(x, 3, 64, [64, 64, 256], 2, 'a', training, stride=1)
x = self.identity_block(x, 3, 256, [64, 64, 256], stage=2, block='b', training=training)
x = self.identity_block(x, 3, 256, [64, 64, 256], stage=2, block='c', training=training)
#stage 3
x = self.convolutional_block(x, 3, 256, [128,128,512], 3, 'a', training)
x = self.identity_block(x, 3, 512, [128,128,512], 3, 'b', training=training)
x = self.identity_block(x, 3, 512, [128,128,512], 3, 'c', training=training)
x = self.identity_block(x, 3, 512, [128,128,512], 3, 'd', training=training)
#stage 4
x = self.convolutional_block(x, 3, 512, [256, 256, 1024], 4, 'a', training)
x = self.identity_block(x, 3, 1024, [256, 256, 1024], 4, 'b', training=training)
x = self.identity_block(x, 3, 1024, [256, 256, 1024], 4, 'c', training=training)
x = self.identity_block(x, 3, 1024, [256, 256, 1024], 4, 'd', training=training)
x = self.identity_block (x, 3, 1024, [256, 256, 1024], 4, 'e', training=training)
x = self.identity_block(x, 3, 1024, [256, 256, 1024], 4, 'f', training=training)
#stage 5
x = self.convolutional_block(x, 3, 1024, [512, 512, 2048], 5, 'a', training)
x = self.identity_block(x, 3, 2048, [512, 512, 2048], 5, 'b', training=training)
x = self.identity_block(x, 3, 2048, [512, 512, 2048], 5, 'c', training=training)
x = tf.nn.avg_pool(x, [1, 2, 2, 1], strides=[1,1,1,1], padding='VALID')
flatten = tf.layers.flatten(x)
x = tf.layers.dense(flatten, units=50, activation=tf.nn.relu)
# Dropout - controls the complexity of the model, prevents co-adaptation of
# features.
with tf.name_scope('dropout'):
keep_prob = tf.placeholder(tf.float32)
```

```
            x = tf.nn.dropout(x, keep_prob)
        logits = tf.layers.dense(x, units=6, activation=tf.nn.softmax)
    return logits, keep_prob, training
```

使用交叉熵来计算损失函数和代价函数。

```
def cost(self, logits, labels):
    with tf.name_scope('loss'):
        # cross_entropy = tf.losses.sparse_softmax_cross_entropy(labels=y_, logits=y_conv)
        cross_entropy = tf.losses.softmax_cross_entropy(onehot_labels=labels, logits=logits)
        cross_entropy_cost = tf.reduce_mean(cross_entropy)
    return cross_entropy_cost
```

在训练模型的时候，应该控制迭代的次数，以避免过度的过拟合。

```
def train(self, X_train, Y_train):
    features = tf.placeholder(tf.float32, [None, 64, 64, 3])
    labels = tf.placeholder(tf.int64, [None, 6])
    logits, keep_prob, train_mode = self.deepnn(features)
    cross_entropy = self.cost(logits, labels)
    with tf.name_scope('adam_optimizer'):
       update_ops = tf.get_collection(tf.GraphKeys.UPDATE_OPS)
        with tf.control_dependencies(update_ops):
            train_step = tf.train.AdamOptimizer(1e-4).minimize(cross_entropy)
            graph_location = tempfile.mkdtemp()
    print('Saving graph to: %s' % graph_location)
    train_writer = tf.summary.FileWriter(graph_location)
    train_writer.add_graph(tf.get_default_graph())
    mini_batches = random_mini_batches(X_train, Y_train, mini_batch_size=32, seed=None)
    saver = tf.train.Saver()
    with tf.Session() as sess:
        sess.run(tf.global_variables_initializer())
        for i in range(1000):
            X_mini_batch,Y_mini_batch=mini_batches[np.random.randint(0,
            len(mini_batches))]
        train_step.run(feed_dict={features:X_mini_batch, labels: Y_mini_batch, keep_prob: 0.5,
```

```
train_mode: True})
                    if i % 20 == 0:
                        train_cost = sess.run(cross_entropy, feed_dict={features: X_mini_batch,
                                                        labels: Y_mini_batch, keep_prob: 1.0, train_mode:
False})
                        print('step %d, training cost %g' % (i, train_cost))
    saver.save(sess, self.model_save_path)
```

模型预测。先初始化 graph，然后读取硬盘中模型参数数据。

```
def evaluate(self, test_features, test_labels, name='test '):
tf.reset_default_graph()
    x = tf.placeholder(tf.float32, [None, 64, 64, 3])
    y_ = tf.placeholder(tf.int64, [None, 6])
    logits, keep_prob, train_mode = self.deepnn(x)
    accuracy = self.accuracy(logits, y_)
    saver = tf.train.Saver()
    with tf.Session() as sess:
        saver.restore(sess, self.model_save_path)
        accu = sess.run(accuracy, feed_dict={x: test_features, y_: test_labels,keep_prob: 1.0,
train_mode: False})
        print('%s accuracy %g' % (name, accu))
```

上述代码的运行结果如图 5.19 所示。

```
test accuracy 0.841667
trainting data accuracy 0.965741

Process finished with exit code 0
```

图 5.19　ResNet-50 运行精度结果图

5.2.7　DenseNet

1. 原理讲解

1) DenseNet(密集卷积网络)的密集块结构

与 ResNet 网络相比，DenseNet 在思想上有借鉴，但网络结构是全新的，并且网络结构并不复杂。众所周知，卷积神经网络提高效果的方向，要么深(例如 ResNet)，要么宽(例如 GoogleNet)，而 DenseNet 则是从功能入手，通过对功能的极致利用达到更好的效果和更少的参数。DenseNet 的几个优点如下：

(1) 缓解了梯度消失的问题；

(2) 加强了特征的传递；

(3) 更有效地利用了特征；

(4) 一定程度上较少了参数数量。

DenseNet 在保证网络中层与层之间最大程度的信息传输的前提下，直接将所有层连接起来。

在传统的卷积神经网络中，如果有 L 层，那么就会有 $L+1$ 个连接，但是在 DenseNet 中，会有 $\dfrac{L(L+1)}{2}$ 个连接。就是一层的输入侧来自前面所有层的输出。例如，x_0 是输入，H_1 的输入是 x_0 输出是 x_1，H_2 的输入是 x_0 和 x_1 输出是 x_2，等等。密集块的结构图 5.20 所示。

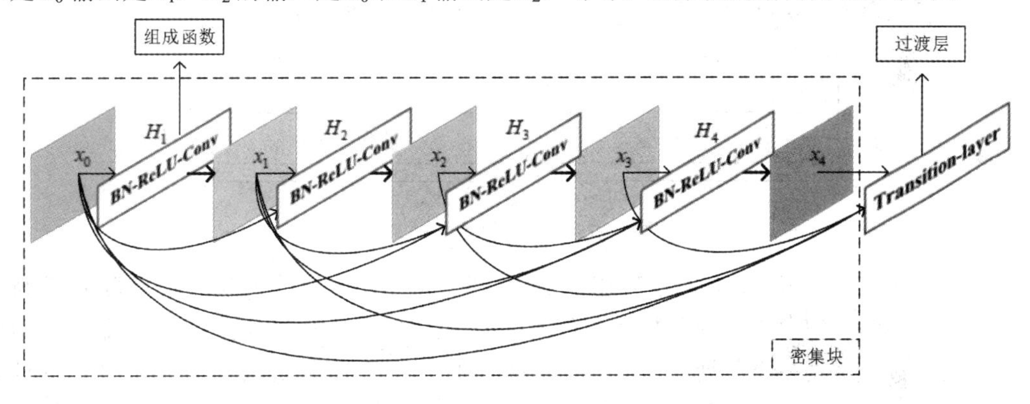

图 5.20　密集块的结构图

DenseNet 的公式如公式(5-7)所示。

$$x_l = H_l([x_0,\ x_1,\cdots,\ x_{l-1}]) \tag{5-7}$$

$[x_0,\ x_1,\cdots,\ x_{l-1}]$ 表示将 0 到 $l-1$ 层的输出特征图做通道的合并，而 ResNet 是做值的相加，通道数不变。H_i 包括 BN(批归一化)、ReLU 和 3 × 3 卷积。

注：BN(批归一化)，是由 Google 于 2015 年提出，这是一个深度神经网络训练的技巧。它不仅可以加快了模型的收敛速度，更重要的是在一定程度缓解了深层网络中“梯度弥散”的问题，从而使得训练深层网络模型更加容易和稳定。

2) DenseNet 的组成部分

(1) 密集连接。

在 DenseNet 结构中，每一层的输出都导入后面的所有层，与 ResNet 的相加不同的是，

DenseNet 结构使用的是连结结构(CONCATENATE)。这样的结构可以减少网络参数，避免 ResNet 中可能出现的缺点(例如某些层被选择性丢弃，信息阻塞等)。

(2) 组成函数(BN-ReLU-Conv)。

组成函数如图 5.21 所示。

Batch Normalization + ReLU + 3 × 3Conv

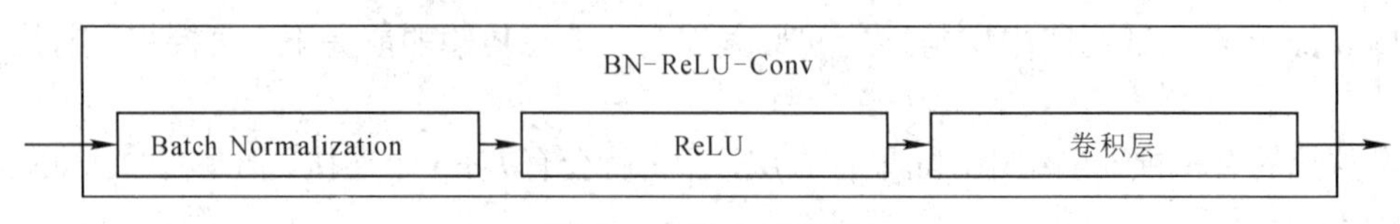

图 5.21　组成函数图

(3) 过渡层(Transition Layer)。

过渡层包含瓶颈层(1 × 1 卷积层)和池化层，如图 5.22 所示。

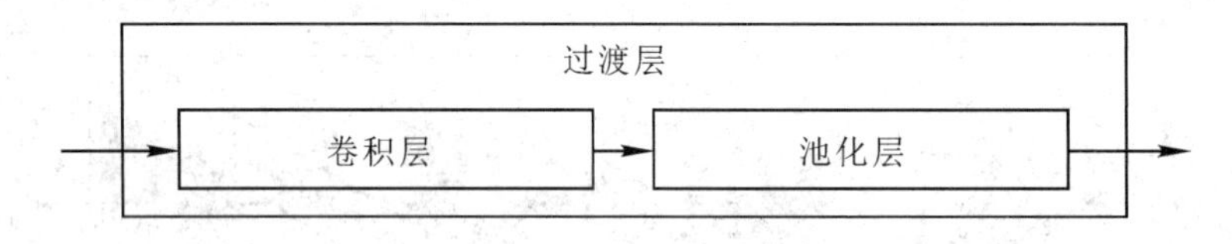

图 5.22　过渡层的结构图

瓶颈层用于压缩参数。每一层输出 k 个特征图，理论上将每个密集块输出为 $4k$ 个特征图，然而实际情况中会大于这个数字。卷积层的作用是将一个密集块的参数压缩到 $4k$ 个。

池化层由于采用了密集连接结构，直接在各个层之间加入池化层是不可行的，因此采用的是密集块的组合方式，在各个密集块之间加入卷积层和池化层。

(4) 增长率。

这里的增长率(k)代表的是每一层输出特征图的厚度。ResNet、GoogleNet 等网络结构中经常能见到输出厚度为上百个，其目的主要是为了提取不同的特征。但是由于 DenseNet 中每一层都能直接为后面网络所用，所以增长率被限制为一个很小的数值。

(5) 压缩。

过渡层可以起到压缩模型的作用。假定过渡层上接密集块得到的特征图通道数为 m，过渡层可以产生$\lfloor \theta m \rfloor$个特征(通过卷积层)，其中 $\theta \in 0,1$ 是压缩系数。组成函数中包含瓶颈层的叫 DenseNet-B，包含过渡层的叫 DenseNet-C，两者都包含的叫 DenseNet-BC。

DenseNet 得益于这种密集结构，使得网络更窄，参数更少。密集连接还有正则化的效果，因此对于过拟合有一定的抑制作用。

3) DenseNet 的网络结构

DenseNet 的网络结构如图 5.23 所示。

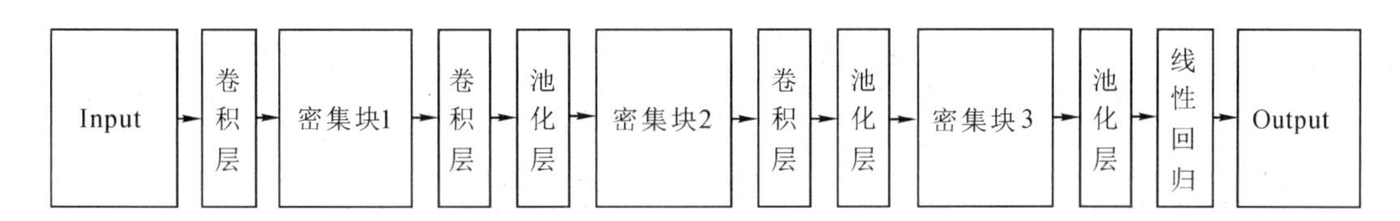

图 5.23　DenseNet 的网络结构图

在 DenseNet 算法中，k 是增长率，表示密集块中每层输出的特征图个数，为了避免网络变得很宽，需要采用较小的 k(比如 32)。根据密集块的设计，后面几层可以得到前面所有层的输入，因此合并后的输入通道还是比较大的。另外这里每个密集块的 3 × 3 卷积前面都包含了一个 1 × 1 的卷积操作，就是瓶颈层，目的是减少输入的特征图数量，既能降维减少计算量，又能融合各个通道的特征。

瓶颈层和过渡层的操作。在每个密集块中都包含很多个子结构，例如包含 32 个 1 × 1 和 3 × 3 的卷积操作，也就是第 32 个子结构的输入是前面 31 层的输出结果，每层输出的通道是 32 k，那么如果不做压缩操作，第 32 层的 3 × 3 卷积操作的输入数就是 31 × 32 + 上一个密集块的输出通道数，近 1000 了。而加上 1 × 1 的卷积，代码中的 1 × 1 卷积的通道是 4 k，也就是 128，然后再作为 3 × 3 卷积的输入，这就大大减少了计算量。至于过渡层，放在两个密集块中间，是因为每个密集块结束后的输出通道个数很多，需要用 1 × 1 的卷积核来降维。虽然第 32 层的 3 × 3 卷积输出通道只有 32 k，但是紧接着还会像前面几层一样有通道的合并操作，即将第 32 层的输出和第 32 层的输入做合并，前面说过第 32 层的输入数据的通道数约为 1000，所以最后每个密集块的输出也是 1000 多的通道数。因此这个过渡层有个压缩系数，表示将这些输出缩小到原来的多少倍，默认是 0.5，这样传给下一个密集块的时候通道数量就会减少一半，这就是过渡层的作用。

4) DenseNet 的性能优势

用 DenseNet-BC 和 ResNet 在 Imagenet 数据集上作对比，图 5.24(a)是参数复杂度和错误率的对比，性能提升很明显。图 5.24(b)是计算复杂度和错误率的对比，同样有效果。

DenseNet 的核心思想是建立了不同层之间的连接关系，充分利用了功能，进一步缓解了梯度消失问题，使得加深网络不再是问题，而且训练效果也很好。另外，利用瓶颈层、过渡层以及较小的增长率使得网络变窄，参数减少，有效抑制了过拟合，同时计算量也减少了。

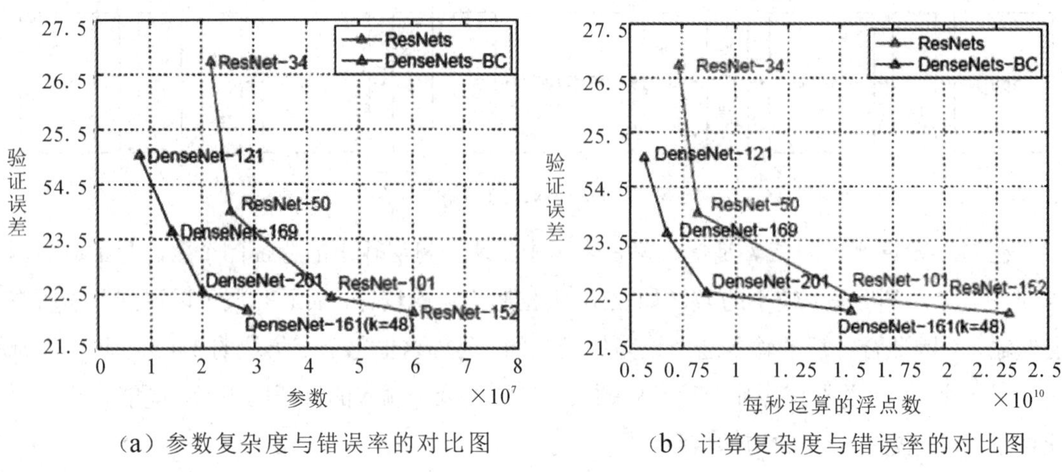

（a）参数复杂度与错误率的对比图　　（b）计算复杂度与错误率的对比图

图 5.24　DenseNet 与 ResNet 的性能对比图

2. 经典案例

DenseNet 的结构使得每一层都直接影响到最终误差函数的梯度，每一层都受原始输入信号的影响，这就带来了深监督。DenseNet 网络可以加深到上千层的基础使得这种密集连接可以产生正则化的效果，减少网络的过拟合。下面案例使用 DenseNet 先对输入的 MINST 集中的 tensor 数据进行一个卷积核大小为[7×7]、步长为 2 的卷积操作，再进行核大小为[3×3]、步长为 2 的最大池化操作。之后是进行 DenseNet 和 transition 的交替连接操作，最后通过[7×7]全局平局池化、1000 的全连接层和 Softmax 的分类层进行处理，得到特征更强，误差更小的输出数据。这样更有效地利用了结构的功能，缓解了梯度特征，进一步加强了特征传递。

3. 代码实现

DenseNet 网络代码实现。

```
mnist = input_data.read_data_sets('MNIST_data', one_hot=True)
# Hyperparameter
growth_k = 12
nb_block = 2    # how many (dense block + Transition Layer) ?
init_learning_rate = 1e-4
epsilon = 1e-8    # AdamOptimizer epsilon
dropout_rate = 0.2
# Momentum Optimizer will use
nesterov_momentum = 0.9
```

```
weight_decay = 1e-4
# Label &batch_size
class_num = 10
batch_size = 100
total_epochs = 50
def conv_layer(input, filter, kernel, stride=1, layer_name="conv"):
    with tf.name_scope(layer_name):
        network = tf.layers.conv2d(inputs=input, filters=filter, kernel_size=kernel, strides=stride, 
padding='SAME')
        return network
def Global_Average_Pooling(x, stride=1):
    return global_avg_pool(x, name='Global_avg_pooling')
    # But maybe you need to install h5py and curses or not
def Batch_Normalization(x, training, scope):
    with arg_scope([batch_norm],scope=scope,updates_collections=None,
                   decay=0.9,center=True,scale=True,zero_debias_moving_mean=True):
        return tf.cond(training,
                       lambda: batch_norm(inputs=x, is_training=training, reuse=None),
                       lambda: batch_norm(inputs=x, is_training=training, reuse=True))
def Drop_out(x, rate, training):
    return tf.layers.dropout(inputs=x, rate=rate, training=training)
def Relu(x):
    return tf.nn.relu(x)
def Average_pooling(x, pool_size=[2, 2], stride=2, padding='VALID'):
    return tf.layers.average_pooling2d(inputs=x, pool_size=pool_size, strides=stride, 
padding=padding)
def Max_Pooling(x, pool_size=[3, 3], stride=2, padding='VALID'):
    return tf.layers.max_pooling2d(inputs=x, pool_size=pool_size, strides=stride, padding=padding)
def Concatenation(layers):
    return tf.concat(layers, axis=3)
def Linear(x):
    return tf.layers.dense(inputs=x, units=class_num, name='linear')
```

```
class DenseNet():
    def __init__(self, x, nb_blocks, filters, training):
        self.nb_blocks = nb_blocks
        self.filters = filters
        self.training = training
        self.model = self.Dense_net(x)
    def bottleneck_layer(self, x, scope):
        with tf.name_scope(scope):
            x = Batch_Normalization(x, training=self.training, scope=scope + '_batch1')
            x = Relu(x)
            x = conv_layer(x, filter=4 * self.filters, kernel=[1, 1], layer_name=scope+ '_conv1')
            x = Drop_out(x, rate=dropout_rate, training=self.training)
            x = Batch_Normalization(x, training=self.training, scope=scope + '_batch2')
            x = Relu(x)
            x = conv_layer(x, filter=self.filters, kernel=[3, 3], layer_name=scope + '_conv2')
            x = Drop_out(x, rate=dropout_rate, training=self.training)
            return x
    def transition_layer(self, x, scope):
        with tf.name_scope(scope):
            x = Batch_Normalization(x, training=self.training, scope=scope + '_batch1')
            x = Relu(x)
in_channel = x.shape[-1]
            x = conv_layer(x, filter=in_channel * 0.5, kernel=[1, 1], layer_name=scope + '_conv1')
            x = Drop_out(x, rate=dropout_rate, training=self.training)
            x = Average_pooling(x, pool_size=[2, 2], stride=2)
            return x
    def dense_block(self, input_x, nb_layers, layer_name):
        with tf.name_scope(layer_name):
            layers_concat = list()
            layers_concat.append(input_x)
            x = self.bottleneck_layer(input_x, scope=layer_name + '_bottleN_' + str(0))
layers_concat.append(x)
```

```
                for i in range(nb_layers - 1):
                    x = Concatenation(layers_concat)
                    x = self.bottleneck_layer(x, scope=layer_name + '_bottleN_' + str(i + 1))
layers_concat.append(x)
                x = Concatenation(layers_concat)
                return x
        def Dense_net(self, input_x):
            x = conv_layer(input_x, filter=2 * self.filters, kernel=[7, 7], stride=2, layer_name='conv0')
            x = Max_Pooling(x, pool_size=[3, 3], stride=2)
            for i in range(self.nb_blocks):
                # 6 -> 12 -> 48
                x = self.dense_block(input_x=x, nb_layers=4, layer_name='dense_' + str(i))
                x = self.transition_layer(x, scope='trans_' + str(i))
            x = self.dense_block(input_x=x, nb_layers=32, layer_name='dense_final')
            # 100 Layer
            x = Batch_Normalization(x, training=self.training, scope='linear_batch')
            x = Relu(x)
            x = Global_Average_Pooling(x)
            x = flatten(x)
            x = Linear(x)
            # x = tf.reshape(x, [-1, 10])
            return x
x = tf.placeholder(tf.float32, shape=[None, 784])
batch_images = tf.reshape(x, [-1, 28, 28, 1])
label = tf.placeholder(tf.float32, shape=[None, 10])
training_flag = tf.placeholder(tf.bool)
learning_rate = tf.placeholder(tf.float32, name='learning_rate')
logits = DenseNet(x=batch_images, nb_blocks=nb_block, filters=growth_k, training=training_flag).model
cost = tf.reduce_mean(tf.nn.softmax_cross_entropy_with_logits(labels=label, logits=logits))
optimizer = tf.train.AdamOptimizer(learning_rate=learning_rate, epsilon=epsilon)
train = optimizer.minimize(cost)
correct_prediction = tf.equal(tf.argmax(logits, 1), tf.argmax(label, 1))
```

```
accuracy = tf.reduce_mean(tf.cast(correct_prediction, tf.float32))
tf.summary.scalar('loss', cost)
tf.summary.scalar('accuracy', accuracy)
saver = tf.train.Saver(tf.global_variables())
with tf.Session() as sess:
    ckpt = tf.train.get_checkpoint_state('./model')
    if ckpt and tf.train.checkpoint_exists(ckpt.model_checkpoint_path):
      saver.restore(sess, ckpt.model_checkpoint_path)
    else:
        sess.run(tf.global_variables_initializer())
    merged = tf.summary.merge_all()
    writer = tf.summary.FileWriter('./logs', sess.graph)
    global_step = 0
    epoch_learning_rate = init_learning_rate
    for epoch in range(total_epochs):
        if epoch == (total_epochs * 0.5) or epoch == (total_epochs * 0.75):
          epoch_learning_rate = epoch_learning_rate / 10
          total_batch = int(mnist.train.num_examples / batch_size)
        for step in range(total_batch):
          batch_x, batch_y = mnist.train.next_batch(batch_size)
          train_feed_dict = {
                x: batch_x,
                label: batch_y,
learning_rate: epoch_learning_rate,
training_flag: True
            }
            _, loss = sess.run([train, cost], feed_dict=train_feed_dict)
            if step % 100 == 0:
              global_step += 100
              train_summary, train_accuracy = sess.run([merged, accuracy], feed_dict=train_
              feed_ dict)
               # accuracy.eval(feed_dict=feed_dict)
```

```
            print("Step:", step, "Loss:", loss, "Training accuracy:", train_accuracy)
        writer.add_summary(train_summary, global_step=epoch)
        test_feed_dict = {
            x: mnist.test.images,
            label: mnist.test.labels,
        learning_rate: epoch_learning_rate,
        training_flag: False
          }
        accuracy_rates = sess.run(accuracy, feed_dict=test_feed_dict)
        print('Epoch:', '%04d' % (epoch + 1), '/ Accuracy =', accuracy_rates)
        # writer.add_summary(test_summary, global_step=epoch)
    saver.save(sess=sess, save_path='./model/dense.ckpt')
```

上述代码的运行结果如图 5.25 所示。

```
step 740, training accuracy 0.28125
step 750, valid accuracy 0.375
step 760, training accuracy 0.265625
step 780, training accuracy 0.328125
step 800, training accuracy 0.21875
step 800, valid accuracy 0.21875
step 820, training accuracy 0.359375
step 840, training accuracy 0.34375
step 850, valid accuracy 0.265625
step 860, training accuracy 0.296875
step 880, training accuracy 0.421875
step 900, training accuracy 0.34375
step 900, valid accuracy 0.203125
```

图 5.25 DenesNet 明显降低误差的结果图

5.3 循环神经网络

循环神经网络是有记忆性、能参数共享并且图灵完备(Turing Completeness)的神经网络，它在对序列的非线性特征进行学习时具有一定优势。常见的循环神经网络包括：RNN、GRU 和 LSTM，下面将对上述循环神经网络进行具体讲解。

5.3.1 RNN

1. 原理讲解

循环神经网络(Recurrent Neural Network，RNN)是一类以序列(SEQUENCE)数据为输入，在序列的演进方向进行递归(RECURSION)且所有节点(循环单元)按链式连接的递归神经网络。

1) 简单案例分析

在一些智慧客服或者智慧订票系统中，往往需要槽填充。假如一个人对订票系统说“I would like to arrive Beijing on October 1nd”，那么系统要自动知道每个词汇属于哪一个槽位，例如“Beijing”属于目的地这个槽位，“October 1nd”属于到达时间这个槽位，其他词汇不属于任何槽位。

如果用前馈神经网络来解决这个问题，把词汇表示为词向量后，作为输入丢到前馈神经网络里去。在槽填充这个任务里，输出的是一个概率分布(属于哪个槽的概率)。

例如图 5.26 Beijing 属于槽“目的地”的概率、属于槽“出发地点”等。

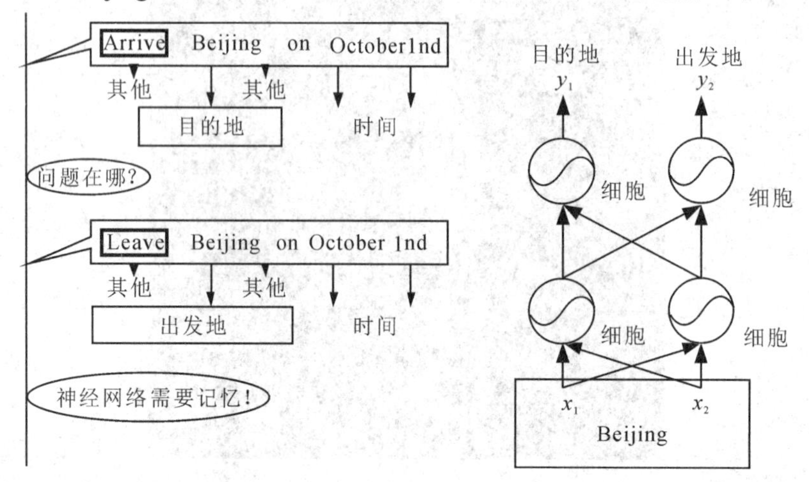

图 5.26　同一词汇在不同语境的示例

光有前馈神经网络是不能够做槽填充的。假设一个使用者说“arrive Beijing on October 1nd”，arrive 是其他，Beijing 是目的地，on 是其他，October 是时间，1nd 也是时间。另外一个使用者说“leave Beijing on October 1nd”，那 Beijing 就应该是出发地而不是目的地。但是对前馈神经网络来说，输入一样，输出也是一样的，不能让 Beijing 的输出既是目的地又是出发地。这个时候我们就希望神经网络是有记忆力的，在看到第一句的 Beijing 的时候，记得句前的 arrive，看到第二句的 Beijing 的时候记得 leave，可以根据词语的上下文，产生不同的输出。那有记忆的神经网络就做到相同输入，不同输出。

2) RNN 的结构

RNN 的结构如图 5.27 所示。

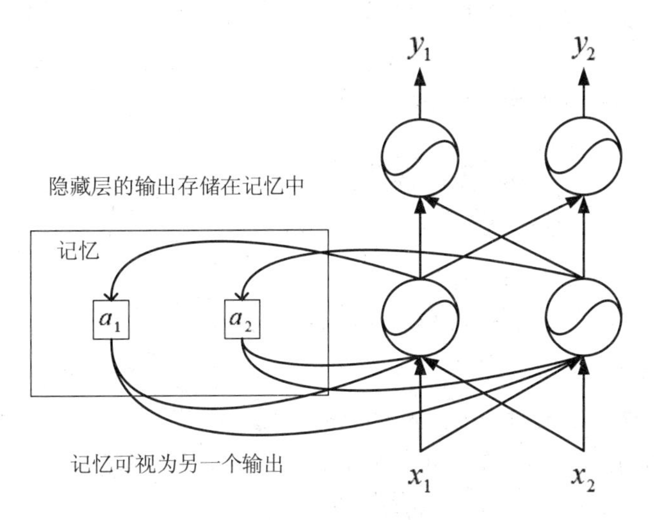

图 5.27　RNN 的基本结构

每次隐藏层里的神经元产生输出的时候，这个输出会被存到记忆里去。下一次有输入的时候，神经元不是只考虑 x_1，x_2，还会考虑存在记忆里的值，即 a_1，a_2 也会影响神经元的输出。

3) 举例分析

图 5.27 网络所有的权重为 1，所有的神经元没有偏置，假设所有的激活函数都是线性激活函数。

现在假设输入是一个序列 $\begin{bmatrix}1\\1\end{bmatrix}\begin{bmatrix}1\\1\end{bmatrix}\begin{bmatrix}2\\2\end{bmatrix}\cdots$，输入到循环神经网络里。在开始使用 RNN 前，要先设置记忆的初始值，现在假设初始值为[0，0]。输入[1，1]后，图 5.28 中左下神经元除了连接到输入[1，1]外，还连接到记忆中的[0，0]，那么输出等于 2，右下神经元输出应为 2，那么上面的神经元的输出都为 4。即：输入[1，1]，输出[4，4]。

如图 5.28 所示，接下来 RNN 会把下面的神经元的输出存在记忆里，记忆里的值更新为 2，再输入[1，1]，这时候下面神经元的输入为 4 个，[1，1]和[2，2]，权重都为 1，所以输出为 $2+2+2+1+1=6$，最后上面神经元的输出为 $6+6=12$。

所以对 RNN 来说，就算是同样的输入，也可能会有不同的输出，因为存在记忆里的值是不一样的。

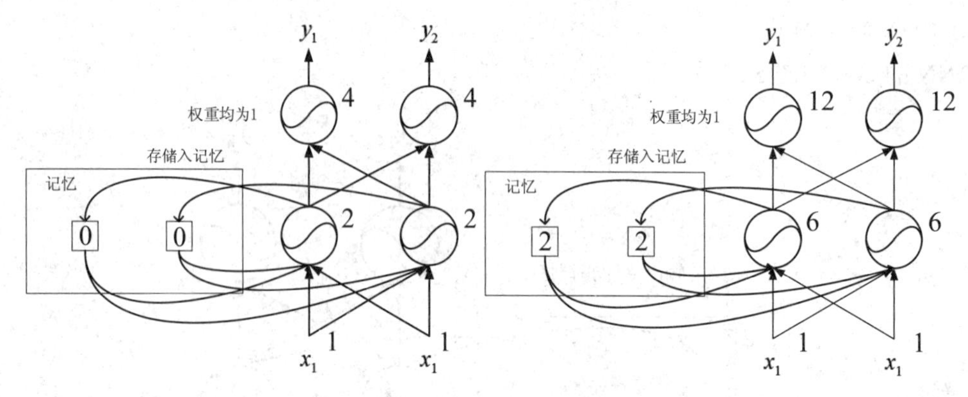

图 5.28　实例运行过程图

4) 用 RNN 做槽填充

当有一个用户说“arrive Beijing on October 1nd”则把 arrive 变成一个向量输入到神经网络中，隐藏层的输出为 a_1(是一排神经元的输出，是一个向量)，根据 a_1 产生 y_1 (arrive 属于哪一个槽的概率)，然后 a_1 被存到记忆里去。

接下来输入表示 Beijing 的向量，隐藏层会同时考虑 Beijing 和记忆中的 a_1，得到 a_2，再根据 a_2 得到 y_2 (Beijing 属于哪一个槽的概率)，然后 a_2 被存到记忆里去。

有了记忆之后，输入相同，就可以有不同输出了。如图 5.29 中的 Beijing，左侧的 Beijing 前面接的是 leave，右侧的 Beijing 前面接的是 arrive，因为 leave 和 arrive 的向量不同，所以记忆的值不同，隐藏层的输出也会不同。过程如图 5.29 所示。

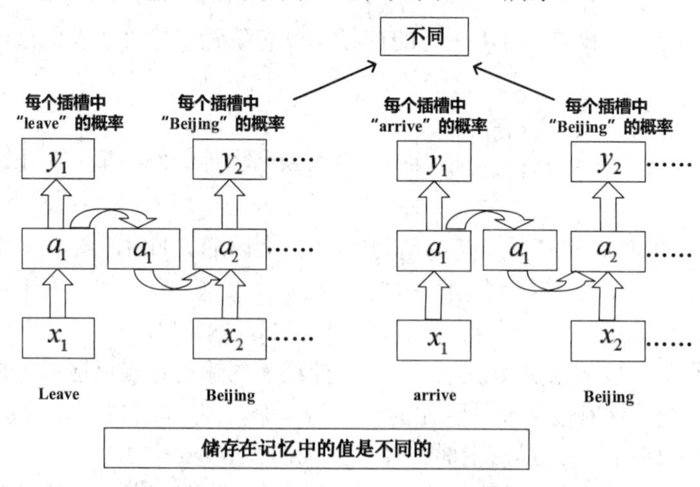

图 5.29　RNN 记忆处理过程图

5) RNN 隐藏层

按照时间线展开，可以清楚地看到上一时刻的隐藏层是如何影响当前时刻的隐藏层。流程图如图 5.30 所示。

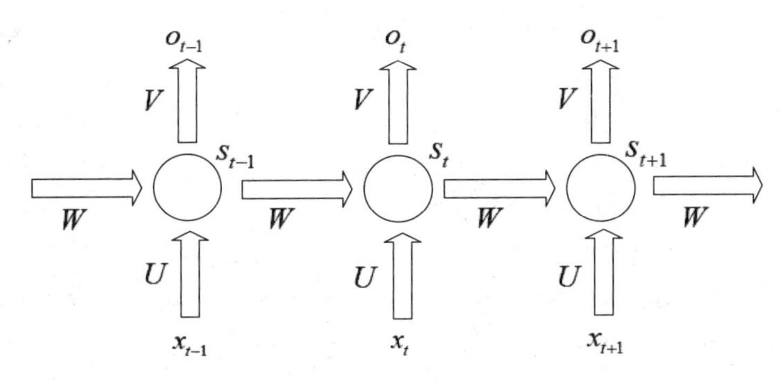

图 5.30　RNN 运行流程图

这个网络在 t 时刻接收到输入 x_t 之后，隐藏层的值是 s_t，输出值是 o_t。关键一点是，s_t 的值不仅仅取决于 x_t，还取决于 s_{t-1}。可用公式(5-8)来表示循环神经网络的计算方法。

$$
\begin{aligned}
o_t &= g(Vs_t) \\
s_t &= f(Ux_t + Ws_{t-1})
\end{aligned}
\tag{5-8}
$$

2. 经典案例

通过使用 RNN 算法，让计算机对 cos 函数的特征进行学习。最初输入的是 sin 函数，通过不断学习，最终生成的曲线能够与 cos 函数相拟合。图 5.31 是开始学习前的初始状态。

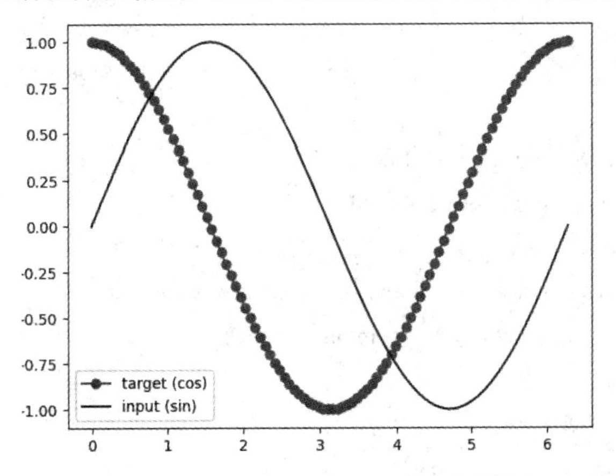

图 5.31　RNN 对函数曲线学习的初始图

3. 代码实现

RNN 算法代码实现。

```
# Hyper Parameters
TIME_STEP = 10          # RNN 时步
INPUT_SIZE = 1          # RNN 输入规模
CELL_SIZE = 32          #RNN 细胞大小
LR = 0.02               # 学习率
# show data
steps = np.linspace(0, np.pi*2, 100, dtype=np.float32)
x_np = np.sin(steps); y_np = np.cos(steps)
# float32 for converting torch FloatTensor
plt.plot(steps, y_np, 'r-', label='target (cos)'); plt.plot(steps, x_np, 'b-', label='input (sin)')
plt.legend(loc='best'); plt.show()
# tensorflow placeholders
tf_x = tf.placeholder(tf.float32, [None, TIME_STEP, INPUT_SIZE])
tf_y = tf.placeholder(tf.float32, [None, TIME_STEP, INPUT_SIZE])
# RNN
rnn_cell = tf.nn.rnn_cell.LSTMCell(num_units=CELL_SIZE)
init_s = rnn_cell.zero_state(batch_size=1, dtype=tf.float32)
outputs, final_s = tf.nn.dynamic_rnn(
rnn_cell,
tf_x,
initial_state=init_s,
time_major=False,             # False: (batch, time step, input); True: (time step, batch, input)
)
outs2D = tf.reshape(outputs, [-1, CELL_SIZE])
net_outs2D = tf.layers.dense(outs2D, INPUT_SIZE)
outs = tf.reshape(net_outs2D, [-1, TIME_STEP, INPUT_SIZE])
loss = tf.losses.mean_squared_error(labels=tf_y, predictions=outs)
train_op = tf.train.AdamOptimizer(LR).minimize(loss)
sess = tf.Session()
sess.run(tf.global_variables_initializer())
plt.figure(1, figsize=(12, 5)); plt.ion()
for step in range(60):
    start, end = step * np.pi, (step+1)*np.pi
    steps = np.linspace(start, end, TIME_STEP)
```

```
        x = np.sin(steps)[np.newaxis, :, np.newaxis]
        y = np.cos(steps)[np.newaxis, :, np.newaxis]
        if 'final_s_' not in globals():
            feed_dict = {tf_x: x, tf_y: y}
        else:
            feed_dict = {tf_x: x, tf_y: y, init_s: final_s_}
        _, pred_, final_s_ = sess.run([train_op, outs, final_s], feed_dict)
        # plotting
    plt.plot(steps, y.flatten(), 'r-'); plt.plot(steps, pred_.flatten(), 'b-')
    plt.ylim((-1.2, 1.2)); plt.draw(); plt.pause(0.05)
    plt.ioff();plt.show()
```

上述代码的运行结果如图 5.32 所示。

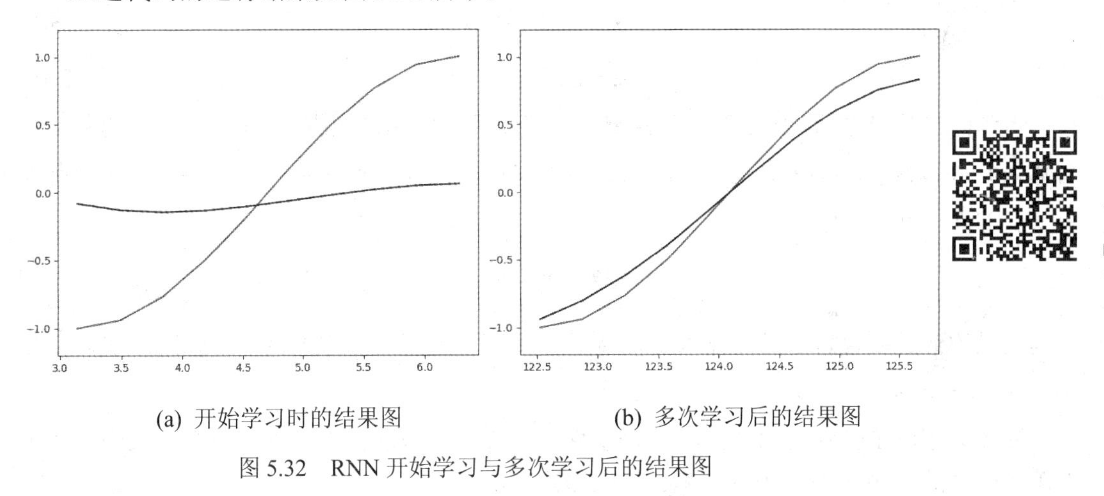

(a) 开始学习时的结果图　　　　(b) 多次学习后的结果图

图 5.32　RNN 开始学习与多次学习后的结果图

5.3.2　GRU

1. 原理讲解

1) GRU 的介绍

GRU(Gate Recurrent Unit)是循环神经网络(Recurrent Neural Network，RNN)的一种，是为了解决长期记忆和反向传播中的问题而提出来的。GRU 更容易进行训练，能够很大程度上提高训练效率，因此很多时候会更倾向于使用 GRU。

2) GRU 的输入输出结构

GRU 的输入输出结构与普通的 RNN 是一样的，有一个当前的输入 x_t 上一个节点传递下来的隐状态(Hidden State)s_{t-1}，这个隐状态包含了之前节点的相关信息。结合 x_t 和 s_t，GRU 会得到当前隐藏节点的输出 y_t 和传递给下一个节点的隐状态 s_t。GRU 的结构如图 5.33 所示。

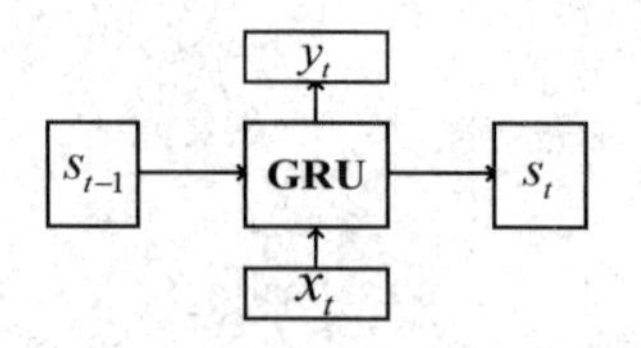

图 5.33　GRU 的结构图

3) GRU 的内部结构

通过上一个传输下来的状态 s_{t-1} 和当前节点的输入 x_t 来获取两个门控状态。如公式(5-9)、(5-10)所示，其中 r 控制重置的门控(Reset Gate)，z 为控制更新的门控(Update Gate)。σ 为 sigmoid 函数，通过这个函数可以将数据变换为 0-1 范围内的数值，从而来充当门控信号。

$$r = \sigma(W_r(x_t,\ s_{t-1})) \tag{5-9}$$

$$z = \sigma(W_z(x_t,\ s_{t-1})) \tag{5-10}$$

得到门控信号之后，使用重置门控来得到“重置”之后的数据 $s_{t-1}' = s_{t-1}$ □ r，再将 s_{t-1}' 与输入 x_t 进行拼接，再通过一个 tanh 激活函数来将数据放缩到 －1～1 的范围内。即得到如公式(5-11)所示的 s'。

$$s' = \tanh(W(x_t,\ s_{t-1}')) \tag{5-11}$$

这里的 s' 主要包含了当前输入的 x_t 数据。有针对性地对 添加到当前的隐藏状态，相当于“记忆了当前时刻的状态”。

图 5.34 为 GRU 的内部结构，□ 表示操作矩阵中对应的元素相乘，因此要求两个相乘矩阵是同型的。⊕ 则表示进行矩阵加法操作。

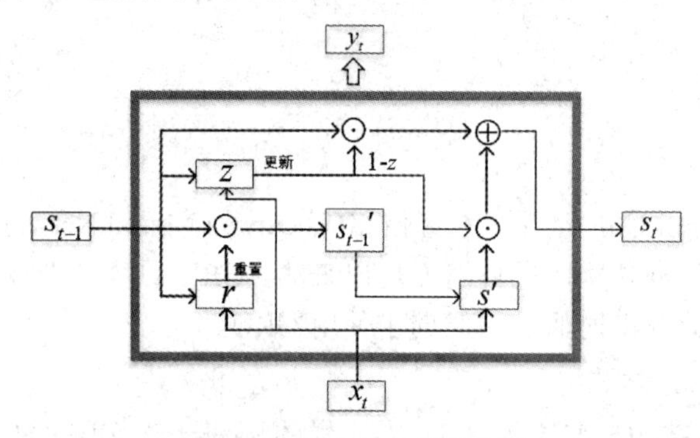

图 5.34　GRU 的内部结构图

4) GRU 的“更新记忆”

在这个阶段，同时进行了遗忘和记忆两个步骤。我们使用了先前得到的更新门控 z(Update Gate)。

更新表达式如公式(5-12)所示。

$$s_t=(1-z)\square\ s_{t-1}+\square\ s' \tag{5-12}$$

再次强调，门控信号(这里的)的范围为 0～1。门控信号越接近 1，代表“记忆”下来的数据越多；而越接近 0 则代表“遗忘”的越多。GRU 很聪明的一点就在于，使用了同一个门控 z 就同时可以进行遗忘和选择记忆。

(1) $(1-z)\square\ s_{t-1}$：表示对原本隐藏状态的选择性“遗忘”。这里的 $1-z$ 可以想象成遗忘门(Forget Gate)，忘记 s_{t-1} 维度中一些不重要的信息。

(2) $z\square\ s'$：表示对包含当前节点信息的 s' 进行选择性“记忆”。与上面类似，这里的 $1-z$ 同理会忘记 s' 维度中的一些不重要的信息。或者，这里我们更应当看作是对 s' 维度中的某些信息进行选择。

(3) $s_t=(1-z)\square\ s_{t-1}+z\square\ s'$：结合上述，这一步的操作就是忘记传递下来的 s_{t-1} 中的某些维度信息，并加入当前节点输入的某些维度信息。

可以看到，这里的遗忘 z 和选择 $1-z$ 是联动的。也就是说，对于传递进来的维度信息，我们会进行选择性遗忘，则遗忘了多少权重 z，就会使用包含当前输入的 s' 中所对应的权重进行弥补 $1-z$，以保持一种“恒定”状态。

总结：GRU 输入输出的结构与普通的 RNN 相似，其中的内部思想与下节讲的 LSTM 相似。

2. 经典案例

普通的循环神经网络无法解决梯度衰减的问题，所以循环神经网络在实际中较难捕捉时间序列中时间步距离较大的依赖关系。而门控循环神经网络(GRU)能更好地捕捉时间序列中时间步距离较大的依赖关系，它通过可以学习的门来控制信息的流动。下面通过 GRU 对 MINST 数据集的学习实例来观察 GRU 在验证集上的计算准确度。

3. 代码实现

GRU 代码实现。

```
# 导入 MINST 数据集
from tensorflow.examples.tutorials.mnist import input_data
```

```
mnist = input_data.read_data_sets("data/", one_hot=True)
tf.compat.v1.logging.set_verbosity(old_v)
batch_size = 100
time_step =28 # 时间步(每个时间步处理图像的一行)
data_length = 28 # 每个时间步输入数据的长度(这里就是图像的宽度)
learning_rate = 0.01
# 定义占位符
X_ = tf.placeholder(tf.float32, [None, 784])
Y_ = tf.placeholder(tf.int32, [None, 10])
# dynamic_rnn 的输入数据(batch_size, max_time, ...)
inputs = tf.reshape(X_, [-1, time_step, data_length])
# 验证集
validate_data = {X_: mnist.validation.images, Y_: mnist.validation.labels}
# 测试集
test_data = {X_: mnist.test.images, Y_: mnist.test.labels}
# 定义一个两层的 GRU 模型
gru_layers=rnn.MultiRNNCell([rnn.GRUCell(num_units=num)    for    num    in    [100,    100]],
state_is_tuple=True)
outputs, h_ = tf.nn.dynamic_rnn(gru_layers, inputs, dtype=tf.float32)
output = tf.layers.dense(outputs[:, -1, :], 10) #获取 GRU 网络的最后输出状态
# 定义交叉熵损失函数和优化器
loss = tf.losses.softmax_cross_entropy(onehot_labels=Y_, logits=output)
train_op = tf.train.AdamOptimizer(learning_rate).minimize(loss)
# 计算准确率
accuracy=tf.metrics.accuracy(labels=tf.argmax(Y_,axis=1),predictions=tf.argmax(output, axis=1))[1]
## 初始化变量
sess = tf.Session()
init = tf.group(tf.global_variables_initializer(), tf.local_variables_initializer())
sess.run(init)
for step in range(3000):
    # 获取一个 batch 的训练数据
train_x, train_y = mnist.train.next_batch(batch_size)
    _, loss_ = sess.run([train_op, loss], {X_: train_x, Y_: train_y})
```

```
    # 在验证集上计算准确率
    if step % 100 == 0:
        val_acc = sess.run(accuracy, feed_dict=validate_data)
        print('step:', step,'train loss: %.4f' % loss_, '| val accuracy: %.2f' % val_acc)
## 计算测试集史上的准确率
test_acc = sess.run(accuracy, feed_dict=test_data)
print('test loss: %.4f' % test_acc)
```

上述代码的运行结果如图 5.35 所示。

```
step: 0 train loss: 2.3052 | val accuracy: 0.13
step: 100 train loss: 0.1519 | val accuracy: 0.53
step: 200 train loss: 0.1007 | val accuracy: 0.68
step: 300 train loss: 0.0438 | val accuracy: 0.75
step: 400 train loss: 0.0623 | val accuracy: 0.80
step: 500 train loss: 0.1239 | val accuracy: 0.83
step: 600 train loss: 0.0623 | val accuracy: 0.85
step: 700 train loss: 0.0691 | val accuracy: 0.86
step: 800 train loss: 0.0951 | val accuracy: 0.88
step: 900 train loss: 0.0745 | val accuracy: 0.89
step: 1000 train loss: 0.1131 | val accuracy: 0.89
step: 1100 train loss: 0.1958 | val accuracy: 0.90
step: 1200 train loss: 0.0453 | val accuracy: 0.91
step: 1300 train loss: 0.0631 | val accuracy: 0.91
step: 1400 train loss: 0.0495 | val accuracy: 0.92
step: 1500 train loss: 0.0844 | val accuracy: 0.92
step: 1600 train loss: 0.0420 | val accuracy: 0.92
step: 1700 train loss: 0.0085 | val accuracy: 0.93
step: 1800 train loss: 0.0670 | val accuracy: 0.93
step: 1900 train loss: 0.2119 | val accuracy: 0.93
step: 2000 train loss: 0.0291 | val accuracy: 0.93
step: 2100 train loss: 0.0566 | val accuracy: 0.94
step: 2200 train loss: 0.0220 | val accuracy: 0.94
step: 2300 train loss: 0.0533 | val accuracy: 0.94
step: 2400 train loss: 0.0464 | val accuracy: 0.94
step: 2500 train loss: 0.1071 | val accuracy: 0.94
step: 2600 train loss: 0.0377 | val accuracy: 0.94
step: 2700 train loss: 0.1267 | val accuracy: 0.94
step: 2800 train loss: 0.1242 | val accuracy: 0.94
step: 2900 train loss: 0.2198 | val accuracy: 0.94
test loss: 0.9424
```

图 5.35 GRU 计算正确率结果图

5.3.3 LSTM

1. 原理讲解

1) LSTM 的结构

LSTM 是一种 RNN 特殊的类型，可以学习长期依赖信息。在很多问题上，LSTM 都取得相当巨大的成功，并得到了广泛的使用。LSTM 通过刻意的设计来避免长期依赖问题。记住长期的信息在实践中是 LSTM 的默认行为，而非需要付出很大代价才能获得的能力。结构如图 5.36 所示。

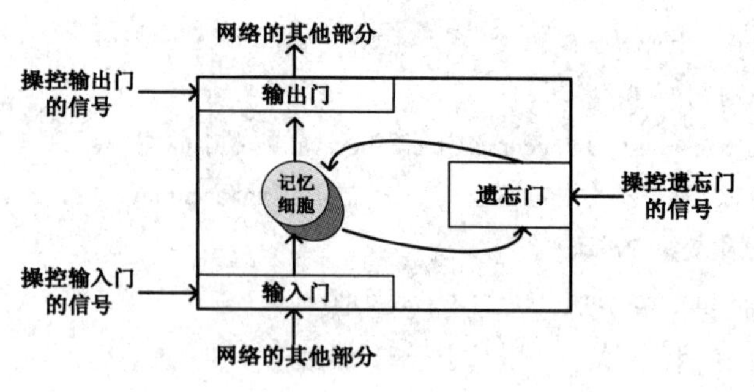

图 5.36　LSTM 的结构图

RNN 是比较简单的版本，随时可以把值存到记忆中，也可以随时读取记忆中的值。现在比较常用的记忆称为 Long Short-term Memory(长短期记忆单元)，比较复杂有 3 个门：

(1) 输入门：隐藏层的值要存到记忆时，要先通过输入门，被打开时才可以把值保存到 memory，门是打开还是关闭是神经元自己学习的；

(2) 输出门：输出的地方也有一个门，表示其他的神经元能否从记忆里读取值，只有被打开的时候才可以读取，输出门什么时候打开还是关闭也是神经元自己学习的；

(3) 遗忘门：第三个门，表示什么时候记忆要把过去保存的东西忘记，或者什么时候要把保存的东西做一些格式化，格式化还是保存下来也是神经元自己学习的。

一个 LSTM 记忆细胞，可以看成有 4 个输入，1 个输出。4 个输入分别是：

(1) 想要被存到记忆细胞里的值(由输入门控制是否保存)；

(2) 操控输入门的信号；

(3) 操控输出门的信号；

(4) 操控遗忘门的信号。

2) LSTM 的特点和计算过程

LSTM 的记忆还是一个比较短期的记忆(只是稍微长一点的短期记忆)，RNN 的记忆在每个时间点都会被更新掉，只保存前一个时间点的东西，而 LSTM 可以记得稍微长一点的东西。

详细的 LSTM 细胞结构如图 5.37 所示。

(1) z 是输入；

(2) z_i(一个数值)是操控输入门的信号；

(3) z_f 是操控遗忘门的信号；

(4) z_o 是操控输出门的信号；

(5) 最后得到一个输出 a。

假设一个单元里，有上面 4 个输入(z，z_i，z_f，z_o)之前，已经保存了值 c。z_i、z_f、z_o 通过的激活函数通常选择 Sigmoid 函数(取值 0～1，代表门被打开的程度)，激活函数输出为 1 代表门是处于打开的状态，为 0 表示门处于关闭的状态。

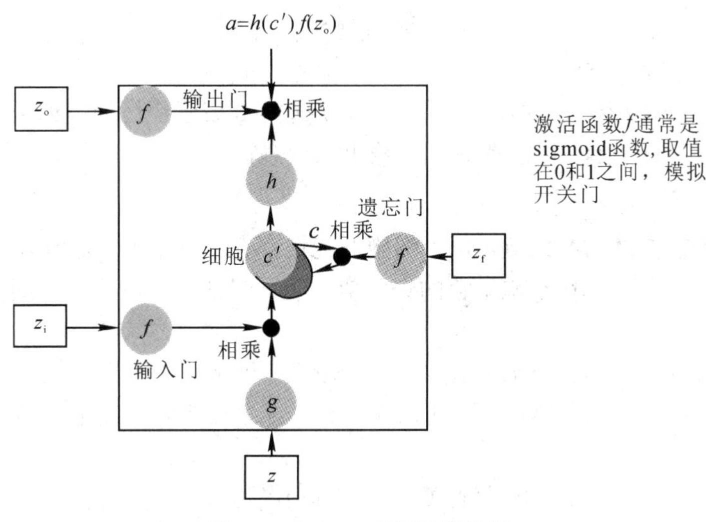

图 5.37　LSTM 的细胞结构图

计算当前时刻要保留的新信息 $g(z)f(z_i)$，过程如下：

(1) z 通过一个激活函数得到 $g(z)$，z_i 通过另一个激活函数得到 $f(z_i)$ (当前时刻信息保留程度)；

(2) 把 $g(z)$乘以 $f(z_i)$。

接下来由公式(5-13)计算当前时刻的保留信息(新的记忆值)。

$$c' = g(z)f(z_i) + cf(z_f) \tag{5-13}$$

(1) z_f通过另一个激活函数得到 $f(z_f)$ (上一个时刻的信息保留程度)；

(2) 把存在记忆里的 c 乘上 $f(z_f)$ (上一时刻要保留的信息)；

(3) 计算 $c' = g(z)f(z_i) + cf(z_f)$ (当前时刻要保留的新信息+上一时刻要保留的信息)；

(4) c'是新的保存在记忆里的值(当前时刻的保留信息)。

根据到目前为止的计算发现：

(1) $f(z_i)$在控制 $g(z)$，$f(z_i) = 0$ 就好像没有输入，$f(z_i) = 1$ 就好像直接把 $g(z)$输入；

(2) $f(z_f)$决定要不要把之前存在记忆里的 c 遗忘，$f(z_f) = 1$ 意思是保留之前的值，$f(z_f) = 0$ 意思是遗忘之前保留的值。

遗忘门跟我们直觉的想法是相反的，遗忘门打开的时候表示记得，关闭的时候表示遗忘。

最后计算要输出的信息，如公式(5-14)所示。

$$a = h(c')f(z_o) \tag{5-14}$$

(1) c' 通过 h 得到 $h(c')$；

(2) 遗忘门受 z_o 操控，z_o 通过 f 得到 $f(z_o)$，$f(z_o) = 0$ 表示记忆的值无法通过输出门；

(3) 把 $h(c')$ 和 $f(z_o)$ 乘起来(当前时刻要输出的信息)。

3) LSTM 和 RNN 的关系

假设有一整排的 LSTM 细胞，每个细胞的记忆都存了一个值。把所有记忆值接起来变成一个向量，写成 c^{t-1}，记忆细胞里存的记忆值代表向量的一个维度在时间点 t 输入一个向量 $\boldsymbol{x}_t$。

(1) $\boldsymbol{x}_t$ 首先乘上一个线性的转换函数(一个矩阵)，变成另外一个向量 z；

z 的每个维度是每个 LSTM 细胞的输入，第一维丢给第一个细胞，第二维丢给第二个细胞，以此类推；

(2) $\boldsymbol{x}_t$ 再乘上另一个线性的转换函数(一个矩阵)得到 z_i；

z_i 的每个维度是每个 LSTM 细胞的输入门的输入值(来操控输入门打开的程度)；

(3) $\boldsymbol{x}_t$ 再乘上另一个线性的转换函数(一个矩阵)得到 z_f；

z_f 的每个维度是每个 LSTM 细胞的遗忘门的输入值(来操控遗忘门打开的程度)；

(4) $\boldsymbol{x}_t$ 再乘上另一个线性的转换函数(一个矩阵)得到 z_o；

z_o 的每个维度是每个 LSTM 细胞的输出门的输入值(来操控输出门打开的程度)；

得到 4 个向量，每个向量的维度和细胞个数相同，那么 4 个向量合起来就会去操控所有记忆细胞的运作。运行过程如图 5.38 所示。

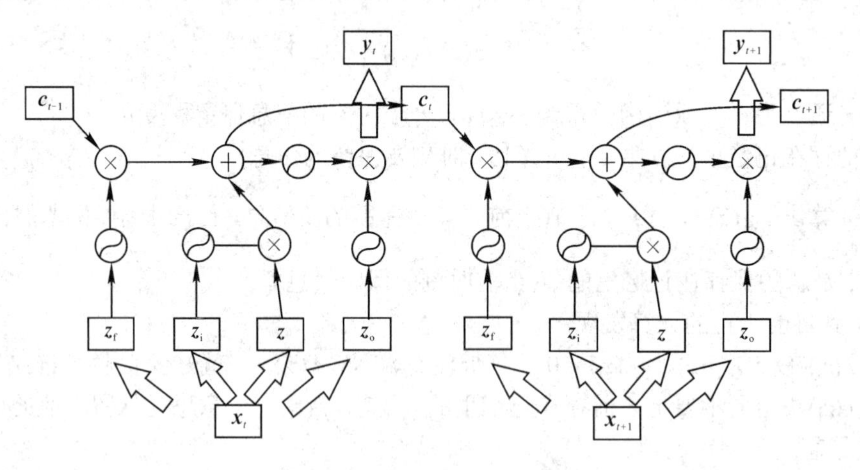

图 5.38 LSTM 的运行过程

注意 4 个 z 都是向量，输入到每个细胞里的只是向量中的一个维度，那么进入不同细胞的是不同维度的数据。

虽然每个细胞输入的数据不一样，但是这些数据可以一起运算。所有细胞的运算过程如下：

(1) z_i 通过激活函数的值，要乘以 z，即计算当前时刻要保留的新信息；

(2) z_f 通过激活函数的值，要乘以记忆保存的值，即计算上一时刻要保留的信息；

(3) z_o 通过激活函数的值，即保留信息的输出程度。

然后当前时刻要保留的新信息+上一时刻要保留的信息，再通过一个激活函数得到一个值，(这个值)乘(保留信息的输出程度)得到最后的输出 $\boldsymbol{y}_t$。

当前时刻要保留的新信息+上一时刻要保留的信息=当前时刻要保留的信息(记忆里要存的值 $\boldsymbol{c}_t$)。

当前时刻要保留的信息×保留信息的输出程度=要输出的信息($\boldsymbol{y}_t$)。

计算过程反复继续下去，在下一个时间点输入 $\boldsymbol{x}_{t+1}$。

图 5.38 不是 LSTM 的最终形态，只是一个简单的版本。

真正的 LSTM 会把输出接进来，把隐藏层的输出当做下一个时间点的输入，下一个时间点操控门的值不只是只看 $\boldsymbol{x}_{t+1}$，还会看 h_t。具体过程如图 5.39 所示。

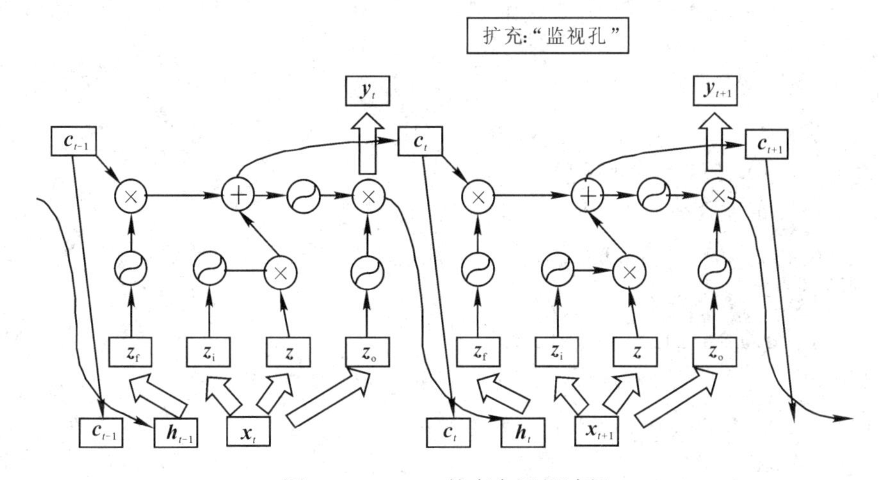

图 5.39　LSTM 的真实运行过程

还会加上一个叫“监视孔”的功能，监视孔会把存在记忆细胞里的值也拉过来。所以在计算 4 个 z 的时候，同时考虑了 $\boldsymbol{x}$、$\boldsymbol{h}$、$\boldsymbol{c}$。$\boldsymbol{x}$、$\boldsymbol{h}$、$\boldsymbol{c}$ 并在一起乘上 4 个不同的转换，得到 4 个不同的 $\boldsymbol{x}$ 向量，再去操控 LSTM 的门。

2. 经典案例

LSTM 规避了标准 RNN 中梯度爆炸和梯度消失的问题，所以会显得更好用，学习速度更快。下文案例使用 LSTM 对文本集样本进行学习。在语言模型中，LSTM 结构的这种影响是可以影响前后词之间词形的相关性的，例如前面输入的是一个代词或名词，后面跟随的动词会学到是否使用“三单形式”或根据前面输入的名词数量来决定输出的是单数形式还是复数形式。在实现 LSTM 的代码中，使用了 accuracy(越低表示模型输出的概率分布在预测样本上越好)来测评模型。

3. 代码实现

一部电影的评论有正向的和负向的，下述代码是实现对电影评论数据集的二分类，通过对已有电影评论数据集的文本学习，来达到对给定电影评论文本数据的二分类结果。

```
# IMDB：一个电影评分数据集，有两类，positive 与 negative
imdb = keras.datasets.imdb
vocab_size = 10000
index_from = 3
(train_data, train_labels), (test_data, test_labels) = imdb.load_data(
num_words = vocab_size, #  数据中
词表的个数，根据词出现的频次，前 10000 个会被保留，其余当做特殊字符处理
index_from = index_from) #  词表的
下标从 3 开始计算

print(train_data[0],train_labels[0])
print(train_data.shape, train_labels.shape) #  每个训练样本都是变长的
print(len(train_data[0]), len(train_data[1])) # 此如第一个样本的长度是 218，第二个样本的长度
就是 189
print(test_data.shape, test_labels.shape)

word_index = imdb.get_word_index() #  获取词表
print(len(word_index)) #  打印词表长度
print(list(word_index.items())[:50]) #  打印词表的前 50 个  key:value 形式

"""
更改词表 ID
因为我们读取词表的时候是从下标为 3 的时候开始计算的，所以此时要加 3
使词表坐标偏移的二的是为了增加一些特殊字符
"""
```

```
word_index = {
k:(v+3) for k, v in word_index.items()}
word_index['<PAD>'] = 0 # padding 时用来填充的字符
word_index['<START>'] = 1 #  每个句子开始之前的字符
word_index['<UNK>'] = 2 #  无法识别的字符
word_index['<END>'] = 3 #  每个句子结束时的字符
# id->word 的索引
reverse_word_index = dict(
[(value, key) for key, value in word_index.items()])
def decode_review(text_ids):
return ' '.join(
[reverse_word_index.get(word_id, "<UNK>") for word_id in text_ids]) #  没有找到的
id 默认用<UNK>代替
#  打印 train_data[0]中 ID 对应的语句
decode_review(train_data[0])

max_length = 500 #  句子的长度，长度低于 500 的句子会被 padding 补齐，长度低于 500 的句子
会被截断
"""
利用 keras.preprocessing.sequence.pad_sequences 对训练集与测试集数据进行补齐和截断
"""
#  处理训练集数据
train_data = keras.preprocessing.sequence.pad_sequences(
train_data, #  要处理的数据
value = word_index['<PAD>'], #  要填充的值
padding = 'post', # padding 的顺序：post 指将 padding 放到句子的后面, pre 指将 p
adding 放到句子的前面
maxlen = max_length) #  最大的长度
#  处理测试集数据
test_data = keras.preprocessing.sequence.pad_sequences(
test_data, #  要处理的数据
value = word_index['<PAD>'], #  要填充的值
```

```
padding = 'post', # padding 的顺序：post 指将 padding 放到句子的后面, pre 指将 p
adding 放到句子的前面
maxlen = max_length) #  最大的长度
print(train_data[0])

embedding_dim = 16 #  每个 word embedding 成一个长度为 16 的向量
batch_size = 512 #  每个 batch 的长度
"""
单层单向的 RNN
"""
model = keras.models.Sequential([
# embedding 层的作一用
# 1.  定义一个矩阵  matrix: [vocab_size, embedding_dim] ([10000, 16])
# 2.  对于每一个样本[1,2,3,4..],将其变为  max_length * embedding_dim 维度的数据,即每一个词
都变为长度为 16 的向量
# 3.  最后的数据为三维矩阵：batch_size * max_length * embedding_dim
keras.layers.Embedding(vocab_size, #  词表的长度
embedding_dim, # embedding 的长度
input_length = max_length), #  输入的长度
# units:输出空间维度
# return_sequences: 布尔值。是返回输出序列中的最后一个输出，还是全部序列。
keras.layers.SimpleRNN(units = 64, return_sequences = False),
#  全连接层
keras.layers.Dense(64, activation = 'relu'),
keras.layers.Dense(1, activation='sigmoid'),
])
model.summary()

embedding_dim = 16
batch_size = 512
model = keras.models.Sequential([
# 1. define matrix: [vocab_size, embedding_dim]
```

```
# 2. [1,2,3,4..], max_length * embedding_dim
# 3. batch_size * max_length * embedding_dim
keras.layers.Embedding(vocab_size, embedding_dim,
input_length = max_length),
keras.layers.Bidirectional(
keras.layers.SimpleRNN(
units = 64, return_sequences = True)),
keras.layers.Dense(64, activation = 'relu'),
keras.layers.Dense(1, activation='sigmoid'),
])
model.summary()
model.compile(optimizer = 'adam',
loss = 'binary_crossentropy',
metrics = ['accuracy'])

"""
单层单向的 LSTM
"""
model = keras.models.Sequential([
# embedding 层的作用
# 1. 定义一个矩阵 matrix: [vocab_size, embedding_dim] ([10000, 16])
# 2. 对于每长个样本[1,2,3,4..],将其变为 max_length * embedding_dim 维度的数据,即每一个词
都变为长度为 16 的向量
# 3. 最后的数据为三维矩阵：batch_size * max_length * embedding_dim
keras.layers.Embedding(vocab_size, # 词表的长度
embedding_dim, # embedding 的长度
input_length = max_length), # 输入的长度
# units:输出空间维度
# return_sequences: 布尔值。是返回输出序列中的最后一个输出，还是全部序列。
keras.layers.LSTM(units = 64, return_sequences = False),
keras.layers.Dense(64, activation = 'relu'),
keras.layers.Dense(1, activation='sigmoid'),
```

上述代码的运行结果如图 5.40 所示。

```
])
model.summary()
model.compile(optimizer = 'adam',
loss = 'binary_crossentropy',
metrics = ['accuracy'])

embedding_dim = 16
batch_size = 512
"""
双向双层的 LSTM
"""
model = keras.models.Sequential([
# 1. define matrix: [vocab_size, embedding_dim]
# 2. [1,2,3,4..], max_length * embedding_dim
# 3. batch_size * max_length * embedding_dim
keras.layers.Embedding(vocab_size, embedding_dim,
input_length = max_length),
keras.layers.Bidirectional(
keras.layers.LSTM(
units = 64, return_sequences = True)),
keras.layers.Dense(64, activation = 'relu'),
keras.layers.Dense(1, activation='sigmoid'),
])
model.summary()
model.compile(optimizer = 'adam',
loss = 'binary_crossentropy',
metrics = ['accuracy'])

model.compile(optimizer = 'adam',loss = 'binary_crossentropy',metrics = ['accuracy'])
history_single_rnn = model.fit(train_data, train_labels,epochs = 30,batch_size = batch_
size,validation_split = 0.2)
```

上述代码的运行结果如图 5.40 所示。

```
20000/20000 [==============================] - 4s 184us/sample - loss: 0.6
363 - accuracy: 0.5468 - val_loss: 0.7144 - val_accuracy: 0.5134
Epoch 20/30
20000/20000 [==============================] - 4s 185us/sample - loss: 0.6
355 - accuracy: 0.5436 - val_loss: 0.7183 - val_accuracy: 0.5228
Epoch 21/30
20000/20000 [==============================] - 4s 182us/sample - loss: 0.6
347 - accuracy: 0.5477 - val_loss: 0.7230 - val_accuracy: 0.5232
Epoch 22/30
20000/20000 [==============================] - 4s 185us/sample - loss: 0.6
343 - accuracy: 0.5437 - val_loss: 0.7275 - val_accuracy: 0.5234
Epoch 23/30
20000/20000 [==============================] - 4s 184us/sample - loss: 0.6
336 - accuracy: 0.5501 - val_loss: 0.7325 - val_accuracy: 0.5140
Epoch 24/30
20000/20000 [==============================] - 4s 183us/sample - loss: 0.6
333 - accuracy: 0.5432 - val_loss: 0.7365 - val_accuracy: 0.5226
Epoch 25/30
20000/20000 [==============================] - 4s 183us/sample - loss: 0.6
328 - accuracy: 0.5483 - val_loss: 0.7420 - val_accuracy: 0.5226
Epoch 26/30
20000/20000 [==============================] - 4s 184us/sample - loss: 0.6
323 - accuracy: 0.5462 - val_loss: 0.7482 - val_accuracy: 0.5218
Epoch 27/30
20000/20000 [==============================] - 4s 184us/sample - loss: 0.6
321 - accuracy: 0.5448 - val_loss: 0.7562 - val_accuracy: 0.5228
Epoch 28/30
20000/20000 [==============================] - 4s 184us/sample - loss: 0.6
313 - accuracy: 0.5513 - val_loss: 0.7681 - val_accuracy: 0.5148
Epoch 29/30
```

图 5.40　在测试集上运行 LSTM 的 accuracy 数据结果图

5.4　生成对抗网络

生成对抗网络(Generative Adversarial Networks，GAN)是一种深度学习模型，用于无监督学习。模型通过框架中两个基本模块：生成器(Generator)和判别器(Discriminator)的互相博弈学习产生较好的输出。目前，生成对抗网络可用于图像生成、数据增强等领域。

5.4.1　GAN

1. GAN 原理讲解

GAN 是最基本的生成对抗网络，包括两个基本模块：生成器(Generator)和判别器(Discriminator)。生成器主要用来学习真实图像分布从而让自身生成的图像更加真实，以“骗”过判别器。判别器则需要对接收的图片进行真假判别。GAN 的具体结构如图 5.41 所示。

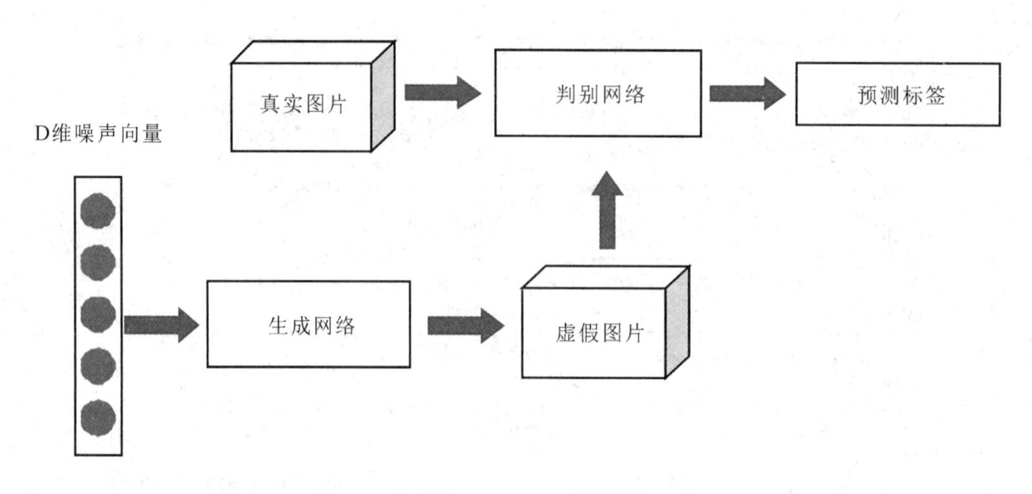

图 5.41　GAN 结构图

在图像领域，对于生成器而言，输入一个向量，输出一幅图片，向量的某一维对应图片的某个特征。例如，如图 5.42 所示，如果要生成二次元图片，可能第一维对应的是二次元人物的头发长短；第二维对应的是二次元人物的眼睛的大小，……；最后一维对应嘴巴张开的大小。对于判决器，输入一张图片，输出分值越大，说明生成的图片质量越接近真实图片。在整个过程中，生成器的任务是让生成的图像更加真实，而判别器的任务是去识别出图像的真假，在这个过程中，生成器和判别器不断地进行对抗，最终两个网络达到动态平衡。

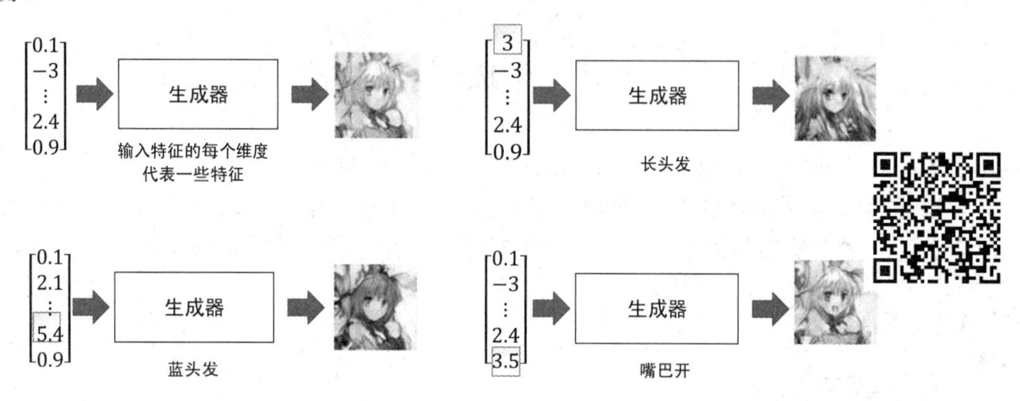

图 5.42　图片维度对应特征

2. 经典案例

案例描述：以下是 GAN 网络具体的实现代码示例。在此示例中，使用 GAN 生成无数个点，从而形成一个以(0，0)点为圆心，以 3 为半径的圆。

实现上述案例的代码，主要包括生成器和判别器的搭建。本案例的圆是由噪声随机数生成。相应伪代码如下。

```
for i in range(训练的迭代次数)):
    for j in range(k 步):
从噪音分布中取出 m 个噪音样本
从数据分布中取出 m 个样本
利用随机梯度上升法更新判别器 D
从噪音分布中取出 m 个噪音样本
利用随机梯度下降法更新生成器 G
```

3. 代码实现

根据上述经典案例中的案例描述，可用 GAN 算法绘出一个以(0,0)为圆心，以 3 为半径的圆，代码如下：

```
#生成器
g_layers=[1,32,64,128,2]
#第一层
Wg_1=tf.Variable(tf.truncated_normal(shape=[g_layers[0],g_layers[1]],stddev=0.1),name="Wg1")
bg_1 = tf.Variable(tf.zeros(shape=[g_layers[1]]),"biasg1")
#第二层
Wg_2 = tf.Variable(tf.truncated_normal(shape=[g_layers[1],g_layers[2]],stddev=0.1),name="Wg2")
bg_2 = tf.Variable(tf.zeros(shape=[g_layers[2]]),"biasg2")
#第三层
Wg_3 = tf.Variable(tf.truncated_normal(shape=[g_layers[2],g_layers[3]],stddev=0.1),name="Wg3")
bg_3 = tf.Variable(tf.zeros(shape=[g_layers[3]]),"biasg3")
#输出层
Wg_4 = tf.Variable(tf.truncated_normal(shape=[g_layers[3],g_layers[4]],stddev=0.1),name="Woutputg")
bg_4 = tf.Variable(tf.zeros(shape=[g_layers[4]]),"Woutputg")
#生成器的搭建
def G(noise):
    print(type(noise))
    z = noise
    featureMapg1 = tf.nn.relu(tf.matmul(z,Wg_1)+ bg_1 )
    featureMapg2 = tf.nn.sigmoid(tf.matmul(featureMapg1,Wg_2)+bg_2)
    featureMapg3 = tf.nn.relu(tf.matmul(featureMapg2,Wg_3)+bg_3)
```

```
fake_x = 6*(tf.nn.sigmoid(tf.matmul(featureMapg3,Wg_4)+bg_4) -0.5)
    return fake_x
#判别器
d_layers=[2,16,64,80,1]
#第一层的权值矩阵
Wd_1 = tf.Variable(tf.truncated_normal(shape=[d_layers[0],d_layers[1]],stddev=0.1),name="Wd1")
bd_1 = tf.Variable(tf.zeros(shape=[d_layers[1]]),"biasd1")
#第二层的权值矩阵
Wd_2 = tf.Variable(tf.truncated_normal(shape=[d_layers[1],d_layers[2]],stddev=0.1),name="Wd2")
bd_2 = tf.Variable(tf.zeros(shape=[d_layers[2]]),"biasd2")
#第三层的权值矩阵
Wd_3 = tf.Variable(tf.truncated_normal(shape=[d_layers[2],d_layers[3]],stddev=0.1),name="Wd3")
bd_3 = tf.Variable(tf.zeros(shape=[d_layers[3]]),"biasd3")
#输出层的权值矩阵
Wd_4 = tf.Variable(tf.truncated_normal(shape=[d_layers[3],d_layers[4]],stddev=0.1),name="Woutputd")
bd_4 = tf.Variable(tf.zeros(shape=[d_layers[4]]),"Woutputd")
#判别器的搭建
def D(input_x):
    x = input_x
    #x = tf.reshape(input_x,shape=[None,2])
    featureMapd1 = tf.nn.relu(tf.matmul(x,Wd_1)+ bd_1 )
    featureMapd2 = tf.nn.tanh(tf.matmul(featureMapd1,Wd_2)+bd_2)
    featureMapd3 = tf.nn.relu(tf.matmul(featureMapd2,Wd_3)+bd_3)
    score= tf.nn.sigmoid(tf.matmul(featureMapd3,Wd_4)+bd_4)
    return score
#主函数实现
if __name__ == '__main__':
max_epoch = 1000
    step = 1
    with tf.Session() as sess:
        sess.run(tf.initialize_all_variables())
        while step< 30000:
            for _k in range(k):
                input_points = dator.next_batch(batch)
```

```
                noises = np.random.normal(size=[batch,1])
                loss,learner= sess.run(fetches=[d_loss,d_learner],feed_dict={realpoint_x:input_points,
            noise_z:noises})
                input_points=dator.next_batch(batch)
            noises = np.random.normal(size=[batch,1])
            loss,learner = sess.run(fetches=[g_loss,g_learner],feed_dict={realpoint_x:input_   points,noise_
    z:noises})
            if step % 100 ==0:
                print({'step':step,'loss':loss,'epoch':dator.epoch})
            step +=1
        print("#############TEST################")
        noises = np.random.normal(size=[batch,1])
        fake_point = sess.run(fetches=[fake_x],feed_dict = {noise_z:noises})[0]
        print(fake_point)
        plt.scatter(x=fake_point[:,0],y=fake_point[:,1],c='g',marker='+')
        noises = np.random.normal(size=[batch,1])
        fake_point = sess.run(fetches=[fake_x],feed_dict = {noise_z:noises})[0]
        print(fake_point)
        plt.scatter(x=fake_point[:,0],y=fake_point[:,1],c='g',marker='*')
plt.show()
```

运行结果如图 5.43 所示。

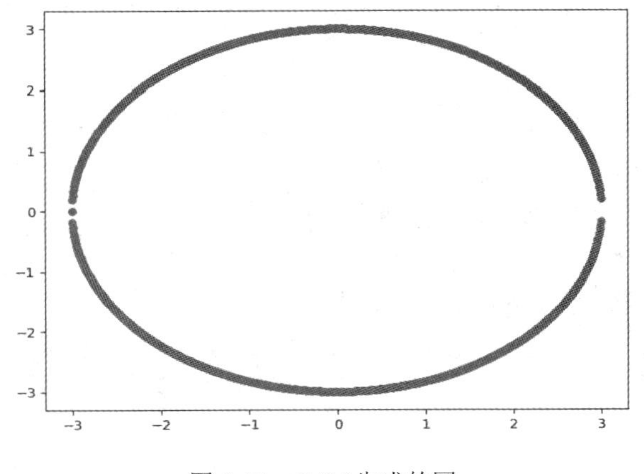

图 5.43　GAN 生成的圆

5.4.2 SGAN

1. SGAN 原理讲解

SGAN(Semi-supervised GAN，SGAN)是指半监督生成对抗网络。在 SGAN 中，就是把 GAN 的二分类转化为多分类，类型数量为 N+1，指代 N 个标签的数据和“一个假数据”。SGAN 被提出的用意在可以同时训练生成器与半监督式分类器，最终实现一个更优的半监督式分类器以及一个成像更高的生成模型。SGAN 的具体结构如图 5.44 所示。

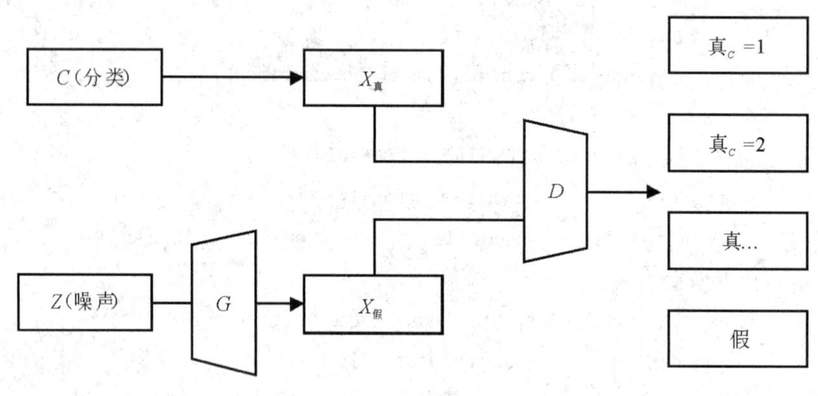

图 5.44　SGAN 结构图

2. 经典案例

案例描述：以下是 SGAN 网络具体的实现代码示例。在此示例中，使用 SGAN 生成地图图像。以下是相应伪代码。

```
Input I:总共迭代的次数
for i= 1 to I do
#训练判别器
输入来自噪声先验 pg(z)的 m 个噪声样本
输入真实数据样本的 pd(x)的 m 个样本
对判别器 D 进行梯度下降(D/C 的每次输入批量为联合后的 2m)
#训练生成器
输入来自噪声先验 pg(z)的 m 个噪声样本
对生成器 G 进行梯度下降(G 的每次输入批量为 m)
end for
```

3. 代码实现

根据上述经典案例中的案例描述，可用 SGAN 算法生成地图图像，代码如下：

```
#判别器模型的搭建
```

```
def discriminator(self, image, reuse=False):
"""
        In discriminator network batch normalization
        used on all layers except input and output
        :param image:
        :param reuse:
        :return:
"""
        with tf.variable_scope("discriminator") as scope:
            if reuse:
                scope.reuse_variables()
            # down sample the first layer
            conv, weight = convolution(image, self.d_filters[0], name='d_h0_conv')
            if not reuse:
                self.d_weights.append(weight)
                self.d_layers.append(lrelu(conv))
            for i in range(0, self.opt.num_layers - 2):
                conv, weight = convolution(self.d_layers[-1],self.d_filters[i+1],
                                            name='d_h'+str(i+1)+'_conv')
                if not reuse:
                    self.d_weights.append(weight)
                    self.d_layers.append(lrelu(self.d_bn_layers[i](conv)))
            # last layer
            logit, weight = convolution(self.d_layers[-1], self.d_filters[-1], name='d_h4_conv')
            if not reuse:
                self.d_weights.append(weight)
                self.d_layers.append(tf.nn.sigmoid(logit))
        return self.d_layers[-1], logit
#生成器模型的搭建
    def generator(self, z, reuse=False, train=True):
"""
        In generator network batch normalization used
        to all layers except the output layer
```

```
"""
            with tf.variable_scope("generator") as scope:
                if reuse:
                        scope.reuse_variables()
                if train:
                    _, h, w, in_channels = [i.value for i in z.get_shape()]
                else:
                    sh = tf.shape(z)
                    h = tf.cast(sh[1], tf.int32)
                    w = tf.cast(sh[2], tf.int32)
                self.g_layers.append(z)
                # upscale image num_layers times
                for i in range(0, self.opt.num_layers - 1):
                    new_h = (2**(i+1))*(h-1)+1
                    new_w = (2**(i+1))*(w-1)+1
                    out_shape = [self.batch_size, new_h, new_w, self.g_filters[i]]
                    # deconvolve / upscale 2 times
                    layer,weight=deconvolution(self.g_layers[-1], out_shape, i, name='g_h'+str(i))
                    self.g_weights.append(weight)
                    # batch normalization and activation
                    self.g_layers.append(tf.nn.relu(self.g_bn_layers[i](layer, train)))
                # upscale
                layer,weight=deconvolution(self.g_layers[-1],[self.batch_size,
                            (2**self.opt.num_layers)*(h-1)+1,
                            (2**self.opt.num_layers)*(w-1)+1,
self.g_filters[self.opt.num_layers-1]],
                            self.opt.num_layers-1,name='g_h'+str(self.opt.num_layers-1))
self.g_weights.append(weight)
                # activate without batch normalization
self.g_layers.append(tf.nn.tanh(layer, name='output'))
                return self.g_layers[-1]
```

运行结果如图 5.45 所示。

图 5.45　SGAN 生成的图像

5.4.3　CGAN

1. CGAN 原理讲解

CGAN(Conditional GAN，CGAN)是条件生成对抗网络。条件生成对抗网络指的是在生成对抗网络中加入条件(condition)，条件的作用是监督生成对抗网络。原理结构如图 5.46 所示。

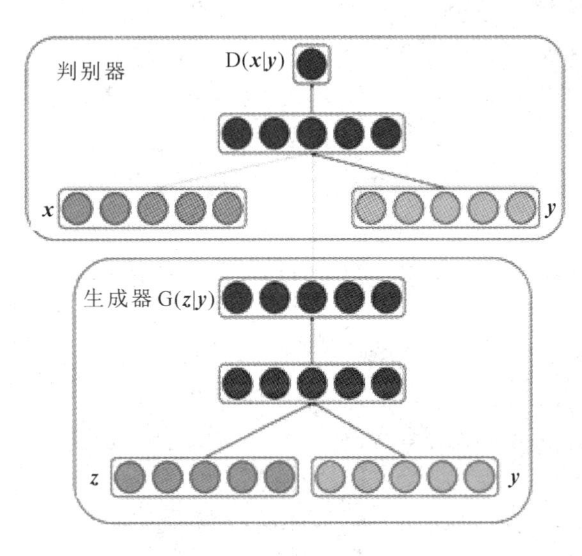

图 5.46　CGAN 原理图

与原始的生成对抗网络相比，条件生成对抗网络 CGAN 在生成器的输入和判别器的输入中都加入了条件 $\boldsymbol{y}$。这个 $\boldsymbol{y}$ 可以是任何类型的数据(可以是类别标签或者其他类型的数据)，目的是有条件地监督生成器生成的数据，使得生成器生成结果的方式不是完全无监督的。

2. 经典案例

案例描述：以下是 CGAN 网络具体的实现代码示例，在此示例中，使用 CGAN 生成数字 0～9 的图像。

实现上述案例的代码，主要通过固定生成器的参数，单独训练判别器，从而提高分类器性能。本案例的图像是以 MNIST 数据集中的数据作为训练依据。实现该案例对应的伪代码为：

```
Input I:总共迭代的次数
for i= 1 to I do
#训练判别器
初始化输入
定义优化器
输入噪声数据 m 个
输入真实数据样本 m 对
对判别器 D 进行梯度下降
#训练生成器
把原始样本和其标签一起放入
把生成样本和其伪造标签一起放入
从原始真实样本数据中找出 m 个条件
对生成器 G 进行梯度下降
end for
```

3. 代码实现

根据上述经典案例中的案例描述，可用 CGAN 算法生成数字 0～9 的手写图像，代码如下：

```
#生成器模型的搭建
def Gnet(rand_x, y):
z_cond = tf.concat([rand_x, y], axis=1)   # 噪声的输入也要加上标签，
        w1 = tf.Variable(xavier_init([128 + 10, 128]))
        b1 = tf.Variable(tf.zeros([128]), dtype=tf.float32)
        y1 = tf.nn.relu(tf.matmul(z_cond, w1) + b1)
        w2 = tf.Variable(xavier_init([128, 784]))
```

```
        b2 = tf.Variable(tf.zeros([784]), dtype=tf.float32)
        y2 = tf.nn.sigmoid(tf.matmul(y1, w2) + b2)
        # 待训练参数要一并返回
        params = [w1, b1, w2, b2]
        return y2, params
    #判别器器模型的搭建
    def Dnet(real_x, fack_x, y):
        realx_cond = tf.concat([real_x, y], axis=1)   # 把原始样本和其标签一起放入
        fackx_cond = tf.concat([fack_x, y], axis=1)   # 把生成样本和其伪造标签一起放入
        w1 = tf.Variable(xavier_init([784 + 10, 128]))
        b1 = tf.Variable(tf.zeros([128]), dtype=tf.float32)
        real_y1 = tf.nn.dropout(tf.nn.relu(tf.matmul(realx_cond, w1) + b1), 0.5)   # 不加 dropout 迭代到
一定次数会挂掉
        fack_y1 = tf.nn.dropout(tf.nn.relu(tf.matmul(fackx_cond, w1) + b1), 0.5)
        w2 = tf.Variable(xavier_init([128, 1]))
        b2 = tf.Variable(tf.zeros([1]), dtype=tf.float32)
        real_y2 = tf.nn.sigmoid(tf.matmul(real_y1, w2) + b2)
        fack_y2 = tf.nn.sigmoid(tf.matmul(fack_y1, w2) + b2)
        params = [w1, b1, w2, b2]
        return real_y2, fack_y2, params
```

运行结果如图 5.47 所示。

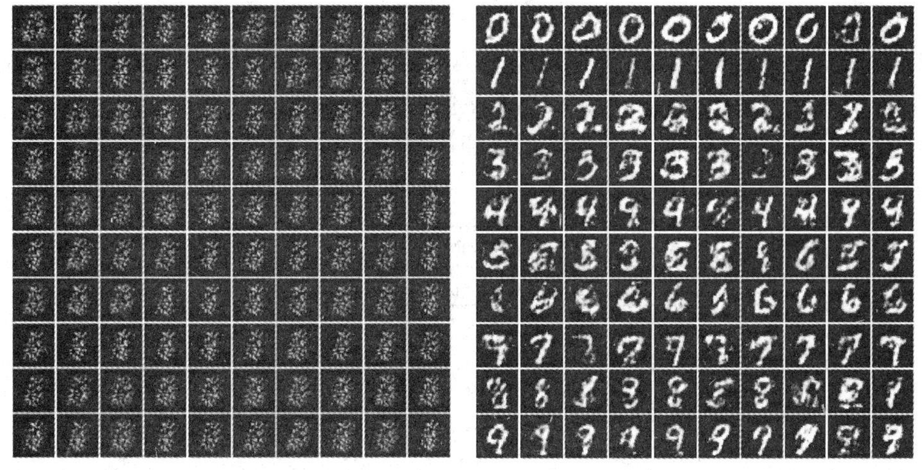

(a) Epoch 1　　　　(b) Epoch 25

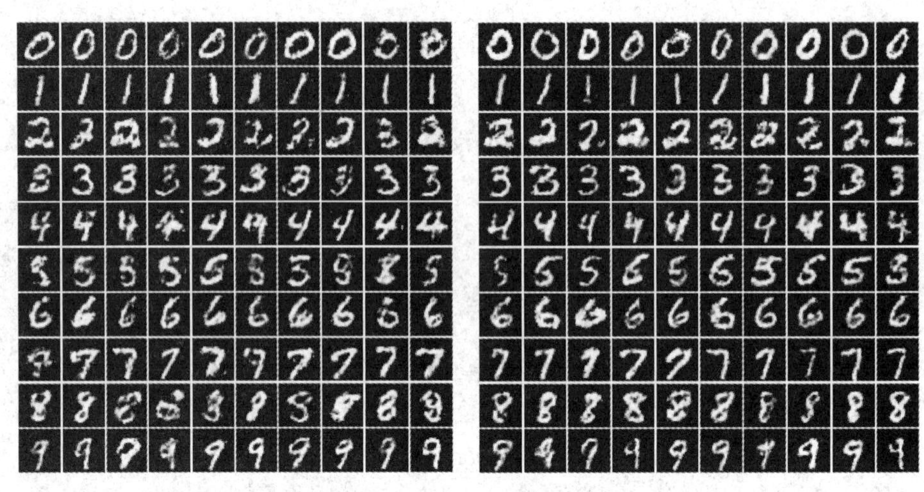

图 5.47　CGAN 生成的数字

5.4.4　WGAN

1. WGAN 原理讲解

为了解决 GAN 训练困难、生成器和判别器的损失无法指示训练进程、生成样本缺乏多样性等问题，WGAN(Wasserstein GAN，WGAN)应运而生。WGAN 在 GAN 的基础上做出以下改进：

(1) 彻底解决GAN训练不稳定的问题，不再需要担心平衡生成器和判别器的训练程度；

(2) 基本解决了 GAN 样本单一的问题，确保了生成样本的多样性；

(3) 训练过程中有类似交叉熵、准确率类型的数值来衡量训练的进程，这个数值越小代表 GAN 训练得越好，同时代表生成器产生的图像质量越高；

(4) 以上优点只需通过最简单的多层全连接网络即可实现。

具体 WGAN 结构图如图 5.48 所示。

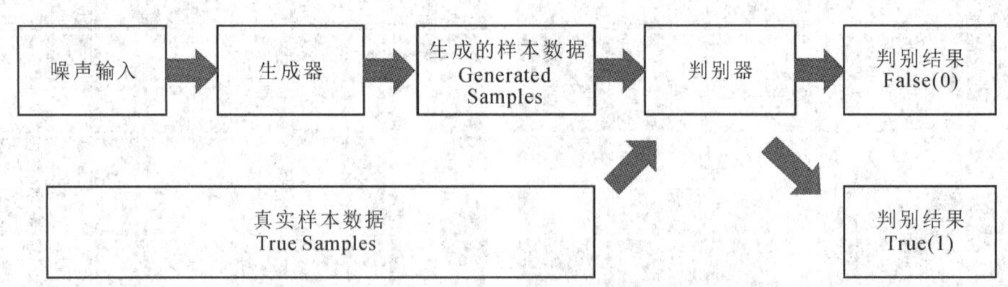

图 5.48　WGAN 结构图

2. 经典案例

案例描述：以下是 WGAN 网络具体的实现代码示例，在此示例中，使用 WGAN 生成数字 0～9 的图像。相应伪代码为：

```
Input I:总共迭代的次数
for i= 1 to I do
1. 采样真实数据
2. 使用 Adam 进行训练判别器
3. 从前置随机分布采样
4. 使用优化算法训练生成器
end for
```

3. 代码实现

根据上述经典案例的案例描述，可用 WGAN 算法生成数字 0～9 的手写图像，代码如下：

```
#卷积操作
def conv2d(name, tensor,ksize, out_dim, stddev=0.01, stride=2, padding='SAME'):
    with tf.variable_scope(name):
        w = tf.get_variable('w', [ksize, ksize, tensor.get_shape()[-1],out_dim], dtype=tf.float32,
                            initializer=tf.random_normal_initializer(stddev=stddev))
        var = tf.nn.conv2d(tensor,w,[1,stride, stride,1],padding=padding)
        b = tf.get_variable('b', [out_dim], 'float32',initializer=tf.constant_initializer(0.01))
        return tf.nn.bias_add(var, b)
#反卷积操作
def deconv2d(name, tensor, ksize, outshape, stddev=0.01, stride=2, padding='SAME'):
    with tf.variable_scope(name):
        w = tf.get_variable('w', [ksize, ksize, outshape[-1], tensor.get_shape()[-1]],
dtype=tf.float32,initializer=tf.random_normal_initializer(stddev=stddev))
        var = tf.nn.conv2d_transpose(tensor, w, outshape, strides=[1, stride, stride, 1],
padding=padding)
        b = tf.get_variable('b', [outshape[-1]], 'float32', initializer=tf.constant_initializer(0.01))
        return tf.nn.bias_add(var, b)
#全连接
def fully_connected(name,value, output_shape):
    with tf.variable_scope(name, reuse=None) as scope:
```

```
            shape = value.get_shape().as_list()
            w = tf.get_variable('w', [shape[1], output_shape], dtype=tf.float32,
  initializer=tf.random_normal_initializer(stddev=0.01))
            b=tf.get_variable('b',[output_shape],dtype=tf.float32, initializer=tf.constant_initializer(0.0))
            return tf.matmul(value, w) + b
#激活函数
def relu(name, tensor):
        return tf.nn.relu(tensor, name)
#激活函数 def lrelu(name,x, leak=0.2):
        return tf.maximum(x, leak * x, name=name)
#判别器模型
def Discriminator(name,inputs,reuse):
        with tf.variable_scope(name, reuse=reuse):
            output = tf.reshape(inputs, [-1, 28, 28, 1])
            output1 = conv2d('d_conv_1', output, ksize=5, out_dim=DEPTH)
            output2 = lrelu('d_lrelu_1', output1)
            output3 = conv2d('d_conv_2', output2, ksize=5, out_dim=2*DEPTH)
            output4 = lrelu('d_lrelu_2', output3)
            output5 = conv2d('d_conv_3', output4, ksize=5, out_dim=4*DEPTH)
            output6 = lrelu('d_lrelu_3', output5)
chanel = output6.get_shape().as_list()
            output9 = tf.reshape(output6, [batch_size, chanel[1]*chanel[2]*chanel[3]])
            output0 = fully_connected('d_fc', output9, 1)
            return output0
#生成器模型
def generator(name, reuse=False):
        with tf.variable_scope(name, reuse=reuse):
            noise = tf.random_normal([batch_size, 128])#.astype('float32')
            noise = tf.reshape(noise, [batch_size, 128], 'noise')
            output = fully_connected('g_fc_1', noise, 2*2*8*DEPTH)
            output = tf.reshape(output, [batch_size, 2, 2, 8*DEPTH], 'g_conv')
            output = deconv2d('g_deconv_1', output, ksize=5, outshape=[batch_size, 4, 4, 4*DEPTH])
            output = tf.nn.relu(output)
```

```
            output = tf.reshape(output, [batch_size, 4, 4, 4*DEPTH])
            output = deconv2d('g_deconv_2', output, ksize=5, outshape=[batch_size, 7, 7, 2* DEPTH])
            output = tf.nn.relu(output)
            output = deconv2d('g_deconv_3', output, ksize=5, outshape=[batch_size, 14, 14, DEPTH])
            output = tf.nn.relu(output)
            output= deconv2d('g_deconv_4', output, ksize=5, outshape=[batch_size, OUTPUT_SIZE,
OUTPUT_SIZE, 1])
            # output = tf.nn.relu(output)
            output = tf.nn.sigmoid(output)
            return tf.reshape(output,[-1,784])
    #训练过程
    def train():
        # print  os.getcwd()
        with tf.variable_scope(tf.get_variable_scope()):
         #real_data=tf.placeholder(dtype=tf.float32,shape=[-1,OUTPUT_SIZE*OUTPUT_SIZE*3])
            path = os.getcwd()
    data_dir = path + "/train.tfrecords"#准备使用自己的数据集
            # print data_dir
            '''获得数据'''
            z = tf.placeholder(dtype=tf.float32, shape=[batch_size, 100])#build placeholder
    real_data = tf.placeholder(tf.float32, shape=[batch_size,784])
            with tf.variable_scope(tf.get_variable_scope()):
    fake_data = generator('gen',reuse=False)
    disc_real = Discriminator('dis_r',real_data,reuse=False)
    disc_fake = Discriminator('dis_r',fake_data,reuse=True)
    t_vars = tf.trainable_variables()
    d_vars = [var for var in t_vars if 'd_' in var.name]
    g_vars = [var for var in t_vars if 'g_' in var.name]
            '''计算损失'''
    gen_cost = tf.reduce_mean(disc_fake)
    disc_cost = -tf.reduce_mean(disc_fake) + tf.reduce_mean(disc_real)
            alpha = tf.random_uniform(shape=[batch_size, 1],minval=0.,maxval=1.)
            differences = fake_data - real_data
```

```
            interpolates = real_data + (alpha * differences)
            gradients = tf.gradients(Discriminator('dis_r',interpolates,reuse=True), [interpolates])[0]
            slopes = tf.sqrt(tf.reduce_sum(tf.square(gradients), reduction_indices=[1]))
gradient_penalty = tf.reduce_mean((slopes - 1.) ** 2)
disc_cost += LAMBDA * gradient_penalty
            with tf.variable_scope(tf.get_variable_scope(), reuse=None):
gen_train_op = tf.train.AdamOptimizer(
                        learning_rate=1e-4,beta1=0.5,beta2=0.9).minimize(gen_cost,var_list=g_vars)
disc_train_op = tf.train.AdamOptimizer(
                        learning_rate=1e-4,beta1=0.5,beta2=0.9).minimize(disc_cost,var_list=d_vars)
            saver = tf.train.Saver()
            # os.environ['CUDA_VISIBLE_DEVICES'] = str(0)#gpu 环境
            # config = tf.ConfigProto()
            # config.gpu_options.per_process_gpu_memory_fraction = 0.5#调用 50%GPU 资源
            # sess = tf.InteractiveSession(config=config)
sess = tf.InteractiveSession()
coord = tf.train.Coordinator()
            threads = tf.train.start_queue_runners(sess=sess, coord=coord)
            if not os.path.exists('img'):
os.mkdir('img')
init = tf.global_variables_initializer()
            # init = tf.initialize_all_variables()
sess.run(init)
mnist = input_data.read_data_sets("data", one_hot=True)
          #mnist=mnist_data.read_data_sets("data",one_hot=True,reshape=False,validation_size=0)
            for epoch in range (1, EPOCH):
idxs = 1000
                  for iters in range(1, idxs):
img, _ = mnist.train.next_batch(batch_size)
                        # img2 = tf.reshape(img, [batch_size, 784])
                        for x in range (0,5):
                              _, d_loss = sess.run([disc_train_op, disc_cost], feed_dict={real_data: img})
                        _, g_loss = sess.run([gen_train_op, gen_cost])
```

```
                    print("[%4d:%4d/%4d] d_loss: %.8f, g_loss: %.8f"%(epoch, iters, idxs, d_loss,
g_loss))
                with tf.variable_scope(tf.get_variable_scope()):
                    samples = generator('gen', reuse=True)
                    samples = tf.reshape(samples, shape=[batch_size, 28,28,1])
                    samples=sess.run(samples)
    save_images(samples, [8,8], os.getcwd()+'/img/'+'sample_%d_epoch.png' % (epoch))
                if epoch>=39:
    checkpoint_path = os.path.join(os.getcwd(),'my_wgan-gp.ckpt')
    saver.save(sess, checkpoint_path, global_step=epoch)
                    print( '*********    model saved    *********')
    coord.request_stop()
    coord.join(threads)
    sess.close()
    if __name__ == '__main__':
        train()
```
运行结果如图 5.49 所示。

图 5.49　WGAN 生成的手写数字

5.4.5　DCGAN

1. 原理讲解

DCGAN 的全称是深度卷积生成对抗网络(Deep Convolution Generative Adversarial

Networks)，它将 GAN 和卷积网络结合起来，以解决 GAN 训练不稳定问题的对抗网络。

GAN 的不稳定体现在以下 3 个方面：

(1) 很难使得生成器和判别器同时收敛。

大多深度模型的训练都使用优化算法寻找损失函数比较低的值。生成对抗神经网络要求双方在博弈的过程中达到势均力敌(纳什均衡)。每个模型在更新的过程中(比如生成器)成功地降低了损失函数的值，但同样的更新可能会提高了判别器的误判概率。甚至有时候博弈双方虽然最终达到了均衡，但双方在不断的抵消对方的进步，并没有同时达到理想的程度。同时对所有模型进行梯度下降可以使得某些模型收敛，但不是所有模型都达到最优的收敛情况(如自然语言处理)。

(2) 生成器容易发生模式坍塌。

对于不同的输入生成相似的样本，最坏的情况是生成器仅生成一个单独的样本，判别器的学习会将这些单一的样本拒绝。在实际应用中，完全的模式坍塌很少，局部的模式坍塌很常见。局部模式坍塌是指，生成器突然只会生成少量几乎一样的数据，这些数据失去了多样性。

(3) 生成器梯度消失问题。

当判别器非常准确时，判别器的损失很快收敛到 0，从而无法提供可靠的路径使生成器的梯度继续更新，造成生成器梯度消失，进而无法提升生成数据的真实度。GAN 的训练因为最初输入的是随机噪声，与真实数据分布相差距离太远，两个分布之间区别很明显，几乎没有任何重叠的部分，这时候判别器能够很快学习把真实数据和生成的假数据区分开，来达到判别器的最优。

与 GAN 相比，DCGAN 的模型结构上有如下几点变化：

(1) 采用全卷积神经网络。不使用空间池化，取而代之使用带步长的卷积层(Strided Convolution)。这么做能让判别器自己学习更合适的空间下采样方法。对于生成器来说，要做上采样，采用的是分数步长的卷积(Fractionally-Strided Convolution)；对于判别器来说，一般采用整数步长的卷积。

(2) 避免在卷积层之后使用全连接层。全连接层虽然增加了模型的稳定性，但也减缓了收敛速度。一般来说，生成器的输入(噪声)采用均匀分布的方式；判别器的最后一个卷积层一般先进行降维打击(FLATTEN)，使用 Softmax 对降维后的数据进行激活处理。

除了生成器的输出层和判别器的输入层以外，其他层都是采用批量归一化(Batch Normalization)。通过对每个单元的输入进行归一化，使均值和单位方差均为零，从而稳定学习。这有助于处理由于初始化不良而产生的训练问题，并有助于在更深的模型中处理梯度流。批标准化证明了生成模型初始化的重要性，避免生成模型崩溃(生成的所有样本都在一个点上)，这是训练 GAN 经常遇到的失败现象。但将批量归一(BATCHNORM)直接应用于各层，会导致样本振荡和模型不稳定，所以为避免这种情况，不对发生器输出层和判别器输入层应用批量归一。

(3) 对于生成器，输出层的激活函数采用 Tanh，其他层的激活函数采用 ReLU。对于判别器，激活函数采用 Leaky ReLU 函数。

DCGAN 的生成器网络结构如图 5.50 所示。

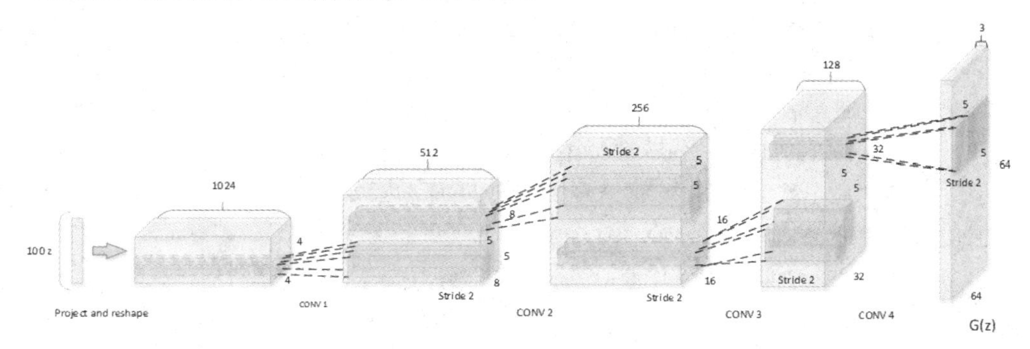

图 5.50　DCGAN 的生成器网络结构

其中，这里的卷积层(Conv)采用的是微步幅卷积(Four Fractionally-Strided Convolution)，也被称为是反卷积(DECONVOLUTION)。

2. 代码实现

手写数字的生成。首先，对判别器输入真实的手写数字图片，训练判别器进行学习；接下来训练生成器。第一次训练时，生成器利用输入的一组随机噪声生成一组图片，判别器进行判断，进而生成器改进自己的图片，生成下一组图片令判别器判断。如此往复地训练，直至生成器生成的图片与真实图片足够相似为止。

(1) 导入数据：

```
import os
import numpy as np
import tensorflow as tf
def read_data():
    data_dir = "data\mnist"
    #read training data
    fd = open(os.path.join(data_dir,"train-images.idx3-ubyte"))
    loaded = np.fromfile(file = fd, dtype = np.uint8)
    trainX = loaded[16:].reshape((60000, 28, 28, 1)).astype(np.float)
    fd = open(os.path.join(data_dir,"train-labels.idx1-ubyte"))
```

```
    loaded = np.fromfile(file = fd, dtype = np.uint8)
    trainY = loaded[8:].reshape((60000)).astype(np.float)
    #read test data
    fd = open(os.path.join(data_dir,"t10k-images.idx3-ubyte"))
    loaded = np.fromfile(file = fd, dtype = np.uint8)
    testX = loaded[16:].reshape((10000, 28, 28, 1)).astype(np.float)
    fd = open(os.path.join(data_dir,"t10k-labels.idx1-ubyte"))
    loaded = np.fromfile(file = fd, dtype = np.uint8)
    testY = loaded[8:].reshape((10000)).astype(np.float)
    # 将两个集合合并成 70000 大小的数据集
    X = np.concatenate((trainX, testX), axis = 0)
    y = np.concatenate((trainY, testY), axis = 0)
    print(X[:2])
    #set the random seed
    seed = 233
    np.random.seed(seed)
    np.random.shuffle(X)
    np.random.seed(seed)
    np.random.shuffle(y)
    return X/255, y
```

(2) 定义生成器：

```
class Generator(object):
"""生成器"""
    def __init__(self, channels, init_conv_size):
        assert len(channels) > 1
        self._channels = channels
        self._init_conv_size = init_conv_size
        self._reuse = False
    def __call__(self, inputs, training):
        inputs = tf.convert_to_tensor(inputs)
        with tf.variable_scope('generator', reuse=self._reuse):
            with tf.variable_scope('inputs'):
```

```
                fc = tf.layers.dense(inputs, self._channels[0] * self._init_conv_size *
self._init_conv_size),conv0=tf.reshape(fc,[-1,self._init_conv_size,self._init_conv_size,
self._channels[0]]),bn0 = tf.layers.batch_normalization(conv0, training=training),relu0 = tf.nn.relu(bn0)
            deconv_input = relu0
            # deconvolutions * 4
            for i in range(1, len(self._channels)):
                with_bn_relu = (i != len(self._channels) - 1)
                deconv_inputs = conv2d_transpose(deconv_inputs,self._channels[i],
                                                    'deconv-%d' % i,training,with_bn_relu)
                img_inputs = deconv_inputs
            with tf.variable_scope('generate_imgs'):
                # imgs value scope: [-1, 1]
                imgs = tf.tanh(img_inputs, name='imgaes')
                self._reuse=True
        self.variables=tf.get_collection(tf.GraphKeys.TRAINABLE_VARIABLES,
scope='generator')
        return imgs
```

(3) 定义判别器：

```
class Discriminator(object):
"""判别器"""
    def __init__(self, channels):
        self._channels = channels
        self._reuse = False
    def __call__(self, inputs, training):
        inputs = tf.convert_to_tensor(inputs, dtype=tf.float32)
        conv_inputs = inputs
        with tf.variable_scope('discriminator', reuse = self._reuse):
            for i in range(len(self._channels)):
                conv_inputs = conv2d(conv_inputs,self._channels[i],'deconv-%d' % i,training)
                fc_inputs = conv_inputs
            with tf.variable_scope('fc'):
                flatten = tf.layers.flatten(fc_inputs)
                logits = tf.layers.dense(flatten, 2, name="logits")
```

```
            self._reuse = True
            self.variables=tf.get_collection(tf.GraphKeys.TRAINABLE_VARIABLES,
scope='discriminator')
            return logits
```

(4) 定义损失函数：

```
D_loss_real = tf.reduce_mean(tf.nn.sigmoid_cross_entropy_with_logits(
    logits=D_logit_real, labels=tf.ones_like(D_logit_real)))
D_loss_fake = tf.reduce_mean(tf.nn.sigmoid_cross_entropy_with_logits(
    logits=D_logit_fake, labels=tf.zeros_like(D_logit_fake)))
D_loss = D_loss_real + D_loss_fake
G_loss = tf.reduce_mean(tf.nn.sigmoid_cross_entropy_with_logits(
    logits=D_logit_fake, labels=tf.ones_like(D_logit_fake)))
```

(5) 建立模型：

```
class DCGAN(object):
"""建立 DCGAN 模型"""
    def __init__(self, hps):
        g_channels = hps.g_channels
        d_channels = hps.d_channels
        self._batch_size = hps.batch_size
        self._init_conv_size = hps.init_conv_size
        self._batch_size = hps.batch_size
        self._z_dim = hps.z_dim
        self._img_size = hps.img_size
        self._generator = Generator(g_channels, self._init_conv_size)
        self._discriminator = Discriminator(d_channels)
    def build(self):
        self._z_placholder = tf.placeholder(tf.float32, (self._batch_size, self._z_dim))
        self._img_placeholder    =    tf.placeholder(tf.float32,    (self._batch_size,    self._img_size,
self._img_size, 1))
        generated_imgs = self._generator(self._z_placholder, training = True)
        fake_img_logits = self._discriminator(generated_imgs, training = True)
        real_img_logits = self._discriminator(self._img_placeholder, training = True)
```

```
        loss_on_fake_to_real = tf.reduce_mean(
        tf.nn.sparse_softmax_cross_entropy_with_logits(
                labels = tf.ones([self._batch_size], dtype = tf.int64),logits = fake_img_logits))
        loss_on_fake_to_fake = tf.reduce_mean(
        tf.nn.sparse_softmax_cross_entropy_with_logits(
                labels = tf.zeros([self._batch_size], dtype = tf.int64),logits = fake_img_logits))
        loss_on_real_to_real = tf.reduce_mean(
        tf.nn.sparse_softmax_cross_entropy_with_logits(
                labels = tf.ones([self._batch_size], dtype = tf.int64),logits = real_img_logits))
        tf.add_to_collection('g_losses', loss_on_fake_to_real)
        tf.add_to_collection('d_losses', loss_on_fake_to_fake)
        tf.add_to_collection('d_losses', loss_on_real_to_real)
        loss = {'g': tf.add_n(tf.get_collection('g_losses'), name = 'total_g_loss'),
                'd': tf.add_n(tf.get_collection('d_losses'), name = 'total_d_loss')}
        return (self._z_placholder, self._img_placeholder, generated_imgs, loss)
    def build_train(self, losses, learning_rate, beta1):
        g_opt = tf.train.AdamOptimizer(learning_rate = learning_rate, beta1 = beta1)
        d_opt = tf.train.AdamOptimizer(learning_rate = learning_rate, beta1 = beta1)
        g_opt_op = g_opt.minimize(losses['g'], var_list = self._generator.variables)
        d_opt_op = d_opt.minimize(losses['d'], var_list = self._discriminator.variables)
        with tf.control_dependencies([g_opt_op, d_opt_op]):
            return tf.no_op(name = 'train')
dcgan = DCGAN(hps)
z_placeholder, img_placeholder, generated_imgs, losses = dcgan.build()
train_op = dcgan.build_train(losses, hps.learning_rate, hps.beta1)
```

(6) 训练模型：

```
init_op = tf.global_variables_initializer()
train_steps = 10000
with tf.Session() as sess:
sess.run(init_op)
    for step in range(train_steps):
        batch_img, batch_z = mnist_data.next_batch(hps.batch_size)
```

```
            fetches = [train_op, losses['g'], losses['d']]
            should_sample = (step + 1) % 50 == 0
            if should_sample:
                fetches += [generated_imgs]
                out_values = sess.run(fetches,feed_dict = {z_placeholder: batch_z,img_placeholder:
                batch_img})_, g_loss_val, d_loss_val = out_values[0:3]
            logging.info('step: %d, g_loss: %4.3f, d_loss: %4.3f' % (step, g_loss_val, d_loss_val))
            if should_sample:
                gen_imgs_val = out_values[3]
                gen_img_path = os.path.join(output_dir, '%05d-gen.jpg' % (step + 1))
                gt_img_path = os.path.join(output_dir, '%05d-gt.jpg' % (step + 1))
                gen_img = combine_and_show_imgs(gen_imgs_val, hps.img_size)
                gt_img = combine_and_show_imgs(batch_img, hps.img_size)
                print(gen_img_path)
                print(gt_img_path)
    gen_img.save(gen_img_path)
    gt_img.save(gt_img_path)
```

最终生成器的训练结果如图 5.51 所示。

图 5.51　DCGAN 生成器最终生成的手写数字

5.4.6 InfoGAN

1. 原理讲解

普通的 GAN 存在无约束、不可控、噪声信号很难解释等问题。2016 年发表在 NIPS 顶会上的文章 *InfoGAN：Interpretable Representation Learning by Information Maximizing Generative Adversarial Nets*，提出了 InfoGAN 的生成对抗网络。InfoGAN 主要特点是对 GAN 进行了一些改动，成功地让网络学到了可解释的特征，网络训练完成之后，就可以通过设定输入生成器的隐含编码来控制生成数据的特征。

输入生成器的随机噪声被分成了两部分：一部分是随机噪声 z；另一部分是由若干隐变量拼接而成的隐含编码 c。其中，c 会有先验的概率分布，可以离散也可以连续，用来代表生成数据的不同特征。例如：对于 MNIST 数据集，c 包含离散部分和连续部分，离散部分取值为 0～9 的离散随机变量(表示数字)，连续部分有两个连续型随机变量(分别表示倾斜度和粗细度)。

为了让隐变量 c 能够与生成数据的特征产出关联，可以引入互信息来对 c 进行约束，因为 c 对生成数据 $G(z，c)$具有可解释性，那么 c 和 $G(z，c)$应该具有较高的相关性，即它们之间的互信息比较大。互信息是两个随机变量之间依赖程度的度量，互信息越大就说明生成网络在根据 c 的信息生成数据时，隐编码 c 的信息损失越低，即生成数据保留的 c 的信息越多。因此，在 InfoGAN 中，c 和 $G(z，c)$之间的互信息 $I(c；G(z，c))$越大越好，故模型目标函数如公式(5-15)所示。

$$\min_G \max_D V_1(D, G) = V(D, G) - \lambda I(c: G(z, c)) \tag{5-15}$$

但是由于在 c 与 $G(z，c)$的互信息的计算中，真实的 $P(c|x)$难以获得，因此在具体的优化过程中，需要变分推断的思想，引入变分分布 $Q(c|x)$来逼近 $P(c|x)$，它是基于最优互信息下界的轮流迭代实现最终的求解，于是 InfoGAN 的目标函数变为公式(5-16)。

$$\min_G \max_D V_{\text{InfoGAN}}(D, G, Q) = V(D, G) - \lambda L_1(G, Q) \tag{5-16}$$

InfoGAN 的基本结构如图 5.52 所示。

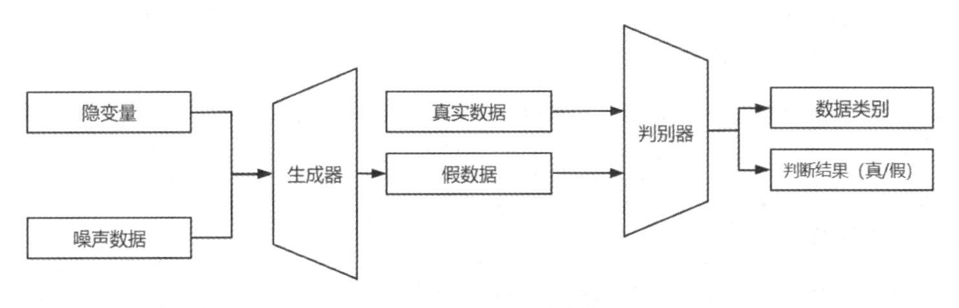

图 5.52　InfoGAN 结构图

其中，真实数据 Real_data 只是用来跟生成的 Fake_data 混合在一起进行真假判断，并根据判断的结果更新生成器和判别器，从而使生成的数据与真实数据接近。生成数据既要参与真假判断，还需要和隐变量 C_vector 求互信息，并根据互信息更新生成器和判别器，从而使得生成图像中保留了更多隐变量 C_vector 的信息。

因此可以对 InfoGAN 的基本结构进行拆分，如图 5.53 所示，其中判别器 D 和 Q 共用所有卷积层，只是最后的全连接层不同。从另一个角度来看，G-Q 联合网络相当于是一个自编网络，G 相当于一个编码器，而 Q 相当于一个解码器，生成数据 Fake_data 相当于对输入隐变量 C_vector 的编码。

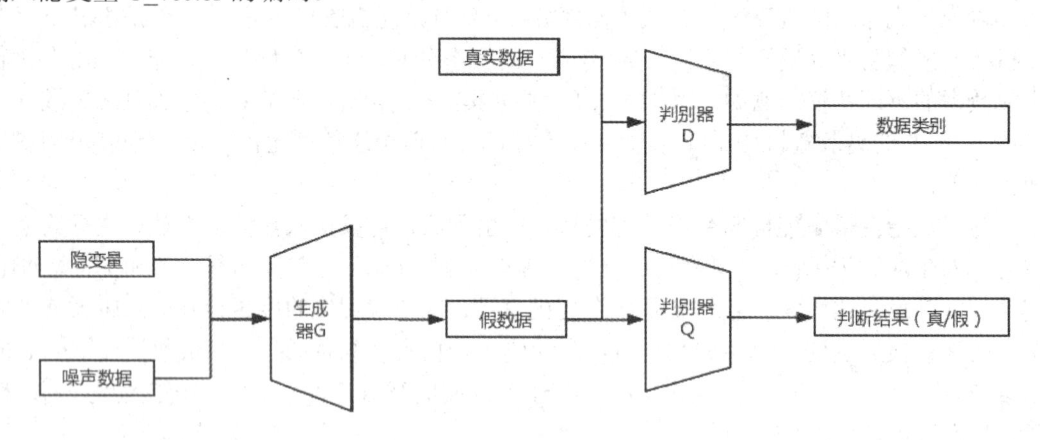

图 5.53　InfoGAN 结构优化图

2. 代码实现

此次实验采用 Fashion-mnist 数据集进行训练。与之前的 MNIST 手写数字集相比，数据集变成了 10 类服饰，但图像仍是 28×28 的灰度图。Fashion-mnist 数据集的特征更多，更复杂，因此用来测试算法的性能更准确。Fashion-MNIST 的图片大小，训练、测试样本数及类别数与经典 MNIST 完全相同。因此它可以作为 MNIST 的直接替代品，无需修改任何代码就可以直接使用。

以下为 infoGAN 模型的实现过程。

```
from __future__ import division
import os
import time
import tensorflow as tf
import numpy as np
from ops import *
```

```
from utils import *
class infoGAN(object):
    model_name = "infoGAN"          # name for checkpoint
#进行参数的定义和初始化
    def __init__(self, sess, epoch, batch_size, z_dim, dataset_name, checkpoint_dir, result_dir, log_dir,
SUPERVISED=True):
        self.sess = sess
        self.dataset_name = dataset_name
        self.checkpoint_dir = checkpoint_dir
        self.result_dir = result_dir
        self.log_dir = log_dir
        self.epoch = epoch
        self.batch_size = batch_size

        if dataset_name == 'mnist' or dataset_name == 'fashion-mnist':
            # parameters
            self.input_height = 28
            self.input_width = 28
            self.output_height = 28
            self.output_width = 28

            self.z_dim = z_dim
#设置维数
            self.y_dim = 12
            self.c_dim = 1

            self.SUPERVISED = SUPERVISED # if it is true, label info is directly used for code

            #设置与训练相关的参数值
            self.learning_rate = 0.0002
            self.beta1 = 0.5
```

```
            #设置生成的映像数量
            self.sample_num = 64

            self.len_discrete_code = 10    # categorical distribution (i.e. label)
            self.len_continuous_code = 2    # gaussian distribution (e.g. rotation, thickness)

            #加载 mnist 数据集
            self.data_X, self.data_y = load_mnist(self.dataset_name)

            #获取单个 epoch 的批数
            self.num_batches = len(self.data_X) // self.batch_size
        else:
            raise NotImplementedError

    #定义分类器
    def classifier(self, x, is_training=True, reuse=False):
        # Network Architecture is exactly same as in infoGAN (https://arxiv.org/abs/1606.03657)
        # Architecture : (64)5c2s-(128)5c2s_BL-FC1024_BL-FC128_BL-FC12S'
        # All layers except the last two layers are shared by discriminator
        # Number of nodes in the last layer is reduced by half. It gives better results.
        with tf.variable_scope("classifier", reuse=reuse):

            net = lrelu(bn(linear(x, 64, scope='c_fc1'), is_training=is_training, scope='c_bn1'))
            out_logit = linear(net, self.y_dim, scope='c_fc2')
            out = tf.nn.softmax(out_logit)

            return out, out_logit

    #定义判别器
    def discriminator(self, x, is_training=True, reuse=False):
        # Network Architecture is exactly same as in infoGAN (https://arxiv.org/abs/1606.03657)
        # Architecture : (64)4c2s-(128)4c2s_BL-FC1024_BL-FC1_S
```

```
        with tf.variable_scope("discriminator", reuse=reuse):

            net = lrelu(conv2d(x, 64, 4, 4, 2, 2, name='d_conv1'))
            net = lrelu(bn(conv2d(net, 128, 4, 4, 2, 2, name='d_conv2'), is_training=is_training,
scope='d_bn2'))
            net = tf.reshape(net, [self.batch_size, -1])
            net = lrelu(bn(linear(net, 1024, scope='d_fc3'), is_training=is_training, scope='d_bn3'))
            out_logit = linear(net, 1, scope='d_fc4')
            out = tf.nn.sigmoid(out_logit)

            return out, out_logit, net

    #定义生成器
    def generator(self, z, y, is_training=True, reuse=False):
        # Network Architecture is exactly same as in infoGAN (https://arxiv.org/abs/1606.03657)
        # Architecture : FC1024_BR-FC7x7x128_BR-(64)4dc2s_BR-(1)4dc2s_S
        with tf.variable_scope("generator", reuse=reuse):

            #合并噪声和编码
            z = concat([z, y], 1)

            net = tf.nn.relu(bn(linear(z, 1024, scope='g_fc1'), is_training=is_training, scope='g_bn1'))
            net = tf.nn.relu(bn(linear(net, 128 * 7 * 7, scope='g_fc2'), is_training=is_training,
scope='g_bn2'))
            net = tf.reshape(net, [self.batch_size, 7, 7, 128])
            net = tf.nn.relu(
                bn(deconv2d(net, [self.batch_size, 14, 14, 64], 4, 4, 2, 2, name='g_dc3'),
is_training=is_training,
                   scope='g_bn3'))

            out = tf.nn.sigmoid(deconv2d(net, [self.batch_size, 28, 28, 1], 4, 4, 2, 2, name='g_dc4'))
```

```
            return out

    def build_model(self):
        #参数设置
        image_dims = [self.input_height, self.input_width, self.c_dim]
        bs = self.batch_size

        """ Graph Input """
        #输入图片
        self.inputs = tf.placeholder(tf.float32, [bs] + image_dims, name='real_images')

        #标签设置
        self.y = tf.placeholder(tf.float32, [bs, self.y_dim], name='y')

        # 噪声设置
        self.z = tf.placeholder(tf.float32, [bs, self.z_dim], name='z')

        """设定损失函数"""
        #输出送入判别器D的真实图片
        D_real, D_real_logits, _ = self.discriminator(self.inputs, is_training=True, reuse=False)

        #输出送入判别器D的假图片
        G = self.generator(self.z, self.y, is_training=True, reuse=False)
        D_fake, D_fake_logits, input4classifier_fake = self.discriminator(G, is_training=True, reuse=True)

        #获取判别器的损失函数值
        d_loss_real = tf.reduce_mean(
            tf.nn.sigmoid_cross_entropy_with_logits(logits=D_real_logits, labels=tf.ones_like(D_real)))
        d_loss_fake = tf.reduce_mean(
            tf.nn.sigmoid_cross_entropy_with_logits(logits=D_fake_logits,
labels=tf.zeros_like(D_fake)))
```

```
        self.d_loss = d_loss_real + d_loss_fake

        #获取生成器的损失函数值
        self.g_loss = tf.reduce_mean(
            tf.nn.sigmoid_cross_entropy_with_logits(logits=D_fake_logits, labels=tf.ones_like(D_fake)))

        ##损失函数的信息
        code_fake, code_logit_fake = self.classifier(input4classifier_fake, is_training=True, reuse=False)

        disc_code_est = code_logit_fake[:, :self.len_discrete_code]
        disc_code_tg = self.y[:, :self.len_discrete_code]
        q_disc_loss   =   tf.reduce_mean(tf.nn.softmax_cross_entropy_with_logits(logits=disc_code_est,
labels=disc_code_tg))

        #高斯噪声
        cont_code_est = code_logit_fake[:, self.len_discrete_code:]
        cont_code_tg = self.y[:, self.len_discrete_code:]
        q_cont_loss = tf.reduce_mean(tf.reduce_sum(tf.square(cont_code_tg - cont_code_est), axis=1))

        #损失函数的信息
        self.q_loss = q_disc_loss + q_cont_loss

        """开始训练"""
        # divide trainable variables into a group for D and a group for G
        t_vars = tf.trainable_variables()
        d_vars = [var for var in t_vars if 'd_' in var.name]
        g_vars = [var for var in t_vars if 'g_' in var.name]
        q_vars = [var for var in t_vars if ('d_' in var.name) or ('c_' in var.name) or ('g_' in var.name)]

        #优化部分
        with tf.control_dependencies(tf.get_collection(tf.GraphKeys.UPDATE_OPS)):
            self.d_optim = tf.train.AdamOptimizer(self.learning_rate, beta1=self.beta1) \
```

```
                .minimize(self.d_loss, var_list=d_vars)
            self.g_optim = tf.train.AdamOptimizer(self.learning_rate * 5, beta1=self.beta1) \
                .minimize(self.g_loss, var_list=g_vars)
            self.q_optim = tf.train.AdamOptimizer(self.learning_rate * 5, beta1=self.beta1) \
                .minimize(self.q_loss, var_list=q_vars)

        """"测试"""
        # for test
        self.fake_images = self.generator(self.z, self.y, is_training=False, reuse=True)

        """整合"""
        d_loss_real_sum = tf.summary.scalar("d_loss_real", d_loss_real)
        d_loss_fake_sum = tf.summary.scalar("d_loss_fake", d_loss_fake)
        d_loss_sum = tf.summary.scalar("d_loss", self.d_loss)
        g_loss_sum = tf.summary.scalar("g_loss", self.g_loss)

        q_loss_sum = tf.summary.scalar("g_loss", self.q_loss)
        q_disc_sum = tf.summary.scalar("q_disc_loss", q_disc_loss)
        q_cont_sum = tf.summary.scalar("q_cont_loss", q_cont_loss)

        #整合
        self.g_sum = tf.summary.merge([d_loss_fake_sum, g_loss_sum])
        self.d_sum = tf.summary.merge([d_loss_real_sum, d_loss_sum])
        self.q_sum = tf.summary.merge([q_loss_sum, q_disc_sum, q_cont_sum])

    def train(self):

        #初始化所有变量
        tf.global_variables_initializer().run()

        # graph inputs for visualize training results
        self.sample_z = np.random.uniform(-1, 1, size=(self.batch_size , self.z_dim))
```

```
        self.test_labels = self.data_y[0:self.batch_size]
        self.test_codes = np.concatenate((self.test_labels, np.zeros([self.batch_size, self.len_continuous_code])),
axis=1)


        #保存训练模型
        self.saver = tf.train.Saver()

        self.writer = tf.summary.FileWriter(self.log_dir + '/' + self.model_name, self.sess.graph)

        #如果检查点存在，则恢复检查点
        could_load, checkpoint_counter = self.load(self.checkpoint_dir)
        if could_load:
            start_epoch = (int)(checkpoint_counter / self.num_batches)
            start_batch_id = checkpoint_counter - start_epoch * self.num_batches
            counter = checkpoint_counter
            print(" [*] Load SUCCESS")
        else:
            start_epoch = 0
            start_batch_id = 0
            counter = 1
            print(" [!] Load failed...")

        start_time = time.time()
        for epoch in range(start_epoch, self.epoch):

            #获取 batch 数据
            for idx in range(start_batch_id, self.num_batches):
                batch_images = self.data_X[idx*self.batch_size:(idx+1)*self.batch_size]

                # 生成器代码
                if self.SUPERVISED == True:
```

```
        batch_labels = self.data_y[idx * self.batch_size:(idx + 1) * self.batch_size]
    else:
        batch_labels = np.random.multinomial(1,
    self.len_discrete_code * [float(1.0 / self.len_discrete_code)],
    size=[self.batch_size])

    batch_codes = np.concatenate((batch_labels, np.random.uniform(-1, 1, size=(self.batch_
size, 2))), axis=1)

    batch_z = np.random.uniform(-1, 1, [self.batch_size, self.z_dim]).astype(np.float32)

    #优化判别器 D 的代码
    _, summary_str, d_loss = self.sess.run([self.d_optim, self.d_sum, self.d_loss],
    feed_dict={self.inputs: batch_images, self.y: batch_codes, self.z: batch_z})
    self.writer.add_summary(summary_str, counter)

    # 优化生成器 G 和判别器 Q
    _, summary_str_g, g_loss, _, summary_str_q, q_loss = self.sess.run(
        [self.g_optim, self.g_sum, self.g_loss, self.q_optim, self.q_sum, self.q_loss],
        feed_dict={self.inputs: batch_images, self.z: batch_z, self.y: batch_codes})
    self.writer.add_summary(summary_str_g, counter)
    self.writer.add_summary(summary_str_q, counter)

    counter += 1
    print("Epoch: [%2d] [%4d/%4d] time: %4.4f, d_loss: %.8f, g_loss: %.8f" \
          % (epoch, idx, self.num_batches, time.time() - start_time, d_loss, g_loss))

    #每训练 300 次保存一次训练结果
    if np.mod(counter, 300) == 0:
        samples = self.sess.run(self.fake_images,
        feed_dict={self.z: self.sample_z, self.y: self.test_codes})
        tot_num_samples = min(self.sample_num, self.batch_size)
```

```
                    manifold_h = int(np.floor(np.sqrt(tot_num_samples)))
                    manifold_w = int(np.floor(np.sqrt(tot_num_samples)))
                    save_images(samples[:manifold_h * manifold_w, :, :, :], [manifold_h, manifold_w],
'./' + check_folder(self.result_dir + '/' + self.model_dir) + '/' + self.model_name +
'_train_{:02d}_{:04d}.png'.format(epoch, idx))

            # After an epoch, start_batch_id is set to zero
            # non-zero value is only for the first epoch after loading pre-trained model
            start_batch_id = 0

            # 保存模型
            self.save(self.checkpoint_dir, counter)

            # 显示训练结果
            self.visualize_results(epoch)

        #保存模型为最后一步
        self.save(self.checkpoint_dir, counter)

    def visualize_results(self, epoch):
        tot_num_samples = min(self.sample_num, self.batch_size)
        image_frame_dim = int(np.floor(np.sqrt(tot_num_samples)))

        y = np.random.choice(self.len_discrete_code, self.batch_size)
        y_one_hot = np.zeros((self.batch_size, self.y_dim))
        y_one_hot[np.arange(self.batch_size), y] = 1

        z_sample = np.random.uniform(-1, 1, size=(self.batch_size, self.z_dim))

        samples = self.sess.run(self.fake_images, feed_dict={self.z: z_sample, self.y: y_one_hot})

        save_images(samples[:image_frame_dim * image_frame_dim, :, :, :], [image_frame_dim,
```

```
image_frame_dim],  check_folder(self.result_dir  +  '/'  +  self.model_dir)  +  '/'  +  self.model_name  +
'_epoch%03d' % epoch + '_test_all_classes.png')

        """ specified condition, random noise """
        n_styles = 10    # must be less than or equal to self.batch_size

        np.random.seed()
        si = np.random.choice(self.batch_size, n_styles)

        for l in range(self.len_discrete_code):
            y = np.zeros(self.batch_size, dtype=np.int64) + l
            y_one_hot = np.zeros((self.batch_size, self.y_dim))
            y_one_hot[np.arange(self.batch_size), y] = 1

            samples = self.sess.run(self.fake_images, feed_dict={self.z: z_sample, self.y: y_one_hot})
            # save_images(samples[:image_frame_dim * image_frame_dim, :, :, :], [image_frame_dim,
image_frame_dim],
            # check_folder(self.result_dir + '/' + self.model_dir) + '/' + self.model_name + '_epoch%03d' %
epoch + '_test_class_%d.png' % l)

            samples = samples[si, :, :, :]

            if l == 0:
                all_samples = samples
            else:
                all_samples = np.concatenate((all_samples, samples), axis=0)

            """保存合并的图像以检查样式一致性"""
        canvas = np.zeros_like(all_samples)
        for s in range(n_styles):
            for c in range(self.len_discrete_code):
                canvas[s * self.len_discrete_code + c, :, :, :] = all_samples[c * n_styles + s, :, :, :]
```

```
        save_images(canvas, [n_styles, self.len_discrete_code], check_folder(self.result_dir + '/' + self.model_dir) + '/' + self.model_name + '_epoch%03d' % epoch + '_test_all_classes_style_by_style.png')

        """ fixed noise """
        assert self.len_continuous_code == 2

        c1 = np.linspace(-1, 1, image_frame_dim)
        c2 = np.linspace(-1, 1, image_frame_dim)
        xv, yv = np.meshgrid(c1, c2)
        xv = xv[:image_frame_dim,:image_frame_dim]
        yv = yv[:image_frame_dim, :image_frame_dim]

        c1 = xv.flatten()
        c2 = yv.flatten()

        z_fixed = np.zeros([self.batch_size, self.z_dim])

        for l in range(self.len_discrete_code):
            y = np.zeros(self.batch_size, dtype=np.int64) + l
            y_one_hot = np.zeros((self.batch_size, self.y_dim))
            y_one_hot[np.arange(self.batch_size), y] = 1

            y_one_hot[np.arange(image_frame_dim*image_frame_dim), self.len_discrete_code] = c1
            y_one_hot[np.arange(image_frame_dim*image_frame_dim), self.len_discrete_code+1] = c2

            samples = self.sess.run(self.fake_images,
                                    feed_dict={ self.z: z_fixed, self.y: y_one_hot})

            save_images(samples[:image_frame_dim * image_frame_dim, :, :, :], [image_frame_dim, image_frame_dim], check_folder(self.result_dir + '/' + self.model_dir) + '/' + self.model_name + '_epoch%03d' % epoch + '_test_class_c1c2_%d.png' % l)
```

```
    @property
    def model_dir(self):
        return "{}_{}_{}_{}".format(
            self.model_name, self.dataset_name,
                self.batch_size, self.z_dim)

    def save(self, checkpoint_dir, step):
        checkpoint_dir = os.path.join(checkpoint_dir, self.model_dir, self.model_name)

        if not os.path.exists(checkpoint_dir):
            os.makedirs(checkpoint_dir)

        self.saver.save(self.sess,os.path.join(checkpoint_dir, self.model_name+'.model'), global_step=step)

    def load(self, checkpoint_dir):
        import re
        print(" [*] Reading checkpoints...")
        checkpoint_dir = os.path.join(checkpoint_dir, self.model_dir, self.model_name)

        ckpt = tf.train.get_checkpoint_state(checkpoint_dir)
        if ckpt and ckpt.model_checkpoint_path:
            ckpt_name = os.path.basename(ckpt.model_checkpoint_path)
            self.saver.restore(self.sess, os.path.join(checkpoint_dir, ckpt_name))
            counter = int(next(re.finditer("(\d+)(?!.*\d)",ckpt_name)).group(0))
            print(" [*] Success to read {}".format(ckpt_name))
            return True, counter
        else:
            print(" [*] Failed to find a checkpoint")
            return False, 0
```

模型执行：

```
#main.py
```

```
from infoGAN import infoGAN

import tensorflow as tf

"""main"""
def main():
    with tf.Session(config=tf.ConfigProto(allow_soft_placement=True)) as sess:
        # 为 GAN 声明实例

        infogan = infoGAN(sess,
                          epoch=20,
                          batch_size=64,
                          z_dim=62,
                          dataset_name='fashion-mnist',
                          checkpoint_dir='checkpoint',
                          result_dir='results',
                          log_dir='logs')

        #设置图像
        infogan.build_model()
        # show network architecture
        # show_all_variables()

        # 在 session 中启动图形
        infogan.train()
        print(" [*] Training finished!")
        # visualize learned generator
        infogan.visualize_results(20-1)
        print(" [*] Testing finished!")

if __name__ == '__main__':
    main()
```

3. 实验结果

在不同的训练次数(epoch)下的表现如下，这里以关于衣服的训练结果为例。

当 epoch=1 的时候，实验的结果如图 5.54 所示。

当 epoch=5 的时候，实验的结果如图 5.55 所示。

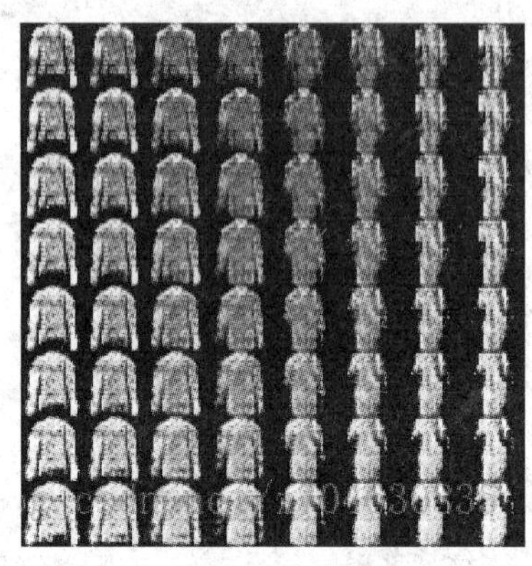

图 5.54　实验结果 1

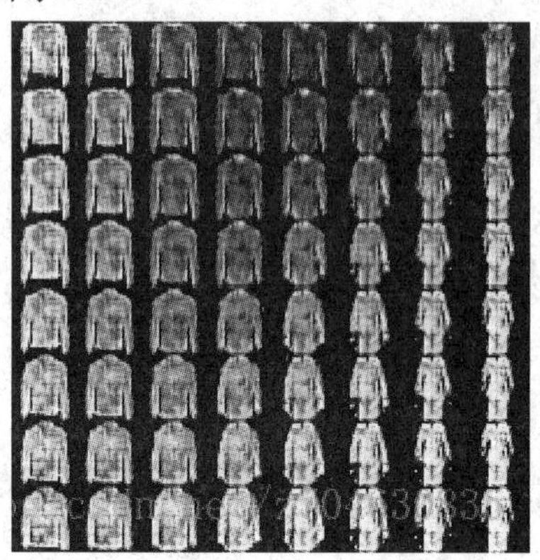

图 5.55　实验结果 2

当 epoch=10 的时候，实验的结果如图 5.56 所示。

当 epoch=20 的时候，实验的结果如图 5.57 所示。

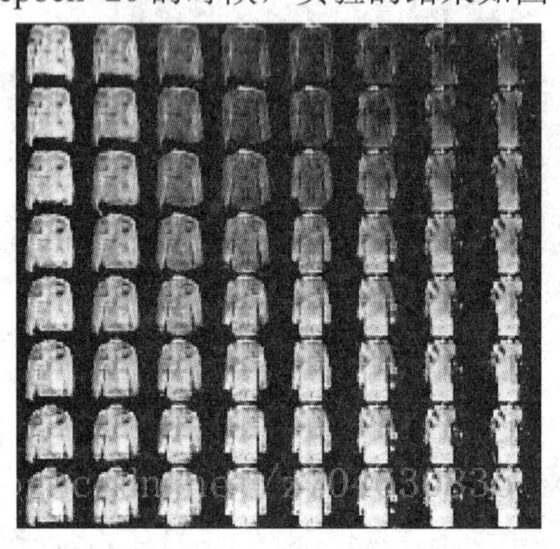

图 5.56　实验结果 3

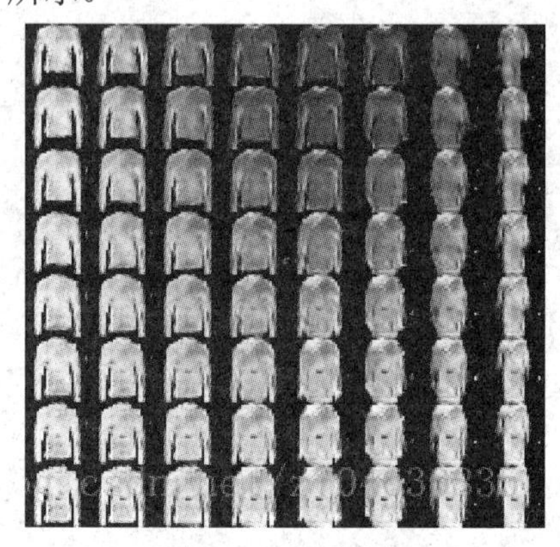

图 5.57　实验结果 4

不管 epoch 的值为多少，info GAN 都可以生成清楚的衣服图像，而且也能够明显地看到生成的衣服宽窄各异，表明训练效果较好。

5.4.7　LSGAN

1. 原理讲解

在 GAN 中，判别器 D 使用交叉熵作为损失函数，由此带来了两个问题：梯度消失和模式坍塌。为了解决这两个问题，LSGAN 的作者将交叉熵改成了最小二乘损失，修改后的 GAN 训练更加稳定，同时也能生成更高质量的图像，进而有效解决了模式坍塌的问题。

对于 GAN 中的交叉熵损失函数(如图 5.58(a)所示)，随着自变量 x 的增加，损失函数的值很快会降为零，之后就会逐渐达到饱和状态，导致判别器无法继续为生成器提供梯度信息来促使生成器更新，所以无法生成质量更高的数据。由此整个 GAN 会进入停滞的状态，继续训练的效果会微乎其微。然而在 LSGAN 中使用的最小二乘函数作为损失函数(如图 5.58(b)所示)，虽然也存在函数值为零的点，但是随着 x 的增加，函数值会很快离开梯度饱和的位置，从而解决了梯度消失的问题，使得生成器能被进一步训练，迭代新的样本。

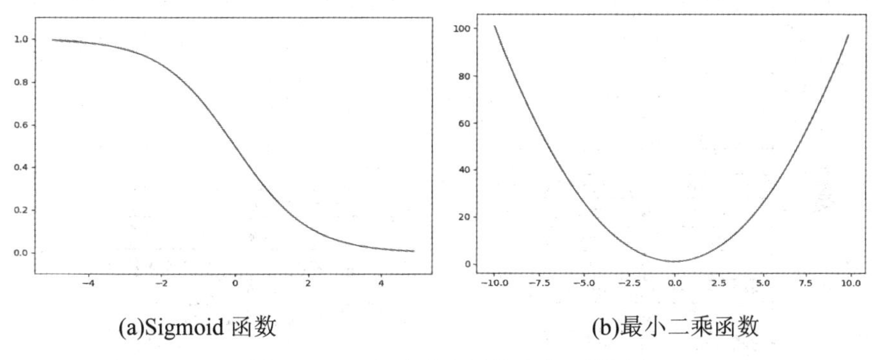

(a)Sigmoid 函数　　(b)最小二乘函数

图 5.58　GAN 中的交叉熵损失函数图

在交叉熵中使用的是 Sigmoid 函数。由图 5.59 看出，最小二乘损失函数不仅可以正确判断样本来源，还会把那些被分类正确但是离决策边界很远的数据点拉近，使得整体的数据点分布较 Sigmoid 函数处理的数据点近得多，所以更加接近真实的数据分布情况，从而可以明显提升生成样本的质量。

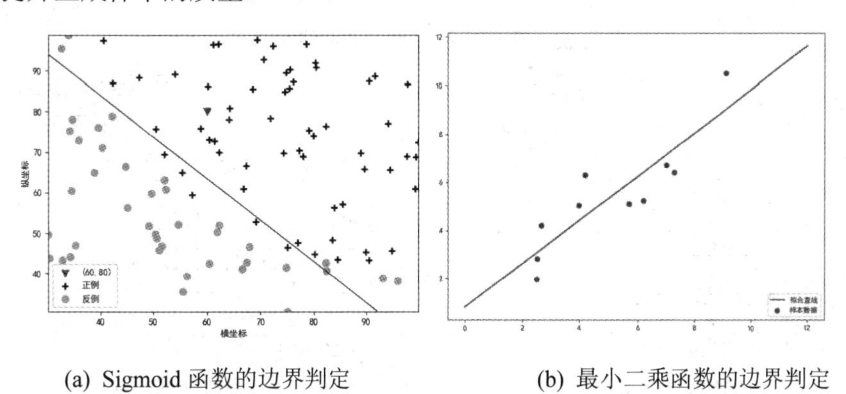

(a) Sigmoid 函数的边界判定　　(b) 最小二乘函数的边界判定

图 5.59　Sigmoid 函数与最小二乘函数的边界判定

LSGAN 的最小二乘损失函数如式(5-17)、式(5-18)所示。

$$\min_{D} V_{\text{LSGAN}}(D)=\frac{1}{2}E_{x\sim P_{\text{data}}(x)}[(D(x)-b)^2]+\frac{1}{2}E_{z\sim P_z(z)}[D(G(z))-a)^2] \tag{5-17}$$

$$\min_{G} V_{\text{LSGAN}}(G)=\frac{1}{2}E_{z\sim P_z(z)}[D(G(z))-c)^2] \tag{5-18}$$

其中 G 为生成器，D 为判别器，z 为噪音，它可以服从归一化或者高斯分布；$P_{\text{data}}(x)$ 为真实数据 x 服从的概率分布，$P_Z(Z)$为 Z 服从的概率分布，$E_{x\sim P\text{data}(x)}$ 为期望值，$Z\sim P_z(z)$同为期望值。

对于 LSGAN，不同的数据类别对应的模型架构是不同的。当待处理的数据中类别较少时，生成器和判别器的网络架构如图 5.60 所示；当待处理的数据类别较多时，二者的网络架构如图 5.61 所示。

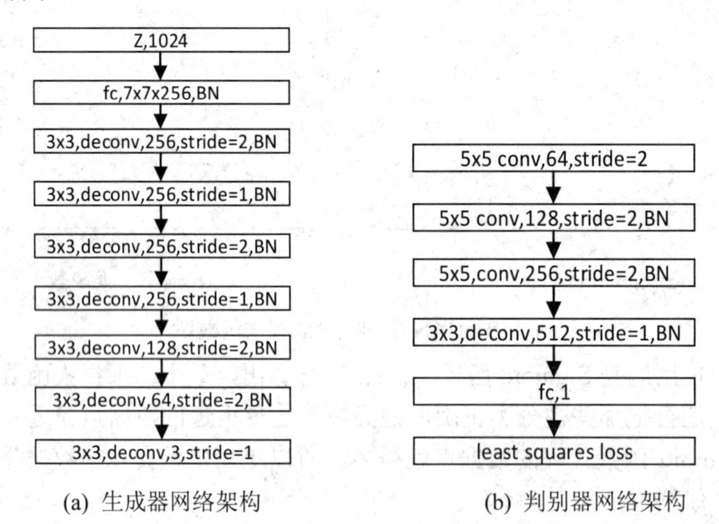

(a) 生成器网络架构　　(b) 判别器网络架构

图 5.60　生成器和判别器的网络架构图

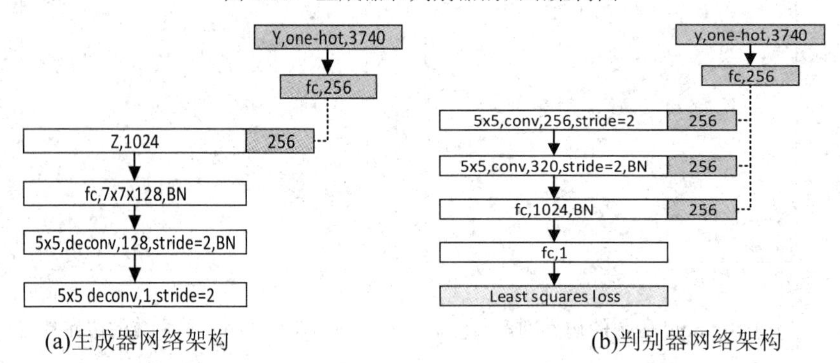

(a)生成器网络架构　　(b)判别器网络架构

图 5.61　二者的网络架构图

2. 代码实现

依旧使用 MNIST 数据集作为训练 LSGAN 的数据集。首先需要对环境进行配置，使其满足 LSGAN 的训练要求。

```
#配置环境
%matplotlib inline
import numpy as np
import paddle
import paddle.fluid as fluid
import matplotlib.pyplot as plt
import matplotlib.gridspec as gridspec
import os
z_dim = 100
batch_size = 128
step_per_epoch = 60000 / batch_size
```

(1) 定义生成器：

```
def generator(z, name="G"):
with fluid.unique_name.guard(name+'_'):
fc1 = fluid.layers.fc(input = z, size = 1024)
fc1 = fluid.layers.fc(fc1, size = 128 * 7 * 7)
fc1 = fluid.layers.batch_norm(fc1,act = 'tanh')
fc1 = fluid.layers.reshape(fc1, shape=(-1, 128, 7, 7))
conv1 = fluid.layers.conv2d(fc1, num_filters = 4*64, filter_size=5, stride=1, padding=2, act='tanh')
conv1 = fluid.layers.reshape(conv1, shape=(-1,64,14,14)) conv2 = fluid.layers.conv2d(conv1, num_filters = 4*32, filter_size=5, stride=1, padding=2, act='tanh')
conv2 = fluid.layers.reshape(conv2, shape=(-1,32,28,28)) conv3 = fluid.layers.conv2d(conv2, num_filters = 1, filter_size=5, stride=1, padding=2,act='tanh') #
conv3 = fluid.layers.reshape(conv3, shape=(-1,1,28,28)) print("conv3",conv3)
return conv3
```

(2) 定义判别器：

```
def discriminator(image, name="D"):
    with fluid.unique_name.guard(name+'_'):
        conv1 = fluid.layers.conv2d(input=image, num_filters=32,
```

```
filter_size=6, stride=2,
                                              padding=2)
            conv1_act = fluid.layers.leaky_relu(conv1)
            conv2 = fluid.layers.conv2d(conv1_act, num_filters=64,
filter_size=6, stride=2, padding=2)
            conv2 = fluid.layers.batch_norm(conv2)
            conv2_act = fluid.layers.leaky_relu(conv2)
            fc1 = fluid.layers.reshape(conv2_act, shape=(-1,64*7*7))
            fc1 = fluid.layers.fc(fc1, size=512)
            fc1_bn = fluid.layers.batch_norm(fc1)
            fc1_act = fluid.layers.leaky_relu(fc1_bn)
            fc2 = fluid.layers.fc(fc1_act, size=1)
            print("fc2",fc2)
            return fc2
```

(3) 开始训练：

```
def get_params(program, prefix):
all_params = program.global_block().all_parameters()
return [t.name for t in all_params if t.name.startswith(prefix)]
#优化 generator
G_program = fluid.Program()
with fluid.program_guard(G_program):
      z = fluid.layers.data(name='z', shape=[z_dim,1,1])
      # 用生成器 G 生成样本图片
      G_sample = generator(z)
      infer_program = G_program.clone(for_test=True)
      # 用判别器 D 判别生成的样本
      D_fake = discriminator(G_sample)
      ones = fluid.layers.fill_constant_batch_size_like(z, shape=[-1, 1], dtype='float32', value=1)
      # G 损失
      # G Least square cost
      G_loss = fluid.layers.mean(fluid.layers.square_error_cost(D_fake,ones))/2.
      # 获取 G 的参数
      G_params = get_params(G_program, "G")
```

```
        # 使用 Adam 优化器
        G_optimizer = fluid.optimizer.Adam(learning_rate=0.0001)
        # 训练 G
        G_optimizer.minimize(G_loss,parameter_list = G_params)
        print(G_params)
    # 优化 discriminator
    D_program = fluid.Program()
    with fluid.program_guard(D_program):
        z = fluid.layers.data(name='z', shape=[z_dim,1,1])
        # 用生成器 G 生成样本图片
        G_sample = generator(z)
        real = fluid.layers.data(name='img', shape=[1, 28, 28])
        # 用判别器 D 判别真实的样本
        D_real = discriminator(real)
        # 用判别器 D 判别生成的样本
        D_fake = discriminator(G_sample)
        # D 损失
        print("D_real",D_real)
        print("D_fake",D_fake)
        # D Least square cost
        D_loss=fluid.layers.reduce_mean(fluid.layers.square(D_real-1.))/2.+
fluid.layers.reduce_mean(fluid.layers.square(D_fake))/2.
        print("D_loss",D_loss)
        # 获取 D 的参数列表
        D_params = get_params(D_program, "D")
        # 使用 Adam 优化
        D_optimizer = fluid.optimizer.Adam(learning_rate=0.0001)
        D_optimizer.minimize(D_loss, parameter_list = D_params)
        print(D_params)
    # MNIST 数据集，不使用 label
    def mnist_reader(reader):
        def r():
            for img, label in reader():
```

```
            yield img.reshape(1, 28, 28)
    return r
#批处理
mnist_generator = paddle.batch(
paddle.reader.shuffle(mnist_reader(paddle.dataset.mnist.train()),1024),batch_size=batch_size)
z_generator = paddle.batch(z_reader, batch_size=batch_size)()
```

复现结果如图 5.62 所示。

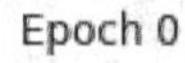

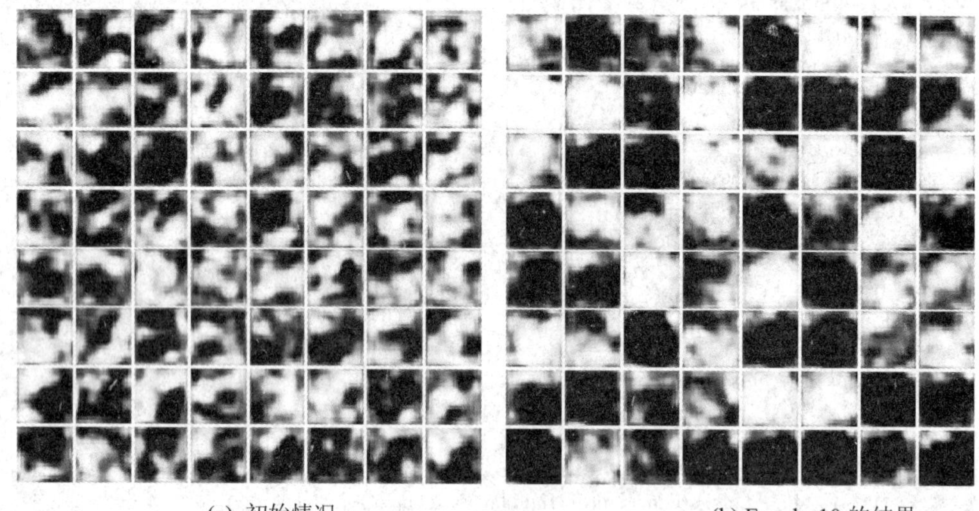

(a) 初始情况　　　　(b) Epoch=10 的结果

图 5.62　LSGAN 训练结果

本 章 小 结

本章对深度学习进行了简单的介绍，并且具体讲述了深度学习中卷积神经网络 CNN、循环神经网络 RNN 以及生成对抗网络 GAN 三种十分重要的基础网络，也对其各自的变体和应用进行了介绍。虽然深度学习的应用十分广泛，但是在某些方面仅仅使用深度学习的技术还不足以达到人们所设定的目标，而强化学习则在一定程度上弥补了深度学习在应用上的不足。本书第 6 章将详细介绍强化学习的知识。

第6章 强化学习

6.1 强化学习简介

6.1.1 强化学习的概念

强化学习(Reinforcement Learning)是机器学习算法大家族中的成员之一，这种算法是让计算机实现从一开始什么都不懂，然后通过不断地尝试，从错误中学习，最后找到规律，学习达到最终目标的方法。实际生活中强化学习的例子有很多，比如曾经引起巨大轰动的围棋人工智能程序 AlphaGo，智能机器第一次在围棋场上战胜人类高手，该例子是让计算机在不断的尝试中更新自己的行为准则，从而一步步学会如何下好围棋。

既然要让计算机自己学习，那么计算机是通过什么方式来学习的呢？原来计算机也需要一位虚拟老师，这个老师比较神秘，他不会告诉计算机如何做决定，他为计算机做的事只有给它的行为打分，而计算机通过一次次在环境中的尝试获取每种行为对应的数据标签(高分或者低分)，记住高分行为，下次用同样的行为拿到高分，并且避免低分对应的行为。

就像老师会根据我们上课的表现来打分，我们表现好时，就可以得到高分，当我们的行为表现变得糟糕的时候就会得到低分。有了这些评分的经验，我们就能自主判断，为了拿到高分，就应该上课好好表现，避免糟糕的行为。所以强化学习具有分数导向性，这就是强化学习的核心。

6.1.2 强化学习的分类

强化学习是一个大家族，他包含了很多种算法，我们会一一提到其中一些比较有名的算法。

1. 根据是否理解环境划分

按计算机是否理解环境来划分，强化学习方法可分为无模型学习的强化学习方法和有模型学习的强化学习方法。

(1) 无模型学习的强化学习方法(Model-Free RL)：计算机只按部就班，等接收到真实世界的反馈后，采取下一步行动。包含的算法有 Policy Optimization 和 Q-Learning 等。

(2) 有模型学习的强化学习方法(Model-Based RL)：与 Model-Free 相比，Model-Based 多了模拟环境这个环节，计算机通过模拟环境预判接下来会发生的所有情况，选择最佳的情况，然后采取下一步策略。包含的算法有 Sarsa、Policy Gradients 等。

2. 根据行为准则来划分

按行为准则来划分，强化学习方法可分为基于概率的强化学习方法、基于价值的强化学习方法和基于概率和价值的强化学习方法。

(1) 基于概率的强化学习方法(Policy-Based RL)：包含的算法有 Policy Gradients。

(2) 基于价值的强化学习方法(Value-Based RL)：包含的算法有 Q-Learning、Sarsa。

(3) 基于概率和价值的强化学习方法(Policy-Based and Value-Based RL)：包含 Actor-Critic 等算法。

3. 根据更新方法来划分

按更新方法来划分，强化学习方法可分为基于回合更新的强化学习方法和基于单步更新的强化学习方法。

(1) 基于回合更新的强化学习方法(Monte-Carlo update RL)：游戏开始到结束之后，才总结这一回合的所有转折点，然后更新行为准则。包含的算法有基础版 Policy Gradients、Monte-Carlo Learning。

(2) 基于单步更新的强化学习方法(Temporal-Difference update RL)：游戏进行中的每一步都在更新，效率更高。包含的算法有 Q-Learning、Sarsa、升级版 Policy Gradients。

4. 根据是否线上学习划分

按是否线上学习来划分，强化学习方法可分为在线学习的强化学习方法和离线学习的强化学习方法。

(1) 在线学习的强化学习方法(On-Policy RL)：“本人”必须在场，边玩边学习。包含的算法有 Sarsa、Sarsa(λ)。

(2) 离线学习的强化学习方法(Off-Policy RL)：可以“自己玩”，也可以看着“别人玩”来学习“别人”的行为准则。包含的算法有 Q-Learning、Deep Q Network。

本章讲解的强化学习方法都是依据行为准则来划分的。

6.2 基于概率的强化学习方法

6.2.1 基于概率的强化学习方法简介

基于概率的强化学习方法(Policy-Based RL)是通过分析所处的环境，总结出下一步采取的各种行为的概率，根据概率采取行动。这种学习方法既可以分析连续的动作也可以分析不连续的动作，包含的算法有 Policy Gradients。

6.2.2 Policy Gradients 算法

1. 简介

Policy Gradients 是一种不通过分析奖惩值直接输出行为的方法。与基于价值的强化学习方法(详情见 6.3)不同的是它要输出的不是行为的价值，而是具体的一个行为，根据实施该行为之后得到的奖惩信息来控制计算机神经网络的反向传递过程(注：选择一个行为后，会向计算机传递加强该行为概率的信号，当执行完该行为后，会收到奖惩信息，根据该奖惩信息又会向计算机传递相关信号，来加强或者减弱第一次传递的信号，以此来控制计算机)。Policy Gradient 与基于价值的强化学习方法相比最大的优势是：输出的行为可以是一个连续的值。

2. 原理讲解

可以为 Policy Gradients 添加一个神经网络来输出预测的动作。比如说计算机通过神经网络的分析，选择了“玩耍”这一行为，直接进行反向传递，传递的信号增加了该行为下次被选中的概率。待该行为被执行完之后，产生相应的奖惩信息(选择“玩耍”这一行为不合理，会受到惩罚)，随后这个信息被反馈给计算机，使得增加选择“玩耍”行为概率的幅度被降低。这样就能靠奖惩信息来左右计算机神经网络的反向传递。这就是 Policy Gradients 的核心思想。具体流程如图 6.1 所示。

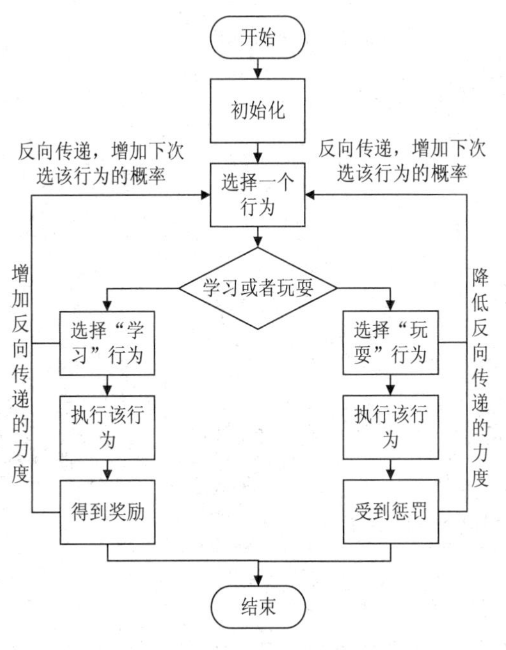

图 6.1　Policy Gradients 流程图

3. 代码实现

用 Policy Gradients 算法实现一个小车爬坡的示例，例子中的环境是一个斜坡，经过不断学习，根据获得的奖惩值调整下一步动作，最终到达终点。

(1) 算法更新部分：

```
import gym
from RL_brain import PolicyGradient
import matplotlib.pyplot as plt
#回合总 reward 大于 400 时显示模拟窗口
DISPLAY_REWARD_THRESHOLD = -2000
RENDER = False
#选择好点的随机种子
env = gym.make('MountainCar-v0')
env.seed(1)
env = env.unwrapped
#输出显示相关信息
print(env.action_space)
print(env.observation_space)
print(env.observation_space.high)
print(env.observation_space.low)
#定义
RL = PolicyGradient(
n_actions=env.action_space.n,
n_features=env.observation_space.shape[0],
learning_rate=0.02,
reward_decay=0.995,
)
#主循环，控制计算机执行完一整个回合才更新一次
for i_episode in range(1000):
    observation = env.reset()
    while True:
        if RENDER: env.render()
        action = RL.choose_action(observation)
        observation_, reward, done, info = env.step(action)
```

```
            RL.store_transition(observation, action, reward)
            if done:
            ep_rs_sum = sum(RL.ep_rs)
                if 'running_reward' not in globals():
            running_reward = ep_rs_sum
                else:
            running_reward = running_reward * 0.99 + ep_rs_sum * 0.01
                if running_reward> DISPLAY_REWARD_THRESHOLD: RENDER = True
                print("episode:", i_episode, "    reward:", int(running_reward))
                    vt = RL.learn()
                if i_episode == 10:
    plt.plot(vt)
    plt.xlabel('episode steps')
    plt.ylabel('normalized state-action value')
    plt.show()
                break
            observation = observation_
```

(2) 思维决策部分：

```
import numpy as np
import tensorflow as tf
np.random.seed(1)
tf.set_random_seed(1)
#初始化，定义参数，并创建一个神经网络
class PolicyGradient:
    def __init__(
                self,
                n_actions,
                n_features,
                learning_rate=0.01,
                reward_decay=0.95,
                output_graph=False,
                ):
```

```
        self.n_actions = n_actions
        self.n_features = n_features
        self.lr = learning_rate
        self.gamma = reward_decay
        self.ep_obs, self.ep_as, self.ep_rs = [], [], []
        self._build_net()
        self.sess = tf.Session()
        if output_graph:
            # $ tensorboard --logdir=logs
            # http://0.0.0.0:6006/
            # tf.train.SummaryWriter soon be deprecated, use following
            tf.summary.FileWriter("logs/", self.sess.graph)
            self.sess.run(tf.global_variables_initializer())
#建立 Policy 神经网络
    def _build_net(self):
        with tf.name_scope('inputs'):
            self.tf_obs=tf.placeholder(tf.float32, [None, self.n_features], name="observations")
            self.tf_acts = tf.placeholder(tf.int32, [None, ], name="actions_num")
            self.tf_vt = tf.placeholder(tf.float32, [None, ], name="actions_value")
        layer = tf.layers.dense(    # fc1
            inputs=self.tf_obs,
            units=10,
            activation=tf.nn.tanh,    # 激活函数 tanh
            kernel_initializer=tf.random_normal_initializer(mean=0, stddev=0.3),
            bias_initializer=tf.constant_initializer(0.1),
            name='fc1'
        )
            all_act = tf.layers.dense(    # fc2
            inputs=layer,
            units=self.n_actions,
            activation=None,
            kernel_initializer=tf.random_normal_initializer(mean=0, stddev=0.3),
            bias_initializer=tf.constant_initializer(0.1),
```

```
                name='fc2'
                )
                self.all_act_prob = tf.nn.softmax(all_act, name='act_prob')
                with tf.name_scope('loss'):
                neg_log_prob=tf.nn.sparse_softmax_cross_entropy_with_logits(logits=all_act,
labels=self.tf_acts)
                loss = tf.reduce_mean(neg_log_prob * self.tf_vt)
            with tf.name_scope('train'):
                self.train_op = tf.train.AdamOptimizer(self.lr).minimize(loss)
    #选择行为
        def choose_action(self, observation):
            prob_weights=self.sess.run(self.all_act_prob,feed_dict={self.tf_obs:
observation[np.newaxis, :]})
            action = np.random.choice(range(prob_weights.shape[1]), p=prob_weights.ravel())
            return action
    #存储回合
        def store_transition(self, s, a, r):
            self.ep_obs.append(s)
            self.ep_as.append(a)
            self.ep_rs.append(r)
    #学习
        def learn(self):
            discounted_ep_rs_norm = self._discount_and_norm_rewards()
            self.sess.run(self.train_op, feed_dict={
            self.tf_obs: np.vstack(self.ep_obs),
            self.tf_acts: np.array(self.ep_as),
            self.tf_vt: discounted_ep_rs_norm,
             })
            self.ep_obs, self.ep_as, self.ep_rs = [], [], []
            return discounted_ep_rs_norm
    #实现对未来 reward 的衰减
        def _discount_and_norm_rewards(self):
            discounted_ep_rs = np.zeros_like(self.ep_rs)
```

```
        running_add = 0
        for t in reversed(range(0, len(self.ep_rs))):
            running_add = running_add * self.gamma + self.ep_rs[t]
            discounted_ep_rs[t] = running_add
            discounted_ep_rs -= np.mean(discounted_ep_rs)
            discounted_ep_rs /= np.std(discounted_ep_rs)
        return discounted_ep_rs
```

实验结果如图 6.2 和图 6.3 所示。

```
episode: 460   reward: -1216
episode: 461   reward: -1207
episode: 462   reward: -1198
episode: 463   reward: -1191
episode: 464   reward: -1185
episode: 465   reward: -1180
episode: 466   reward: -1173
episode: 467   reward: -1167
episode: 468   reward: -1161
episode: 469   reward: -1159
episode: 470   reward: -1153
episode: 471   reward: -1148
```

图 6.2　奖惩值

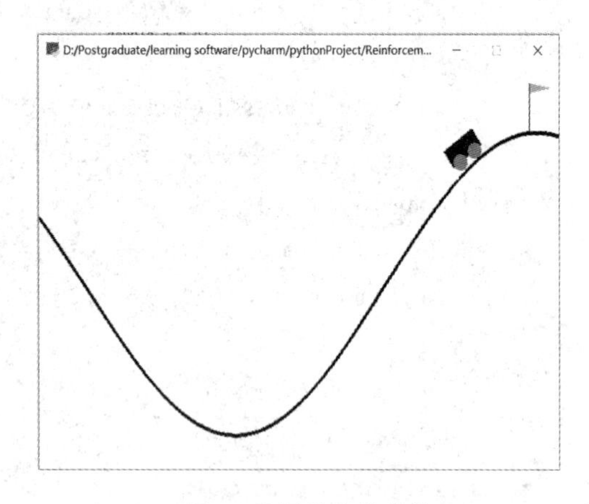

图 6.3　行为价值曲线

6.3　基于价值的强化学习方法

6.3.1　基于价值的强化学习方法简介

基于价值的强化学习方法(Value-Based RL)是总结出所有动作的价值，根据最高价值来选择动作。这种学习方法只可以分析不连续的动作，包含的算法有 Q-Learning、Sarsa。

6.3.2　Q-Learning 算法

1. 简介

Q-Learning 算法是一种 off-policy 的强化学习算法，包括行为体(agent)和环境(envi-ronment)这两个实体。算法的目标是学习一个策略，它告诉行为体在什么情况下应该采取什么行动，而不需要环境的模型(因此就有了“无模型”的含义)。算法的主要思想是将行为体在环境中的状态(State)与行动(Action)构建成一张Q-table来存储Q值，然后根据Q值来选取能够获得最大收益的动作。

Q-Learning算法中的Q即为$Q(s, a)$，就是在某一时刻的s状态下($s \in S$)，行为体采取a($a \in A$)动作能够获得收益的期望，行为体会根据一定的规则来采取行动，这样的规则称之为行为准则。环境会根据行为体的动作反馈相应的回报(reward)。算法中的Q表在更新的时候计算了下一个状态的最大价值，但是取最大值的时候所对应的行动不依赖于当前策略。因此，Q-Learning算法是一个无模型强化学习算法。在算法中，行为体始终选择最优价值的行动，在进行实际项目时，该算法充满了冒险性，倾向于大胆尝试。算法框架如图6.4所示。

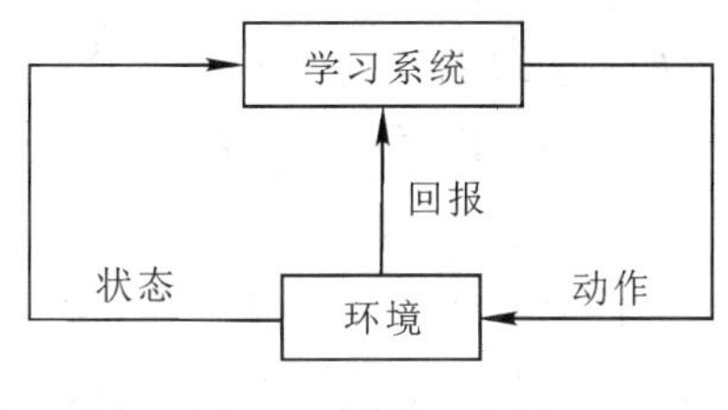

图6.4　算法示意图

2. 原理讲解

1) 行为准则

在Q-Learning算法中，行为体的行动会有一个行为准则。就像学生第一次踏入课堂时，在上课的情况下，好的行为就是认真听讲，按老师的要求去做，最后学生还可以得到奖励。不好的行为就是在课堂上自由活动，无视老师，这样做的后果很严重。

算法的行为体可以看作是这样的学生，认真听讲和自由活动看作是行为体可选择的两种行动。如果学生选择自由活动，则会受到严厉的批评，这样他会深刻地记下这次经历，并将“自由活动”认为是负面行为。与此类似，行为体选择“错误”的行动后，不会受到的奖励，但是它会“记录”下这次经历，这样在下次的行动中就有“经验”。下节介绍行为体如何根据“经验”来做决策。

2) 决策

假设行为体的行为准则即对应的Q表已经确定，现在处于状态s_1，行为体在认真听讲，我有两个行动a_1、a_2，分别是自由活动和认真听讲。根据Q表，在s_1状态下，$Q(s_1,a_1)= -2$小于$Q(s_1,a_2)=1$，因此a_2带来的潜在奖励要比a_1高，行为体选择a_2作为下一个行动。

现在状态更新成s_2，重复上面的过程，行为体继续选择a_2作为下一个行动。之后的决策过程也是如此。决策过程如图6.5所示。

s_1状态下的Q表

Q-table	a_1	a_2
s_1	−2	1

→ a_2

s_2状态下的Q表

Q-table	a_1	a_2
s_2	−4	2

→ a_2

图 6.5　决策过程

做完决策后，Q 表会通过一定的方式更改、提升。

3) 更新

回到之前的流程，行为体在 s_1 状态选择并到达 s_2，这时开始更新 Q 表。行为体并没有做任何动作，而是“想象”自己将 s_2 上的每种行为都做一次，分别看看两种动作哪一个的 Q 值大。比如 $Q(s_2,a_2)$的值比 $Q(s_2,a_1)$的大，选择 $Q(s_2,a_2)$然后乘上一个衰减值 $\gamma(\gamma<1)$，并加上到达 s_2 时所获取的奖励 R。在实际中，我们将经过上述计算后的值作为现实中 $Q(s_1,a_2)$的值。

Q 表估计了 $Q(s_1,a_2)$的值，因此有了现实值和估计值，将估计值与现实值的差距乘以一个学习效率 α，再累加上旧的 $Q(s_1,a_2)$的值变成 $Q(s_1,a_2)$新值。这时虽然用 max $Q(s_2)$估算了一下 s_2 状态，但没有在 s_2 做出任何的行为，s_2 状态的行为决策要等到更新完之后重新做。这就是 off-policy 的 Q-Learning 算法决策和学习优化过程。更新过程如图 6.6 所示。

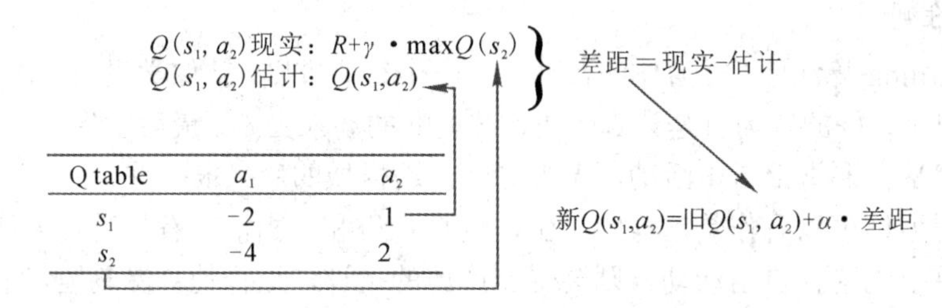

图 6.6　更新过程

4) 伪代码

这一小节概括了之前论述的算法思想。算法每次更新都用到 Q 现实和 Q 估计，在上例中 $Q(s_1,a_2)$现实值包含了一个 $Q(s_2)$的最大估计值，这意味着将下一步衰减的最大估计和当前得到的奖励当成这一步的现实，算法伪代码如下：

```
Initialize Q(s, a) arbitrarily
Repeat (for each episode):
Initialize s
Repeat (for each step of episode):
```

Choose fromusing policy derived from Q ($(e.g., \varepsilon - greedy)$)

Take action a, observe r, s'

$$Q(s,a) \leftarrow Q(s,a) + \alpha[r + \gamma \max_{a'} Q(s',a') - Q(s,a)]$$

$$s \leftarrow s';$$

Until is terminal

算法中，参数$\varepsilon - $reedy 是用在决策上的一种策略，比如$\varepsilon$=0.9 时，行为体 90%的概率选择 Q 表最大值的行动；10%的概率随机选择行动。$\alpha(\alpha<1)$是学习效率，决定这次的误差有多少要被学习，γ是奖励的衰减值。

(5) 参数γ

$Q(s_1)$的公式可用 $Q(s_2)$来表示，$Q(s_2)$也可用 $Q(s_3)$来表示。以此类推，最后公式(6-1)、(6-2)为：

$$Q(s_1) = r_2 + \gamma Q(s_2) = r_2 + \gamma\left[r_3 + \gamma Q(s_3)\right] = r_2 + \gamma\left[r_3 + \gamma\left[r_4 + \gamma Q(s_4)\right]\right] = \cdots \tag{6-1}$$

$$Q(s_1) = r_2 + \gamma r_3 + \gamma^2 r_4 + \gamma^3 r_5 + \gamma^4 r_6 + \ldots \tag{6-2}$$

可以看出 $Q(s_1)$拥有后面状态的所有奖励，但是状态离 s_1 越远，奖励衰减就越严重。引入γ的意义在于不仅仅只看到行为的眼前利益，同时也在为未来着想。

3. 代码实现

1) 背景

用 Q-Learning 算法实现一个示例，例子的环境是一维世界，在世界的右边有宝藏，行为体只要得到宝藏就会“尝到甜头”，随着不断学习，行为体就“知道”得到宝藏的方法。状态 s 就是 o 所在的地点。行为体能做出的动作是左移或者右移。

```
-o---T
#T 就是宝藏的位置，o 是探索者的位置
```

2) 预设值

需要的模块和参数设置如下：

```
import numpy as np
import pandas as pd
import time
np.random.seed(2)
N_STATES = 6    #一维世界的长度
ACTIONS = ['left', 'right']    #可选长度
```

```
EPSILON = 0.9   # 贪婪策略
ALPHA = 0.1   #学习效率
GAMMA = 0.9   # 衰减值
MAX_EPISODES = 13   #迭代最大回合数
FRESH_TIME = 0.3   # 每一步刷新时间
```

3) Q 表

```
def build_q_table(n_states, actions):
    table = pd.DataFrame(
      np.zeros((n_states, len(actions))),     # q_table 的初始值
        columns=actions,   #行为名称
)
    return table
```

Q 表的第一列对应的是环境中的六个位置(从左往右数)，其余的值是对应的行动。初始化 Q 表如图 6.7 所示。

```
   left  right
0   0.0    0.0
1   0.0    0.0
2   0.0    0.0
3   0.0    0.0
4   0.0    0.0
5   0.0    0.0
```

图 6.7　初始化 Q 表

4) 定义动作

在初始阶段，行为体随机探索环境，往往比固定的行动模式要好，这也是累积经验的阶段。因此引入参数 ε − greedy (ε=0.9)，即 90%的概率选择最优策略，10%的概率随机行动。

```
def choose_action(state, q_table):
        #如何选择行为
        state_actions = q_table.iloc[state, :]
        if (np.random.uniform() > EPSILON) or ((state_actions == 0).all()):
            # 采取无贪婪策略
            action_name = np.random.choice(ACTIONS)
  else:   # 采取贪婪策略
            action_name = state_actions.idxmax()
```

```
        return action_name
```

5) 环境反馈 S_和 R

行为体做出行动后，环境要给行动一个反馈，反馈出下个状态(*S_*)和在上个状态(*S*)中做出行动(*A*)所得到的奖励(*R*)。这里定义只有当 *o* 移动到了 *T*，行为体才会得到奖励(*R*=1)，其他情况都没有奖励。

```
def get_env_feedback(S, A):
    #行为体如何与环境交互
    if A == 'right':   #右移
        if S == N_STATES - 2:   #  终止
            S_ = 'terminal'
            R = 1
        else:
            S_ = S + 1
            R = 0
else:   #  左移
        R = 0
        if S == 0:
            S_ = S   #到达左边界
        else:
            S_ = S – 1
    return S_, R
```

6) 环境更新

```
def update_env(S, episode, step_counter):
    #如何更新环境
    env_list = ['-']*(N_STATES-1) + ['T']   # '---------T'环境
    if S == 'terminal':
        interaction = 'Episode %s: total_steps = %s' % (episode+1, step_counter)
        print('\r{}'.format(interaction), end='')
        time.sleep(2)
        print('\r                                        ', end='')
else:
env_list[S] = 'o'
        interaction = ''.join(env_list)
```

第6章 强化学习

```
            print('\r{}'.format(interaction), end='')
    time.sleep(FRESH_TIME)
```

7) 算法实现

```
def rl():
#主循环
q_table = build_q_table(N_STATES, ACTIONS)
for episode in range(MAX_EPISODES):
        step_counter = 0
          S = 0
        is_terminated = False
        update_env(S, episode, step_counter)
          while not is_terminated:
                A = choose_action(S, q_table)
                S_, R = get_env_feedback(S, A)   #采取行动并获得下一个状态和奖励
                q_predict = q_table.loc[S, A]
                if S_ != 'terminal':
q_target = R + GAMMA * q_table.iloc[S_, :].max()   #下一个状态是非终止态
                else:
                  q_target = R   #一个状态是终止状态
                  is_terminated = True   #终止本次迭代
                  q_table.loc[S, A] += ALPHA * (q_target - q_predict)   #更新
                S = S_   #转移到下一个状态
update_env(S, episode, step_counter+1)
step_counter += 1
return q_table
#完成上述准备，行为体即可在环境中进行“探索”。
if __name__ == ″__main__″:
q_table = rl()
print('\r\nQ-table:\n')
      print(q_table)
```

实验结果如图 6.8 所示。

```
Q-table:

       left     right
0  0.000000  0.004320
1  0.000000  0.025005
2  0.000030  0.111241
3  0.000000  0.368750
4  0.027621  0.745813
5  0.000000  0.000000

进程已结束,退出代码0
```

图 6.8　运行结果

6.3.3　Sarsa 算法

1. 简介

Sarsa 算法是一种在线学习(on-policy)的强化学习算法，该算法包括决策与更新行为准则两部分。Sarsa 决策是计算机依据不同行为以及该行为对应的奖惩，来决定下一步应该如何做；更新行为准则是根据本行为以及下一个行为所对应的奖惩，更新 Q 表中的值。其主要思想是将状态(State)与行动(Action)构建成一张 Q-table 来存储 Q 值，然后根据 Q 值来选取能够获得最大收益的动作。Sarsa 与 Q-Learning 不同的是，它在下一个状态上选取的能够获得最大奖励的行为，也是它接下来将要选取的实际行为。

2. 原理讲解

Sarsa 决策：Sarsa 的决策部分和 Q-Learning 一样，因为计算机是使用 Q 表的形式来决策，所以会在 Q 表中挑选较大的动作值，并实施该行为，以此来换取奖惩。但是不同的地方在于 Sarsa 的更新方式不同。

更新行为准则：假设计算机会经历正在学习的状态 s_1，然后再挑选一个带来最大潜在奖励的动作 a_2(学习)，这样计算机就到达了继续学习的状态 s_2，而在这一步，如果你用的是 Q-Learning，你会观看一下在 s_2 上选取哪一个动作会带来最大的奖励，但是在真正要做决定时，却不一定会选取到那个带来最大奖励的动作，Q-Learning 在这一步只是估计了接下来的动作值。而 Sarsa 是实践派，它说到做到，在 s_2 这一步估算的动作也是接下来要做的动作。所以 $Q(s_1,a_2)$现实的计算值，我们也会稍稍改动，去掉 max Q，取而代之的是在 s_2 上实际选取的 a_2 的 Q 值。最后像 Q-Learning 一样，求出现实和估计的差距并更新 Q 表里的 $Q(s_1,a_2)$。更新行为和流程图分别如图 6.9 和图 6.10 所示。

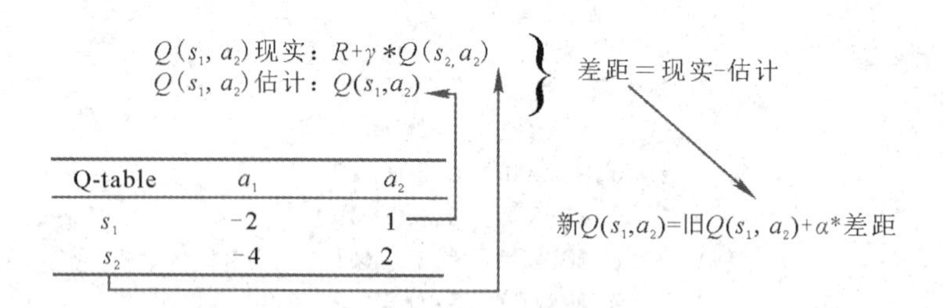

图 6.9　Sarsa 行为更新

在图 6.9 中，R 是奖惩值；α 是学习效率，来决定这次的误差有多少是要被学习的，α 是一个小于 1 的数；λ 是对未来奖惩的衰减值。

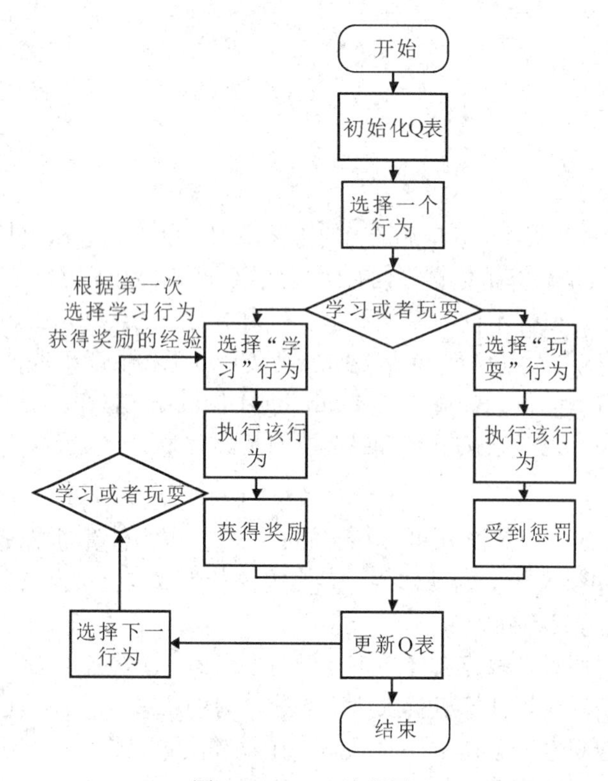

图 6.10　Sarsa 流程图

3. 代码实现

用 Sarsa 算法实现一个机器人走到位置 5 的示例。首先将机器人处于任何一个位置，让他自己走动，直到走到位置 5，表示成功。如图 6.11 所示。

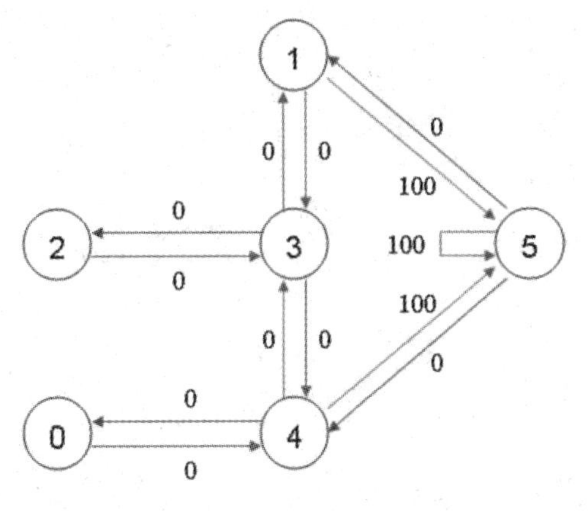

图 6.11 Sarsa 流程图

```
# Sarsa 属于实践派，在线学习
import numpy as np
import random
#建立 Q 表
q = np.zeros((6, 6))  #返回一个用 0 填充的 6 行 6 列的数组
q = np.matrix(q)  #矩阵中的数据可以为数组对象
# 建立 R 表
r = np.array([[-1, -1, -1, -1, 0, -1], [-1, -1, -1, 0, -1, 100], [-1, -1, -1, 0, -1, -1],[-1, 0, 0, -1, 0, -1],
[0, -1, -1, 0, -1, 100], [-1, 0, -1, -1, 0, 100]])
r = np.matrix(r)
#贪婪指数
gamma = 0.7
#训练
for i in range(100000):
    state = random.randint(0, 5)
#对每一个训练，随机选择一种状态
    while state != 5:
        #选择 r 表中非负的值的动作
        actions = []
        for a in range(6):
            if r[state, a] >= 0:
                actions.append(a)
```

第6章 强化学习

```
                action = actions[random.randint(0, len(actions) - 1)]
                #random.randint(a,b)；用于生成一个指定范围内的整数。其中参数 a 是下限，参数 b 是上限，生成的随机数 n：a<=n<=b
        R = r[state, action]
        next_state = action
        actions = []
        for a in range(6):
            if r[next_state, a] >= 0:
                actions.append(a)
                next_action = actions[random.randint(0, len(actions) - 1)]
        q[state, action] = R + gamma * q[next_state, next_action]
        state = next_state
        action = next_action
print(q)
#验证
for i in range(10):
print(″第{}次验证″.format(i + 1))
#调用 format()方法后会返回一个新的字符串，参数从 0 开始编号
    state = random.randint(0, 2)
    print('机器人处于{}'.format(state))
    count = 0
    while state != 5:
        if count > 20:
            print('fail')
            break
        q_max = q[state].max()
        #选择最大的 q_max
        q_max_action = []
        for action in range(6):
            if q[state, action] == q_max:
                q_max_action.append(action)
                next_state = q_max_action[random.randint(0, len(q_max_action) - 1)]
        print(″the robot goes to ″ + str(next_state) + '.')
```

```
        state = next_state
        count += 1
```

实验结果如图 6.12 所示。

```
[[  0.          0.          0.          0.          8.23543     0.        ]
 [  0.          0.          0.         11.7649      0.        100.        ]
 [  0.          0.          0.         11.7649      0.          0.        ]
 [  0.          8.23543     4.0353607   0.         16.807       0.        ]
 [ 11.7649      0.          0.          5.764801    0.        100.        ]
 [  0.          0.          0.          0.          0.          0.        ]]
```

(a) 实验结果一

```
第1次验证
机器人处于0
the robot goes to 4.
the robot goes to 5.
第2次验证
机器人处于2
the robot goes to 3.
the robot goes to 4.
the robot goes to 5.
第3次验证
机器人处于2
the robot goes to 3.
the robot goes to 4.
the robot goes to 5.
第4次验证
机器人处于2
the robot goes to 3.
the robot goes to 4.
the robot goes to 5.
第5次验证
机器人处于0
the robot goes to 4.
the robot goes to 5.
第6次验证
机器人处于1
the robot goes to 5.
第7次验证
机器人处于2
the robot goes to 3.
the robot goes to 4.
the robot goes to 5.
第8次验证
机器人处于2
the robot goes to 3.
the robot goes to 4.
the robot goes to 5.
第9次验证
机器人处于2
the robot goes to 3.
the robot goes to 4.
the robot goes to 5.
第10次验证
机器人处于1
the robot goes to 5.
```

(b) 实验结果二

图 6.12 Sarsa 实验结果

6.3.4 Deep Q Network 算法

1. 简介

Deep Q Network(DQN)是一种融合了神经网络和 Q-Learning 的算法。解决了传统的 Q 表格形式强化学习方法必须使用 Q 表存储信息的难题(现如今很多问题都比较复杂，如果用表格存储每一个状态和动作所拥有的 Q 值，那么计算机的内存将远远不足，并且在庞大的表格中搜索对应的状态非常耗时)。在 DQN 方法中，有两种得到 Q 值的方式。第一种方式是，不在表格中记录 Q 值，而是直接使用神经网络生成，通俗地来说就是把状态和动作当作神经网络的输入，然后经过神经网络的分析，得到动作的 Q 值。第二种方式是，只输入状态值，输出所有的动作值，按照 Q-Learning 的原则，直接选择拥有最大值的动作当作下一步要做的动作。

2. 原理讲解

以下基于第二种神经网络方式来分析。神经网络只有在被训练之后才能预测出准确的值。那神经网络是如何被训练的呢？首先，需要 a_1、a_2 正确的 Q 值，这个值用之前在 Q-Learning 中的 Q 现实来代替。其次需要一个 Q 估计，来实现神经网络的更新。所以神经网络的参数就是旧的神经网络参数加上学习率 α 乘以 Q 现实和 Q 估计的差值。其具体内容如图 6.13 所示。

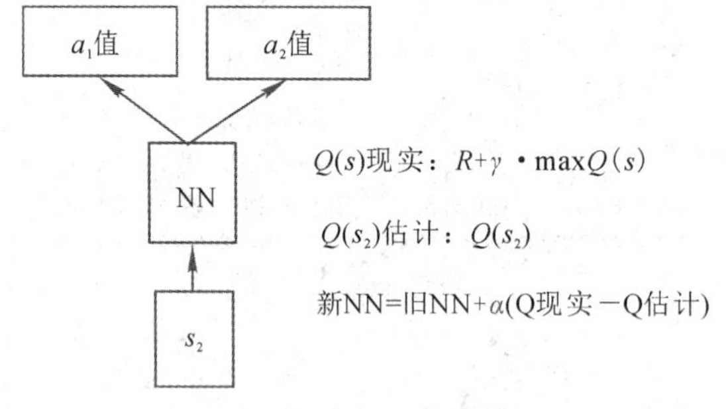

图 6.13　神经网络的更新

通过神经网络预测出 $Q(s_2,a_1)$和 $Q(s_2,a_2)$的值，这就是 Q 估计。然后选取 Q 估计中最大值的动作来换取环境中的奖励。而 Q 现实中也包含从神经网络分析出来的两个 Q 估计值，不过这个 Q 估计是针对下一步在 s'的估计。最后通过以上描述的算法更新神经网络中的参数。具体内容如图 6.14 所示。

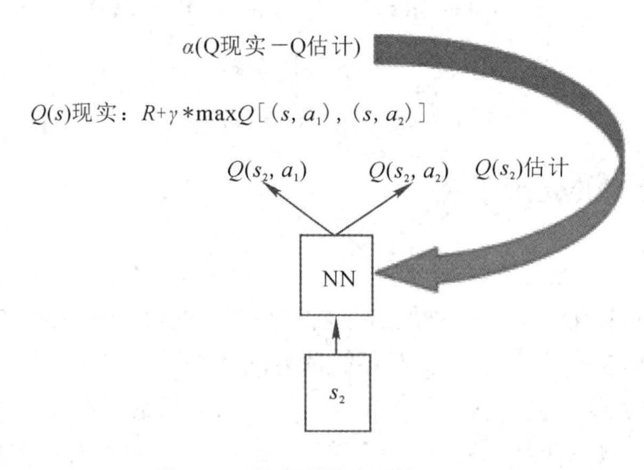

图 6.14　神经网络的更新

3. 代码实现

用 DQN 算法实现一个小方块走迷宫的示例，例子中的环境是一个 4×4 的迷宫，左上角的小方块需要避开所有的障碍物，找到一条到达圆圈所在位置的最短路径。如图 6.15 所示。

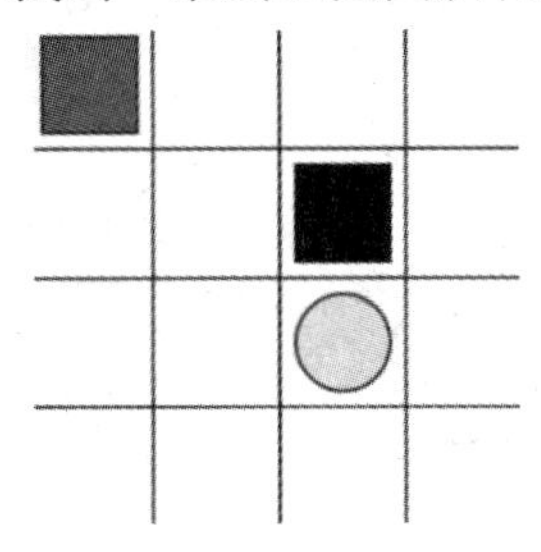

图 6.15　迷宫问题

(1) Deep Q Network 与环境的交互：

```
from maze_env import Maze
from RL_brain import DeepQNetwork
def run_maze():
    step = 0
    for episode in range(300):
        observation = env.reset()
        while True:
            env.render()
            action = RL.choose_action(observation)
            observation_, reward, done = env.step(action)
            RL.store_transition(observation, action, reward, observation_)
            if (step > 200) and (step % 5 == 0):
                RL.learn()
            observation = observation_
            if done:
                break
            step += 1
    print('game over')
env.destroy()
if __name__ == "__main__":
    env = Maze()
    RL = DeepQNetwork(env.n_actions, env.n_features,
```

```
learning_rate=0.01,
reward_decay=0.9,
e_greedy=0.9,
replace_target_iter=200,
memory_size=2000,
                              )
env.after(100, run_maze)
env.mainloop()
RL.plot_cost()
```

(2) 创建两个网络：

```
class DeepQNetwork:
    def _build_net(self):
#创建 eval 神经网络，及时提升参数
        self.s = tf.placeholder(tf.float32, [None, self.n_features], name='s')
        self.q_target = tf.placeholder(tf.float32, [None, self.n_actions], name='Q_target')
        with tf.variable_scope('eval_net'):
            c_names, n_l1, w_initializer, b_initializer = \
                ['eval_net_params', tf.GraphKeys.GLOBAL_VARIABLES], 10, \
            tf.random_normal_initializer(0., 0.3), tf.constant_initializer(0.1)
            with tf.variable_scope('l1'):
                w1 = tf.get_variable('w1', [self.n_features, n_l1], initializer=w_initializer,
                collections=c_names)
                b1= tf.get_variable('b1', [1, n_l1], initializer=b_initializer, collections=c_names)
                l1 = tf.nn.relu(tf.matmul(self.s, w1) + b1)
            with tf.variable_scope('l2'):
                w2=tf.get_variable('w2',[n_l1,self.n_actions],initializer=w_initializer,
                collections=c_names)
                b2=tf.get_variable('b2',[1,self.n_actions],initializer=b_initializer,
                collections=c_names)
                self.q_eval = tf.matmul(l1, w2) + b2
        with tf.variable_scope('loss'):
            self.loss = tf.reduce_mean(tf.squared_difference(self.q_target, self.q_eval))
        with tf.variable_scope('train'):
```

```
                self._train_op = tf.train.RMSPropOptimizer(self.lr).minimize(self.loss)
#创建 target 神经网络，提供 target Q
            self.s_ = tf.placeholder(tf.float32, [None, self.n_features], name='s_')
            with tf.variable_scope('target_net'):
                c_names = ['target_net_params', tf.GraphKeys.GLOBAL_VARIABLES]
                with tf.variable_scope('l1'):
                    w1 = tf.get_variable('w1', [self.n_features, n_l1], initializer=w_initializer,
                    collections=c_names)
                    b1 = tf.get_variable('b1', [1, n_l1], initializer=b_initializer, collections=c_names)
                    l1 = tf.nn.relu(tf.matmul(self.s_, w1) + b1)
                with tf.variable_scope('l2'):
                    w2 = tf.get_variable('w2', [n_l1, self.n_actions], initializer=w_initializer,
                    collections=c_names)
                    b2 = tf.get_variable('b2', [1, self.n_actions], initializer=b_initializer,
                    collections=c_names)
                    self.q_next = tf.matmul(l1, w2) + b2
```

(3) 存储记忆：

```
def store_transition(self, s, a, r, s_):
    if not hasattr(self, 'memory_counter'):
        self.memory_counter = 0
        transition = np.hstack((s, [a, r], s_))
        index = self.memory_counter % self.memory_size
      self.memory[index, :] = transition
      self.memory_counter += 1
```

(4) 选择行为：

```
def choose_action(self, observation):
    observation = observation[np.newaxis, :]
    if np.random.uniform() <self.epsilon:
        actions_value=self.sess.run(self.q_eval, feed_dict={self.s: observation})
        action = np.argmax(actions_value)
    else:
        action = np.random.randint(0, self.n_actions)
    return action
```

(5) 学习：

```
def learn(self):
# 检查是否替换 target_net 参数
        if self.learn_step_counter % self.replace_target_iter == 0:
            self.sess.run(self.replace_target_op)
            print('\ntarget_params_replaced\n')
# 从 memory 中随机抽取 batch_size 这么多记忆
        if self.memory_counter>self.memory_size:
            sample_index = np.random.choice(self.memory_size, size=self.batch_size)
        else:
            sample_index = np.random.choice(self.memory_counter, size=self.batch_size)
            batch_memory = self.memory[sample_index, :]
            # 获取 q_next(target_net 产生了 q)和 q_eval(eval_net 产生的 q)
            q_next, q_eval = self.sess.run(
                        [self.q_next, self.q_eval],
            feed_dict={
            self.s_: batch_memory[:, -self.n_features:],  # 固定参数
            self.s: batch_memory[:, :self.n_features],  # 最新参数
            })
#核心步骤
        q_target = q_eval.copy()
        batch_index = np.arange(self.batch_size, dtype=np.int32)
        eval_act_index = batch_memory[:, self.n_features].astype(int)
        reward = batch_memory[:, self.n_features + 1]
        q_target[batch_index, eval_act_index] = reward + self.gamma * np.max(q_next, axis=1)
        """
在批量处理的例子中，有两个样本和三个动作：
        q_eval =
        [[1, 2, 3],
         [4, 5, 6]]
        q_target = q_eval =
        [[1, 2, 3],
         [4, 5, 6]]
在 q_eval's 动作中用真实的 q_target 更新
```

```
在例子中：
样本 0，执行动作 0，最大的 q_target 值是-1；
样本 1，执行动作 2，最大的 q_target 值是-2：
        q_target =
        [[-1, 2, 3],
         [4, 5, -2]]
        (q_target - q_eval)变为：
        [[(-1)-(1), 0, 0],
         [0, 0, (-2)-(6)]]
将误差反向传播给网络，
剩下其他 error=0 的动作，因此该动作将不被选择。
        """
# 训练 eval_net
        _, self.cost = self.sess.run([self._train_op, self.loss],
        feed_dict={self.s:batch_memory[:, :self.n_features],
        self.q_target: q_target})
        self.cost_his.append(self.cost)
        self.epsilon = self.epsilon + self.epsilon_increment if self.epsilon<self.epsilon_max else
        self.epsilon_max
        self.learn_step_counter += 1
```

实验结果如图 6.16 所示。

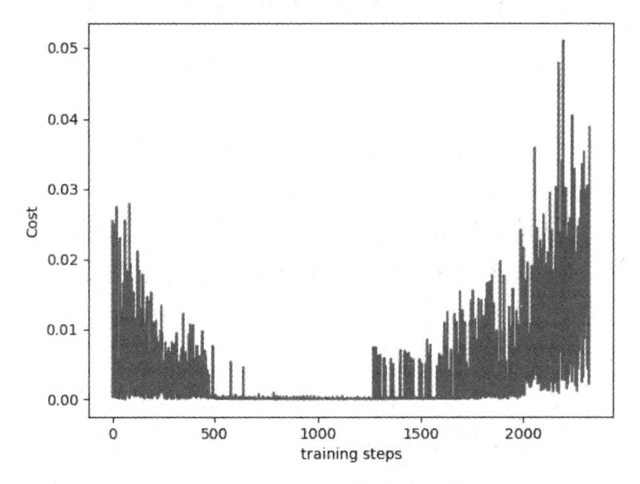

图 6.16　神经网络的误差曲线

6.4 基于概率和价值的强化学习方法

6.4.1 基于概率和价值的强化学习方法简介

基于概率和价值的强化学习方法(Policy-Based and Value-Based RL)合并了以动作概率为基础(比如 Policy Gradients)和以价值为基础(比如 Q-Learning)的两类强化学习算法，包含 Actor-Critic 等算法。

6.4.2 Actor-Critic 算法

1. Actor-Critic 算法简介

Actor-Critic 包括两部分：演员(Actor)和评价者(Critic)。其中 Actor 使用的是 Policy Gradients 算法，负责生成动作(Action)并与环境交互；而 Critic 使用的是 Q-Learning 算法，负责评估演员的“表现”，并“指导”它在下一阶段的动作。

Actor-Critic 方法的优势：可以进行单步更新，比传统的 Policy Gradient 更快速(回合结束时进行更新)。

Actor-Critic 方法的劣势取决于 Critic 的价值判断，但是 Critic 难收敛，再加上 Actor 的更新，就更难收敛。为了解决收敛问题，Google DeepMind 提出了 Actor-Critic 升级版 Deep Deterministic Policy Gradient，后者融合了 Deep Q Network(DQN)的优势，解决了收敛难的问题。

2. 原理讲解

Actor-Critic 算法结合了 Policy Gradients 和 Q-Learning 算法，Actor 基于概率选择行为，Critic 基于 Actor 的行为评判行为的得分，Actor 再根据 Critic 的评分修改选择行为的概率。

Actor 修改行为时就像在黑暗环境中走路的人，分不清方向。Critic 的功能就是为 Actor 指明方向。具体来说，Actor 在运用 Policy Gradient 的方法进行梯度上升(gradient ascent)的时候，由 Critic 来告诉它这次的梯度上升是不是一次正确的操作，如果这次的得分不好，那么就不需要上升很多。算法框架如图 6.17 所示。

由于 Actor-Critic 涉及两个神经网络且每次都是在连续状态中更新参数，每次参数更新前后都存在相关性，导致神经网络只能片面地看待问题，甚至导致神经网络学不到东西。

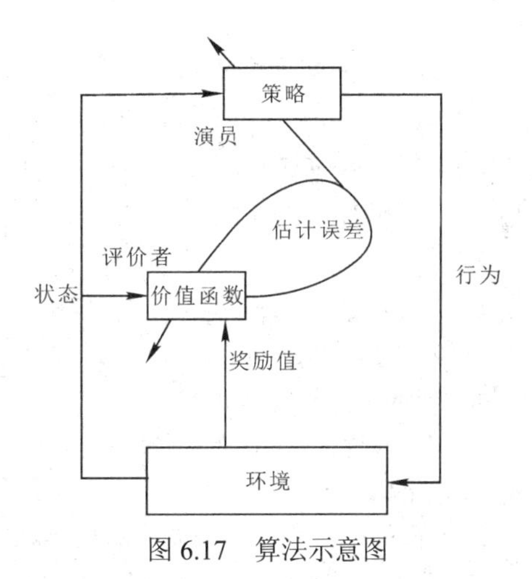

图 6.17　算法示意图

3. 代码实现

用 Actor-Critic 算法实现一个竖杆在滑块上直立的示例，例子中的环境是一个会左右移动的滑块，竖杆在该环境中学习直立。

1) Actor 的神经网络

算法代码如下：

```
class Actor(object):
    def __init__(self, sess, n_features, n_actions, lr=0.001):
        self.sess = sess
        self.s = tf.placeholder(tf.float32, [1, n_features], "state")
        self.a = tf.placeholder(tf.int32, None, "act")
        self.td_error = tf.placeholder(tf.float32, None, "td_error")  # 估计误差(TD_error)
        with tf.variable_scope('Actor'):
            l1 = tf.layers.dense(
                inputs=self.s,
                units=20,  #隐藏单位数
                activation=tf.nn.relu,
                kernel_initializer=tf.random_normal_initializer(0., .1),  # 权重
                bias_initializer=tf.constant_initializer(0.1),  # 偏差
                name='l1'
            )
            self.acts_prob = tf.layers.dense(
                inputs=l1,
```

```
                units=n_actions,   # 输出单位
                activation=tf.nn.softmax,   # 获得行动概率
            kernel_initializer=tf.random_normal_initializer(0., .1),   # 权重
            bias_initializer=tf.constant_initializer(0.1),   # 偏差
                name='acts_prob'
            )
        with tf.variable_scope('exp_v'):
         log_prob = tf.log(self.acts_prob[0, self.a])
         self.exp_v = tf.reduce_mean(log_prob * self.td_error)   # 更新(TD_error)梯度损失
         with tf.variable_scope('train'):
            self.train_op = tf.train.AdamOptimizer(lr).minimize(-self.exp_v) minimize(-exp_v) =
            maximize(exp_v)
            def learn(self, s, a, td):
            s = s[np.newaxis, :]
            feed_dict = {self.s: s, self.a: a, self.td_error: td}
            _, exp_v = self.sess.run([self.train_op, self.exp_v], feed_dict)
        return exp_v
    def choose_action(self, s):
        s = s[np.newaxis, :]
        probs = self.sess.run(self.acts_prob, {self.s: s})   #获得所有动作的概率
        return np.random.choice(np.arange(probs.shape[1]), p=probs.ravel())
```

Actor 的神经网络结构如图 6.18 所示

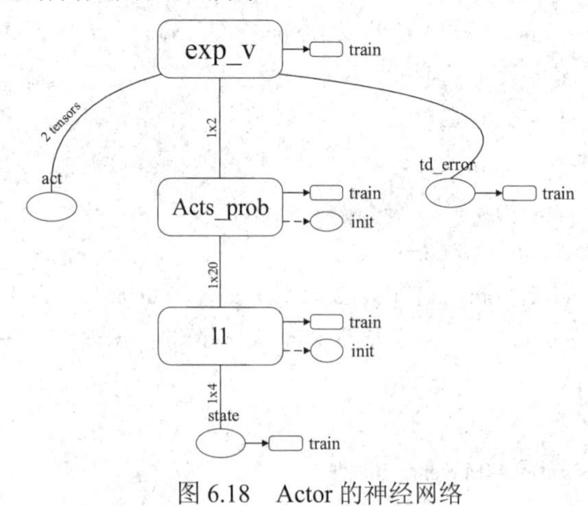

图 6.18　Actor 的神经网络

2) Critic 的神经网络

该算法的实现代码如下：

```
class Critic(object):
    def __init__(self, sess, n_features, lr=0.01):
        self.sess = sess
        self.s = tf.placeholder(tf.float32, [1, n_features], "state")
        self.v_ = tf.placeholder(tf.float32, [1, 1], "v_next")
        self.r = tf.placeholder(tf.float32, None, 'r')
        with tf.variable_scope('Critic'):
            l1 = tf.layers.dense(
                inputs=self.s,
                units=20,  # 隐藏层单元数
                activation=tf.nn.relu,
                # have to be linear to make sure the convergence of actor.
                # But linear approximator seems hardly learns the correct Q.
                kernel_initializer=tf.random_normal_initializer(0., .1),  #权重
                bias_initializer=tf.constant_initializer(0.1),  #偏差
                name='l1'
            )
            self.v = tf.layers.dense(
                        inputs=l1,
                        units=1,  # output units
                        activation=None,
            kernel_initializer=tf.random_normal_initializer(0., .1),  #权重
            bias_initializer=tf.constant_initializer(0.1),  #偏差
                name='V'
            )
        with tf.variable_scope('squared_TD_error'):
            self.td_error = self.r + GAMMA * self.v_ - self.v
            self.loss = tf.square(self.td_error)      # TD_error = (r+gamma*V_next) - V_eval
        with tf.variable_scope('train'):
            self.train_op = tf.train.AdamOptimizer(lr).minimize(self.loss)
    def learn(self, s, r, s_):
        s, s_ = s[np.newaxis, :], s_[np.newaxis, :]
        v_ = self.sess.run(self.v, {self.s: s_})
```

```
            td_error, _ = self.sess.run([self.td_error, self.train_op],{self.s: s, self.v_: v_, self.r: r})
            return td_error
```

Critic 的神经网络结构如图 6.19 所示。

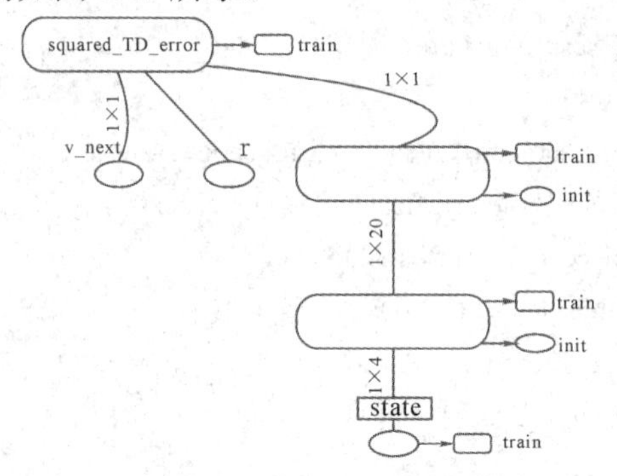

图 6.19 Critic 的神经网络

3) Actor 获取最大的奖励值

在 Actor-Critic 算法中，用估计误差(TD error)即 Actor 的行动比平时好多少的差值来进行奖励。

```
with tf.variable_scope('exp_v'):
log_prob = tf.log(self.acts_prob[0, self.a])   # log 动作概率
self.exp_v = tf.reduce_mean(log_prob * self.td_error)   # log 概率*TD 方向
with tf.variable_scope('train'):
    # 因为想不断增加这个 exp_v(动作带来的额外价值)
    # 所以用 minimize(-exp_v)的方式达到
    # maximize(exp_v)的目的
self.train_op = tf.train.AdamOptimizer(lr).minimize(-self.exp_v)
```

4) Critic 的更新

Critic 的更新算法与 Q-Learning 算法中更新现实和估计的误差(TD error)类似，实现代码如下：

```
with tf.variable_scope('squared_TD_error'):
self.td_error = self.r + GAMMA * self.v_ - self.v
self.loss = tf.square(self.td_error)   # TD_error = (r+gamma*V_next) - V_eval
with tf.variable_scope('train'):
self.train_op = tf.train.AdamOptimizer(lr).minimize(self.loss)
```

5) 每回合算法

该算法的实现代码如下：

```
for i_episode in range(MAX_EPISODE):
```

```
        s = env.reset()
        t = 0
        track_r = []
        while True:
            if RENDER: env.render()
            a = actor.choose_action(s)
            s_, r, done, info = env.step(a)
            if done: r = -20
            track_r.append(r)
            td_error = critic.learn(s, r, s_)   # gradient = grad[r + gamma * V(s_) - V(s)]
            actor.learn(s, a, td_error)    # true_gradient = grad[logPi(s,a) * td_error]
            s = s_
            t += 1
            if done or t >= MAX_EP_STEPS:
                ep_rs_sum = sum(track_r)
                if 'running_reward' not in globals():
                running_reward = ep_rs_sum
                else:
                running_reward = running_reward * 0.95 + ep_rs_sum * 0.05
                        if running_reward> DISPLAY_REWARD_THRESHOLD: RENDER = True
                        print("episode:", i_episode, "    reward:", int(running_reward))
    break
```

实验结果如图 6.20 所示。

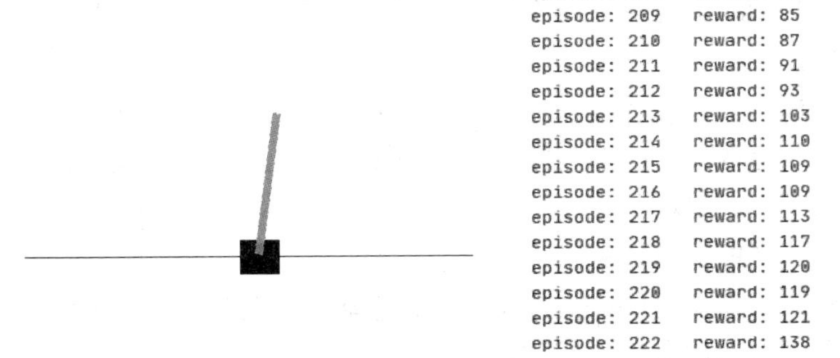

(a) 运行界面　　(b) 奖励值变化结果

图 6.20　运行结果

6.4.3 DDPG 算法

1. 算法简介

DDPG (Deep Deterministic Policy Gradient)算法是一种使用 Actor-Critic 的结构但是优于 Actor-Critic 的算法。DDPG 是结合了 Actor-Critic 中 Policy gradient 单步更新和 DQN 算法中让计算机学会自主学习的优势而合并成的一种算法。这种算法最大的优势是能在连续动作上更有效地学习。可将 DDPG 算法首先拆分成深度(Deep)和确定性策略梯度(Deterministic Policy Gradient)两部分，然后再将确定性策略梯度细分为确定性(Deterministic)和策略梯度(Policy Gradient)。算法分解过程如图 6.21 所示。

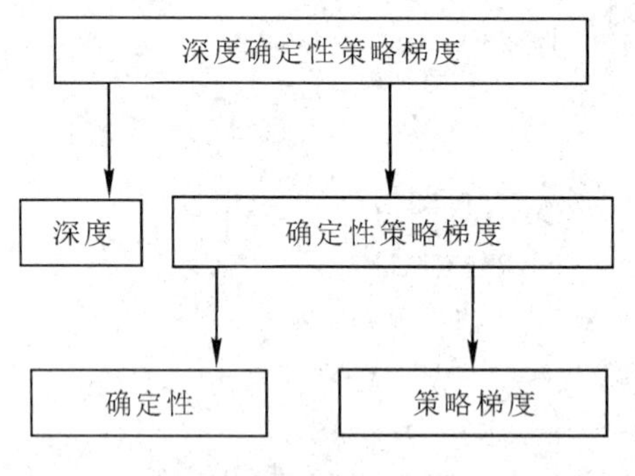

图 6.21　算法分解图

DDPG 虽然使用 Actor-Critic 结构，但是输出的不是行为的概率，而是具体的行为用于连续动作(continuous action)的预测。DDPG 结合了 DQN 结构，提高了 Actor-Critic 的稳定性和收敛性。

2. 原理讲解

下面逐一分析 DDPG 分解后的各模块。

1) Deep 和 DQN

Deep 的含义就是走向更深层次，在 DQN 中，使用一个记忆库和两套结构相同、参数更新频率不同的神经网络能有效促进学习。DDPG 中也运用了这种思想，但是 DDPG 的神经网络形式却比 DQN 的要复杂一些。

2) Deterministic Policy Gradient

Policy Gradient 相比其他的强化学习方法，它能被用来在连续动作上进行动作的筛选，而且是根据所学习的动作分布随机进行筛选后，再输出一个动作值。而 Deterministic 与此不同，不会进行随机筛选，它改变了 Policy Gradient 输出动作的过程，只在连续动作上输出一个固定的动作值。

3) DDPG 的神经网络

DDPG 中所用到的神经网络和 Actor-Critic 形式差不多，也需要有基于策略的神经网络和基于价值的神经网络。但是为了体现 DQN 的思想，每种神经网络我们都需要再细分为两个。基于策略的神经网络有估计网络和现实网络。估计网络用来输出实时的动作，供 actor 在现实中实行；而现实网络则用来更新价值网络系统。基于价值的神经网络也有现实网络和估计网络，它们都在输出这个状态的价值，而输入端却有不同。状态现实网络将从动作现实网络来的动作加上状态的观测值进行分析，而状态估计网络则将当时 Actor 进行的动作当作输入。在实际运用中，DDPG 的这种做法的确带来了更有效的学习过程。

3. 代码实现

用 DDPG 算法实现一个低端固定并可旋转的竖杆克服重力保持直立的示例，例子中的环境是一个存在重力的空间，竖杆在该环境中学习直立。

1) 主结构

由 TensorBoard 生成的算法主结构如图 6.22 所示。

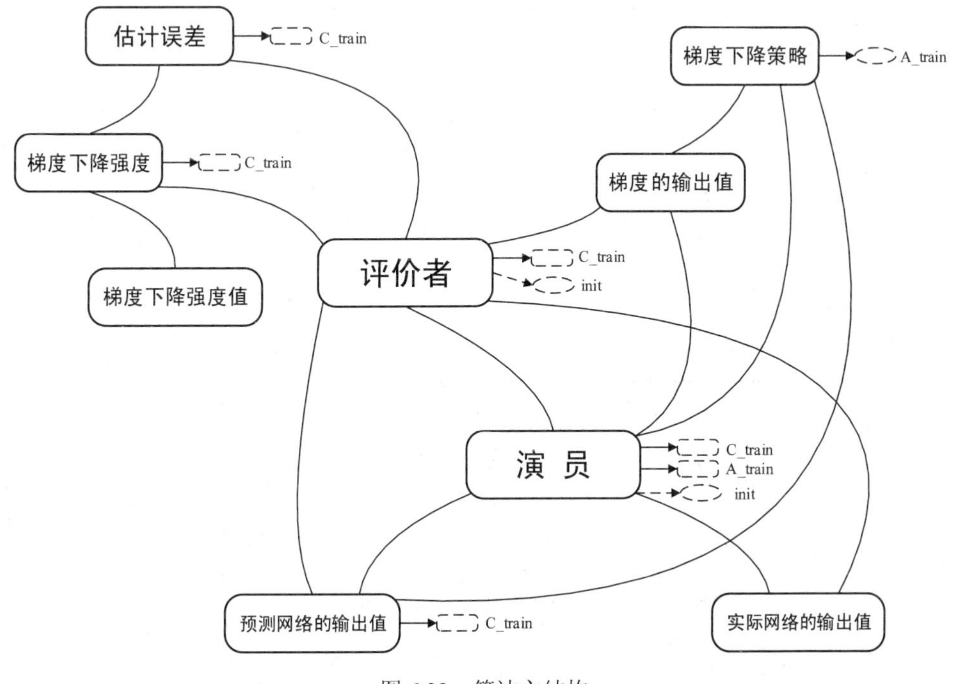

图 6.22　算法主结构

2) Actor 和 Critic 的神经网络

由 TensorBoard 生成的演员(Actor)和评价者(Critic)的神经网络如图 6.23、图 6.24 所示。

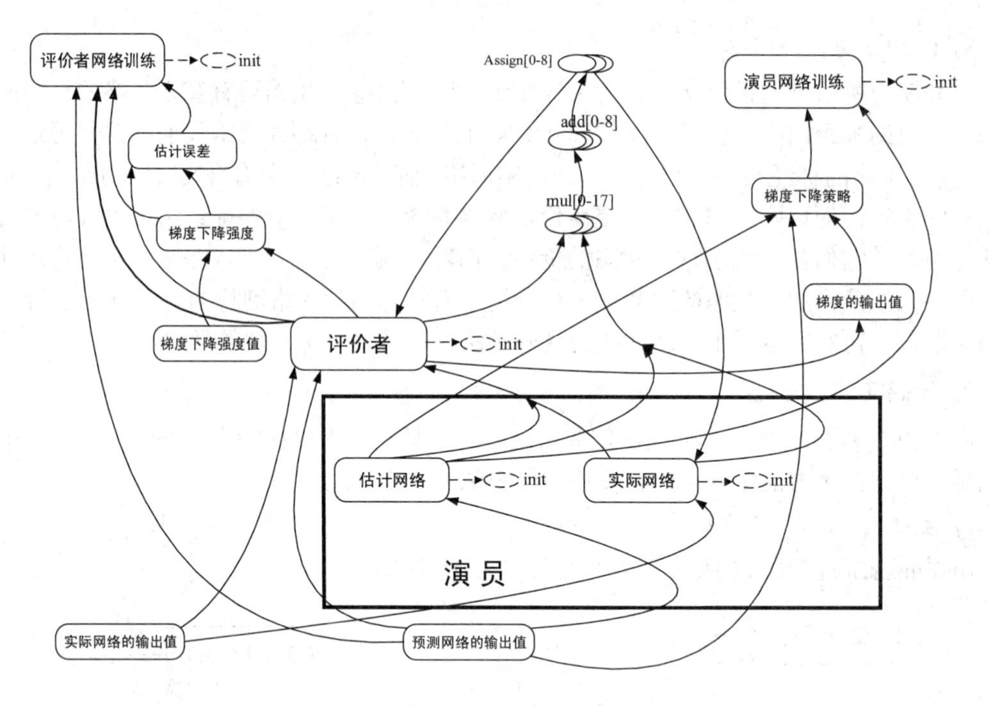

图 6.23 Actor 的神经网络

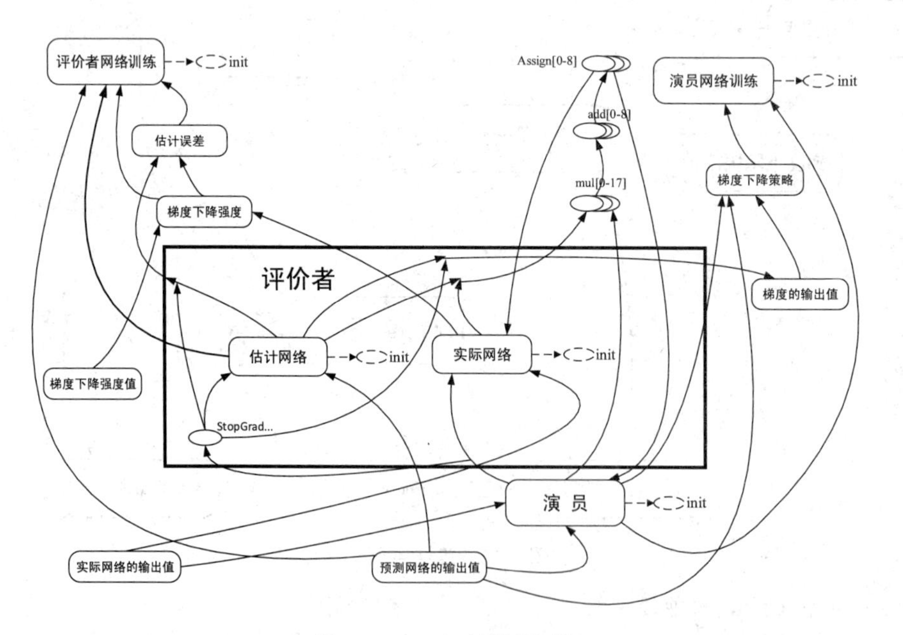

图 6.24 Critic 的神经网络

相关代码如下：

```
class Actor(object):
    def __init__(self):
        ...
        with tf.variable_scope('Actor'):
            # 这个网络用于及时更新参数
            self.a = self._build_net(S, scope='eval_net', trainable=True)
            # 这个网络不及时更新参数，用于预测 Critic 的 Q_target 中的 action
self.a_ = self._build_net(S_, scope='target_net', trainable=False)
class Critic(object):
    def __init__(self):
        with tf.variable_scope('Critic'):
            # 这个网络用于及时更新参数
            self.a = a   # 这个 a 是来自 Actor 的，但是 self.a 在更新 Critic 的时候是之前选择的
            a 而不是来自 Actor 的 a.
            self.q = self._build_net(S, self.a, 'eval_net', trainable=True)
            # 这个网络不及时更新参数，用于给出 Actor 更新参数时的 Gradient ascent 强度
            self.q_ = self._build_net(S_, a_, 'target_net', trainable=False)
```

3) Actor 的更新

该算法的实现代码如下：

```
with tf.variable_scope('policy_grads'):
    # 计算(dQ/da) * (da/dparams)
    self.policy_grads = tf.gradients(
    ys=self.a, xs=self.e_params, # 计算 ys 对于 xs 的梯度
    grad_ys=a_grads              # 从 Critic 来的 dQ/da
    )
with tf.variable_scope('A_train'):
    opt = tf.train.AdamOptimizer(-self.lr)   # 负的学习率为了使计算的梯度上升，和 Policy
Gradient 中的方式类似
    self.train_op = opt.apply_gradients(zip(self.policy_grads, self.e_params))   #对 eval_net 的参数更新
    with tf.variable_scope('a_grad'):
    self.a_grads = tf.gradients(self.q, self.a)[0]   # dQ/da
```

4) Critic 的更新

相关代码如下：

```
# 计算 target Q
with tf.variable_scope('target_q'):
        self.target_q = R + self.gamma * self.q_    # self.q_ 是根据 Actor 的 target_net 计算得到
# 计算误差并反向传递误差
with tf.variable_scope('TD_error'):
        self.loss = tf.reduce_mean(tf.squared_difference(self.target_q, self.q))    # self.q 也是根据 Actor
        的 target_net 计算得到
with tf.variable_scope('C_train'):
        self.train_op = tf.train.AdamOptimizer(self.lr).minimize(self.loss)
```

5) Actor 与 Critic 结合

相关代码如下：

```
actor = Actor(sess, action_dim, action_bound, LR_A, REPLACEMENT)
critic = Critic(sess, state_dim, action_dim, LR_C, GAMMA, REPLACEMENT, actor.a, actor.a_)
actor.add_grad_to_graph(critic.a_grads)
```

6) 记忆库(Memory)

相关代码如下：

```
class Memory(object):
    def __init__(self, capacity, dims):
        self.capacity = capacity
        self.data = np.zeros((capacity, dims))
        self.pointer = 0
    def store_transition(self, s, a, r, s_):
        transition = np.hstack((s, a, [r], s_))
        index = self.pointer % self.capacity    # 更新记忆库
        self.data[index, :] = transition
        self.pointer += 1
    def sample(self, n):
        assert self.pointer>= self.capacity, 'Memory has not been fulfilled'
        indices = np.random.choice(self.capacity, size=n)
        return self.data[indices,:]
```

7) 每回合算法

相关代码如下：

```
var = 3    # 这里初始化一个方差用于增强 actor 的探索性
```

```
for i in range(MAX_EPISODES):
    ...
    for j in range(MAX_EP_STEPS):
        ...
        a = actor.choose_action(s)
        a = np.clip(np.random.normal(a, var), -2, 2)    # 增强探索性
        s_, r, done, info = env.step(a)
        M.store_transition(s, a, r / 10, s_)             # 记忆库
        if M.pointer> MEMORY_CAPACITY:          # 记忆库头一次装满了以后
            var *= .9998    # 逐渐降低探索性
            b_M = M.sample(BATCH_SIZE)
            ...   # 将 b_M 拆分成下面的输入信息
            critic.learn(b_s, b_a, b_r, b_s_)
            actor.learn(b_s)
            s = s_
            if j == MAX_EP_STEPS-1:
            break
```

实验结果如图 6.25 所示。

```
Episode: 97  Reward: -132 Explore: 0.02
Episode: 98  Reward: -136 Explore: 0.02
Episode: 99  Reward: -382 Explore: 0.02
Episode: 100  Reward: -255 Explore: 0.02
Episode: 101  Reward: -271 Explore: 0.02
Episode: 102  Reward: -371 Explore: 0.01
Episode: 103  Reward: -6 Explore: 0.01
Episode: 104  Reward: -1345 Explore: 0.01
```

(a)运行界面　　(b)奖励值变化

图 6.25　运行结果

6.4.4　A3C 算法

1. 算法简介

A3C (Asynchronous Advantage Actor Critic)算法是强化学习中的一种有效利用计算资源，并且能提升训练效用的算法。之前介绍的 DQN 算法，为了方便收敛使用了经验回放

的技巧，而 A3C 不仅容易收敛而且克服了一些经验回放的问题。它利用多线程的方法，同时在多个线程里分别与环境进行交互学习。

通过多线程方法，A3C 避免了经验回放相关性过强等问题，做到了异步并发学习。A3C 解决了 Actor-Critic 难以收敛的问题，更重要的是，提供了一种通用的异步并发的强化学习框架，也就是说，这个并发框架不光可以用于 A3C，还可以用于其他的强化学习算法，这是 A3C 最大的贡献。

2. 原理讲解

A3C 中每一个线程采用的是 Actor-Critic 的形式。为了训练一对 Actor 和 Critic，将这对 Actor 和 Critic 复制多份，同时将它们放在不同的线程中，让它们各自训练。然后每个线程都把学习的成果汇总起来，整理保存在一个公共的地方。线程之间不会互相干扰，并且每个线程会定期从公共的地方把所有的学习成果拿回来，指导自己和环境后面的学习交互。这样一来一回便形成了一种有效率的强化学习方式。

全局网络需要打破连续性的更新，而通过不同线程推送更新的方式能打断这种连续性，这就是异步更新的好处。这样做也使网络即使没有 DQN、DDPG 那样的记忆库也能很好地更新。网络结构如图 6.26 所示。

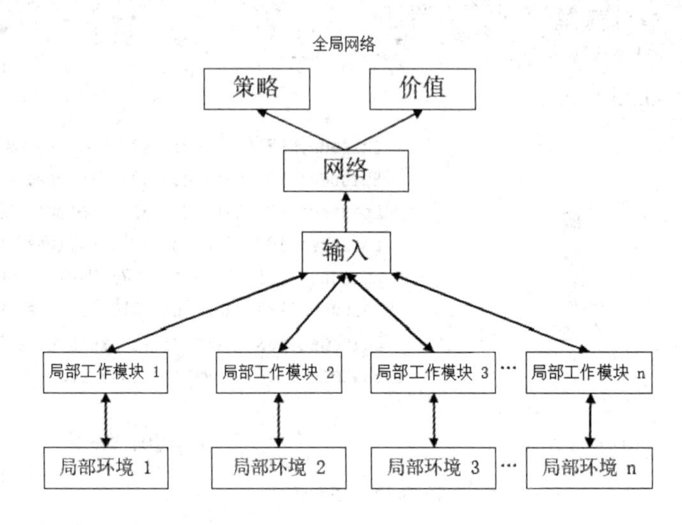

图 6.26　算法网络结构图

算法的执行流程如下：

(1) 各个 worker 网络重置为全局网络；

(2) 各个 worker 网络与环境交互；

(3) 各个 worker 网络开始对自身的 Actor 和 Critic 进行训练并获得梯度；

(4) 使用各个 worker 网络的梯度对全局网络进行更新。

3. 代码实现

用 A3C 算法实现一个竖杆在滑块上直立的示例，例子中的环境是一个会移动的滑块，竖杆在该环境中学习直立。

1) 网络的主结构

由 TensorBoard 生成的网络主结构如图 6.27 所示。

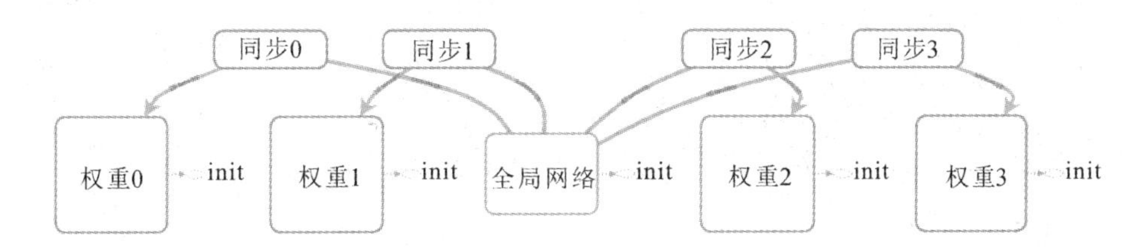

图 6.27 网络主结构

2) Actor-Critic 网络

相关代码如下：

```
# 这个 class 可以被调用生成一个 global net。
# 也能被调用生成一个 worker 的 net，因为它们的结构是一样的，
# 所以这个 class 可以被重复利用。
class ACNet(object):
    def __init__(self, globalAC=None):
        # 当创建 worker 网络的时候，我们传入之前创建的 globalAC 给这个 worker
        if global:  # 判断当下建立的网络是 local 还是 global
            with tf.variable_scope('Global_Net'):
                self._build_net()
        else:
            with tf.variable_scope('worker'):
                self._build_net()
            # 接着计算 critic loss 和 actor loss
            # 用这两个 loss 计算要推送的 gradients
            with tf.name_scope('sync'):  # 同步
                with tf.name_scope('pull'):
                    # 更新 global
```

```
            with tf.name_scope('push'):
                # 获取 global 参数
    def _build_net(self):
        # 在这里搭建 Actor 和 Critic 的网络
        # 返回均值、方差、state_value
    def update_global(self, feed_dict):
        # 进行 push 操作
    def pull_global(self):
        # 进行 pull 操作
    def choose_action(self, s):
        # 根据 s 选动作
```

3) Worker 的结构

相关代码如下：

```
class Worker(object):
    def __init__(self, name, globalAC):
        self.env = gym.make(GAME).unwrapped # 创建自己的环境
        self.name = name    # 自己的名字
        self.AC = ACNet(name, globalAC) # 自己的 local net，并绑定上 globalAC
    def work(self):
        # s, a, r 的缓存，用于 n_steps 更新
        buffer_s, buffer_a, buffer_r = [], [], []
        while not COORD.should_stop() and GLOBAL_EP < MAX_GLOBAL_EP:
            s = self.env.reset()
            for ep_t in range(MAX_EP_STEP):
                a = self.AC.choose_action(s)
                s_, r, done, info = self.env.step(a)
                buffer_s.append(s)    # 添加各种缓存
                buffer_a.append(a)
                buffer_r.append(r)
                # 在每 UPDATE_GLOBAL_ITER 步运算之后或者在一个回合完成之后进行
sync 操作
                if total_step % UPDATE_GLOBAL_ITER == 0 or done:
                    # 获得用于计算 TD error 的下一状态的值
```

```
                if done:
                    v_s_ = 0   # 终止
                else:
                    v_s_ = SESS.run(self.AC.v, {self.AC.s: s_[np.newaxis, :]})[0, 0]
                    buffer_v_target = []   # 记下 state value 的缓存，用于计算 TD
                for r in buffer_r[::-1]:
                v_s_ = r + GAMMA * v_s_
                buffer_v_target.append(v_s_)
                buffer_v_target.reverse()
                buffer_s,buffer_a,buffer_v_target=np.vstack(buffer_s), np.vstack(buffer_a), np.
                vstack(buffer_v_target)
                feed_dict = {
                self.AC.s: buffer_s,
                self.AC.a_his: buffer_a,
                self.AC.v_target: buffer_v_target,
                }
                self.AC.update_global(feed_dict)   # 推送更新 globalAC
                buffer_s, buffer_a, buffer_r = [], [], []   # 清空缓存
                self.AC.pull_global()   # 获取 globalAC 的最新参数
                s = s_
                if done:
                GLOBAL_EP += 1   # 加一回合
                break   # 结束这回合
```

4) Worker 并行工作

相关代码如下：

```
with tf.device("/cpu:0"):
    GLOBAL_AC = ACNet(GLOBAL_NET_SCOPE)   # 建立 Global AC
    workers = []
    for i in range(N_WORKERS):   # 创建 worker，之后再并行
        workers.append(Worker(GLOBAL_AC))   # 每个 worker 都共享这个 global AC
        COORD = tf.train.Coordinator()   # Tensorflow 用于并行的工具
        worker_threads = []
        for worker in workers:
```

```
        job = lambda: worker.work()
        t = threading.Thread(target=job)   # 添加一个工作线程
    t.start()
    worker_threads.append(t)
    COORD.join(worker_threads)   #tf 的线程调度
```

实验结果如图 6.28 和图 6.29 所示。

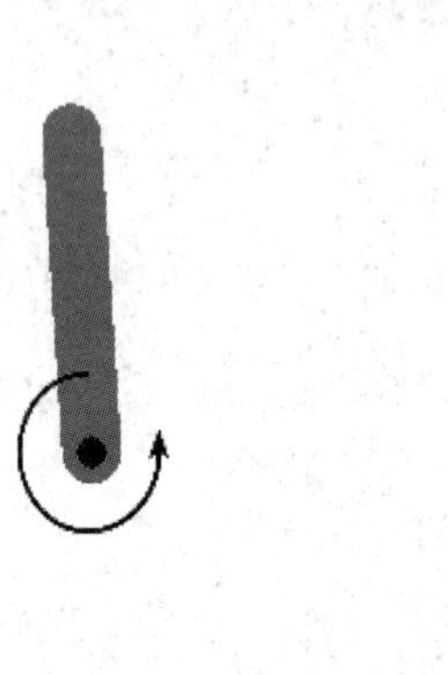

图 6.28 运行结果

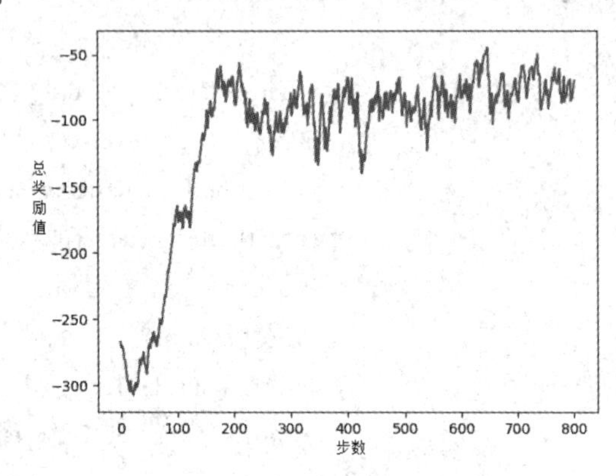

图 6.29 奖励值变化曲线

本 章 小 结

本章介绍了强化学习的概念和分类，讲解了强化学习的相关算法和算法案例。

强化学习是根据奖励值来改进策略的机器学习算法，该方法试图找到能获得最大总奖励值的策略，策略和奖励是强化学习的核心因素。

强化学习与监督学习的差别在于，若将强化学习中的“状态”对应为监督学习中的“示例”“动作”对应为“标记”，则可看出强化学习中的“策略”实际上就相当于监督学习中的“分类器”(当动作是离散时)或“回归器”(当动作是连续时)，模型的形式并无差别。但不同的是，在强化学习中并没有像监督学习中那样有标记样本可供使用。换言之，没有人直接告诉机器在什么状态下应该做什么动作，只有等最终结果揭晓，才能通过“反思”之前的动作是否正确来进行学习。因此，强化学习在某种意义上可看作具有“延迟标记信息”的监督学习问题。

第7章 人工智能未来展望

通过前几章人工智能算法的讲述，相信你已经对人工智能算法有了一个大致的了解。为什么人工智能可以成为未来技术发展的趋势？让我们从算法、设备基础以及实际应用场景的角度进行探讨。

7.1 算法理论和设备基础

7.1.1 算法理论

在算法理论层面，未来人工智能算法将继续按照深度学习的完善和新算法的产生这两条主线进行发展。首先，深度学习在提升算法可靠性、可解释性等方面的研究以及零数据学习、无监督学习、迁移学习等模型的研究将成为热点方向，这不仅仅是深度学习算法本身发展的需要，也是产业发展的需要。其次，学术界将继续开展新型算法的探索，包括对传统机器学习算法的改进、传统机器学习算法与深度学习的结合以及与新型深度学习算法的探索等。

在数据集基础方面，学术界与产业界将共同合作构建语音、图像、视频等通用数据集以及各行业的专业数据集，使得各类数据集能够快速满足相关需求。一方面，随着对人工智能认识的不断加深，将会有越来越多的企业和政府机构开展数据自建和数据标注等工作。另一方面，随着深度学习的发展，将会出现智能化的数据标注系统来帮助或替代人类进行数据标注等工作。再者，在政府引导和支持下，一些开放的标准化数据集将会陆续出现，为整个行业提供标准化训练数据集。

深度学习是基于冯·诺依曼体系结构发展起来的。由于受到内存墙等相关方面的制约，难以达到较高的计算效率。为此，近些年来 IBM 等已经开始进行颠覆冯·诺依曼体系结构的类脑智能算法与技术的探索。类脑智能借鉴大脑中“内存与计算单元合一”等信息处理的基本规律，从硬件实现与软件算法等多个层面，对现有的计算体系与系统做出本质的变革，并实现在计算能耗、计算能力与计算效率等诸多方面的大幅改进。

随着智能装备和智能机器人等智能终端的逐渐增多，智能终端的快速反应以及相互之间的协同行动需求将会越来越迫切，对智能服务的实时性将会越来越强烈。这就要求智能服务从云端向网络边缘甚至终端扩散，智能模型与算法需要部署在网络边缘或终端之上，就近提供网络、计算、存储、应用等核心能力，从而满足通信、业务、安全等各方面的关键需求。目前，英伟达、高通等公司都已经陆续开展了用于边缘网络或终端的 AI 专用芯片。而随着 5G 网络的普遍部署，边缘智能将会获得快速的发展。

7.1.2 设备基础

在计算平台与芯片方面，大型企业自研计算框架、自建计算平台，甚至是自研芯片等，仍将是普遍现象，如百度构建的深度学习框架 PaddlePaddle 等。这主要是由于以下两个方面的原因：一是企业出于自身数据和业务安全的考虑，对使用其他机构提供的训练平台仍然持有不信任的态度；二是每个企业的数据中心和相关平台都有其自身的特点，自研计算框架、自建计算平台和自研芯片能够更好地满足自身的业务发展需要。

在人机协同机制方面，“人在回路”将成为智能系统设计的必备能力。目前，机器智能并没有实现人们所希望的“以人为中心”，仍然还是以机器为中心，这也是人类屡受智能系统伤害的主要原因之一。因此，将人类认知模型引入机器智能中，使之能够在推理、决策、记忆等方面达到类人智能水平，将成为学术界和产业界共同追求的目标，并可能在一定的时间内取得较好的阶段性成果。

随着人工智能应用在生产生活中的不断深入融合，智能终端的互联互通将会成为必然。由于跨框架体系开发及部署需要投入大量资源，因此尽管每个终端的智能模型可能不同，但深度学习计算框架模型的底层表示将会逐渐趋同，形成深度学习通用计算框架和平台。随着计算框架的整合，GPU 和 TPU 等芯片将可能会被通用 AI 芯片所替代。

不论现在还是将来，人工智能无疑都将是最为消耗计算资源的业务和应用之一，计算效率也将是智能体永恒的追求目标。量子计算具有强大的计算能力和效率，已经成为全球公认的下一代计算技术。IBM 已经在近期推出了世界上第一个商用的通用近似量子计算系统里程碑的产品——IBM Q System One，客户可以通过互联网使用这台量子计算机进行大规模的数据计算，为人工智能计算展示了良好的前景。

7.2 人工智能应用

如今，人工智能早已出现在我们身边，比如手机的智能语音助手 Siri、小爱同学等，你的一句呼唤，一句指令，手机、音箱的智能助手就可以为你打开软件、播放音乐。甚至你可以用语音人工智能助手操纵家里的智慧家电，但实际上对于人工智能技术的应用已经早已不仅于此，人工智能技术已经应用到更多的方面。在经济方面，人工智能技术借助大数据做到了辅助分析。现在是大数据时代，一个人可以由无数的数据所构成，名字、财富、社交等信息都变成了数据并且可以查阅。而大数据，就是利用人工智能对千千万万数据进行统计分类分析，然后加以规划与运用。人工智能与人类生活最息息相关的应用范围就是融入人们的衣食住行和教育等方面，这也是人工智能未来最普遍的应用方向。

1. 无人驾驶汽车

奔驰、丰田等很多大型汽车企业都在研究无人驾驶汽车，像 007 电影中的那种拥有自主辨别路况、自动驾驶等功能的汽车也许很快就会成为现实。自动驾驶的汽车要搭载的技术并不只是人工智能一种，它还需要将自动控制和视觉计算等新型技术集成应用，改变现有汽车的体系结构，赋予其自动识别、分析和控制的能力。因此，自动驾驶汽车需要实现三方面的技术突破：其一，实现利用摄像设备、雷达和激光测距机来获得路况信息；其二，实现利用地图进行自动的车辆导航；其三，根据已有信息数据对车辆的速度和方向进行控制。未来的自动驾驶汽车还可以通过车辆之间的信息互通和互相感应，来协调车速和方向，避免车辆碰撞，实现自动驾驶车辆的安全行进。

2. 智能课堂

当前已经有一些智能化的教学软件，教师们可以在这些软件上把教学课件传送给学生，并进行授课答题，学生还可以与教师弹幕互动，使课堂变得妙趣横生，方便了教师的授课活动。对于学生而言，能够在期末十分便捷地回顾课堂上做错的题目，甚至能够在几年后再翻阅学习过的课件；对于教师而言，能够精细地知道学生对知识的掌握程度，甚至能够发现最积极和最懈怠的学生。未来的智能课堂将更具有时间延展性，学生不仅可以在课堂上学习知识，还可以利用智能电子设备进行课前预习和课后复习，从而使学生可以在更加具有趣味性的氛围中进行自主学习安排。

3. 自动化的厨房

今后的厨房将会更加智能化，做饭时，设定好想要的菜谱，准备好所需的食材，烹调设备即可将饭菜制作得恰到好处。它会根据食材的新鲜程度，为你推荐最适合的菜谱，并计算出其营养参考标准，同时还可为你推荐其他食物，使膳食营养均衡。当家中某样食材不足时，物流公司便会将时下最新鲜的这一食材送至家中。

本 章 小 结

本章从算法与设备基础和智能应用两个方面介绍了人工智能与生活的具体联系。算法与设备基础介绍了当前算法和硬件设备的发展方向，智能应用介绍了三种现实中的人工智能设施。我们希望能从实际应用的角度使读者将高深的算法与现实紧密联系，掀起读者投身人工智能研究的浪潮。

参 考 文 献

[1] 李德毅. 人工智能导论[M]. 北京：中国科学技术出版社，2018.

[2] (美)卢格尔. 人工智能[M]. 北京：机械工业出版社，2006.

[3] 蔡瑞英，李长河. 人工智能[M]. 武汉：武汉理工大学出版社，2003.

[4] 李开复，王咏刚. 人工智能[M]. 北京：文化发展出版社，2017.

[5] 李克清，石允田. 机器学习及应用(在线学习+在线自测)[M]. 北京: 人民邮电出版社，2021.

[6] 李博. 机器学习实践应用[M]. 北京: 人民邮电出版社，2017.

[7] LANGR J, BOK V. akub. GAN 实战 [M]. 罗家佳，译. 北京：人民邮电出版社，2019.

[8] 藤斋康毅，陆宇杰. 深度学习入门：基于 python 的理论与实现[M]. 北京: 人民邮电出版社，2018.

[9] 叶韵. 深度学习与计算机视觉[M]. 北京: 机械工业出版社，2018.

[10] 谢琼. 深度学习基于 Python 语言和 TensorFlow 平台[M]. 北京：人民邮电出版社，2018.

[11] 黄文坚，唐源. Tensorflow 实战[M]. 北京: 机械工业出版社，2017.

[12] 肖志清. 强化学习：原理与 Python 实现[M]. 北京: 机械工业出版社, 2019.

[13] 郑泽宇. Tensorflow: 实战 Google 深度学习框架[M]. 北京：电子工业出版社，2017.

[14] RUSSELL S J, NORVIG P. 人工智能：一种现代的方法[M]. 3 版. 殷建平，等译. 北京：清华大学出版社，2013.